信息素养文库·高等学校信息技术系列课程规划教材

U0162542

C语言程序设计

（第 2 版）

主 编 马 杰 张秋菊 杨 磊
副主编 刘 啸 蔡 键 顾海霞 刘一秀

南京大学出版社

图书在版编目(CIP)数据

　　C语言程序设计 / 马杰，张秋菊，杨磊主编. —2 版
. —南京：南京大学出版社，2023.12
　　(信息素养文库)
　　高等学校信息技术系列课程规划教材
　　ISBN 978 - 7 - 305 - 26409 - 2

　　Ⅰ. ①C… 　Ⅱ. ①马… ②张… ③杨… 　Ⅲ. ①C 语言－
程序设计－高等学校－教材 　Ⅳ. ①TP312.8

　　中国版本图书馆 CIP 数据核字(2022)第 244569 号

出版发行　南京大学出版社
社　　址　南京市汉口路 22 号　　　　邮　编　210093
　　　　　 C YUYAN CHENGXU SHEJI
书　　名　C 语言程序设计
主　　编　马　杰　张秋菊　杨　磊
责任编辑　苗庆松　　　　　　　编辑热线　025 - 83592655
照　　排　南京开卷文化传媒有限公司
印　　刷　南京京新印刷有限公司
开　　本　787 mm×1092 mm　1/16　印张 19　字数 480 千
版　　次　2023 年 12 月第 2 版　2023 年 12 月第 1 次印刷
ISBN　978 - 7 - 305 - 26409 - 2
定　　价　55.80 元

网　　址：http://www.njupco.com
官方微博：http://weibo.com/njupco
微信服务号：njuyuexue
销售咨询热线：(025)83594756

前　　言

一个人接受科技教育的最大收获,是那些能够受用一生的通用智能工具。——George Forsythe,What to do till the computer scientist comes,1968

随着社会信息化程度的不断加深,计算机已然成了现代人必不可少的工具,或者说是学习生活中不可或缺的好伙伴好助手。收集资料、深入学习、提高工作效率和质量等,很多时候取决于个人对计算机的掌握程度。

对于当今生活在高度信息化社会的一名大学生,要真正学好计算机,让计算机更好地为我们所用,仅是从广度上了解计算机世界、简单地使用计算机是远远不够的。

《C语言程序设计》课程是国内外高等学校所开设的,继《大学计算机基础》之后的一门重要的计算机基础课程。通过该课程的学习:

1. 可以掌握一种高级程序设计语言的基本语法。本书详尽列出了C语言的相关语法知识,并用实例、图示等生动地讲解了各知识点的原理。

2. 可以深入地学习并探究利用计算机解决问题的方法。本书从简单实例到复杂实例,试图从计算机解决问题的局限性出发,讲解程序的基本方法,进而有效利用计算机高效地解决问题。

本书共12章内容,由马杰、张秋菊、杨磊担任主编,并承担全书的统稿。刘啸编写第1章与第4章、刘艳编写第2章与第3章、刘一秀编写第5章和第6章,蔡键编写第7章和第8章,马杰编写第9章和第10章,顾海霞编写第11章和第12章,周晓云教授对于全书的编写给予了具体指导。此外,为了加强学生的实践能力,本书配套了实践教程,由顾海霞、刘一秀、周晓云主编。

本书适用于不同层次的读者,包括计算机专业和非计算机专业,零基础和有一些基础。读者可根据自身情况选读书中内容。

由于作者水平有限,书中难免会有错误和不足之处,敬请读者批评指正。

编　者
2023年9月

目　　录

第1章

程序设计概述

对于将 C 语言作为首次学习编程语言的读者来说,最关心的问题是如何尽快学会用 C 语言进行程序设计,解决简单的实际问题。要做到这一点,除了对 C 语言本身要有所了解外,更重要的是通过不断地编程实践,逐步领会和掌握程序设计的基本思想和方法。

熟练的编程技能是在知识与经验不断积累的基础上培养出来的。初学者一开始由于缺乏足够的语言知识和编程经验,对于简单的问题也往往会感到无从下手。本书建议读者从一开始学习 C 语言起就尝试着自己编写程序,可以先模仿教材中的程序,试着改写它并循序渐进,直到能独立编写程序并解决实际的问题。

为了使读者能逐步从简单的模仿中体会程序设计的基本思想和方法,本章作为教材的引言,将简要介绍计算思维的概念、算法的概念及描述方法、C 语言的简介以及在 VC++ 2010 系统下建设一个 C 语言项目的详细步骤。

1.1　计算思维与程序设计

计算思维,一个看似遥远又抽象的概念,其中却蕴含着丰富的人生大智慧。在我们的生活中小到洗衣做饭,大到公司决策,都与计算思维息息相关、紧密相连。计算思维究竟是什么? 如何更好地掌握与运用这一能力?

思维是人脑对客观事物的一种概括的、简洁的反应,它反映客观事物的本质和规律。科学思维是指理性认识及其过程,即经过感性阶段获得的大量材料,通过整理和改造,形成概念、判断和推理,从而反映事物的本质和规律。现阶段我们把科学思维分为三类:理论思维、实验思维和计算思维。

计算思维的概念由美国卡内基·梅隆大学的周以真教授首先提出。她认为计算思维能够将一个问题清晰、抽象地描述出来,并将问题的解决方案表示为一个信息处理的流程,是一种解决问题切入的角度。计算思维包含了数学性思维和工程性思维,而其最重要的思维模式就是抽象话语模式。

运用计算机科学的思想、方法和技术进行问题求解、系统设计以及人类行为理解等涵盖计算机科学之广度的一系列思维活动,就是计算思维。计算思维的核心是算法思维。

周以真教授于 2006 年在《美国计算机学会通讯》上发表了《计算思维》(Computational Thinking，也称计算性思维)一文，将计算思维作为一种基本技能和普适思维方法提出。它的运用引导了计算机教育工作者、研究者和实践者推动社会变革，不仅限于计算机领域，例如当前各个行业领域中面临的大数据问题，就需要依赖于计算思维来挖掘有效内容，这意味着计算机科学将从前沿变得更加基础和普及。

计算科学这个领域提供的思维模式，对所有的领域、职业都是适用的，都能够从中受益。对于学生而言，学一点算法、计算机编程、抽象化的这种技巧，对于今后从商、从政、学医或者是自己创业，比那些没有学过计算机科学的人要更加有优势。学习抽象的语言和算法，就会有一种新的解决问题的技能。通过计算机程序设计课程培养初步的计算能力，了解经典的一系列算法，是培养初步计算思维的有效途径。

1.2 算法

1.2.1 算法简介

之前我们提到计算思维的核心是算法思维。那什么是算法呢?

广义地说，为解决一个问题而采取的方法和步骤，就称为算法。不是只有"计算"的问题才有算法，任何问题的解决步骤都可称为算法。

我们熟悉的计算机算法可以分为两大类别：数值运算算法和非数值运算算法。数值运算算法的目的是求解数值，例如求方程的根、求最大公约数等。非数值运算算法涉及的领域十分广泛，最常见的是用于事务管理领域，例如检索、人事管理等。

计算机算法有如下特性：

1. 有穷性：一个算法在执行有穷步骤之后必须结束。也就是说，一个算法所包含的计算步骤是有限的。

2. 确定性：算法的每一个步骤必须确切地定义。即算法中所有有待执行的动作必须严格而不含混地进行规定，不能有歧义性。

3. 输入：算法有零个或多个的输入，即在算法开始之前，对算法最初给出的量。

4. 输出：算法有一个或多个的输出，即与输入有某个特定关系的量，简单地说就是算法的最终结果。

5. 可操作性：算法上描述的操作在计算机上都可以实现。

1.2.2 如何描述算法

算法是为了解决实际问题，问题简单，算法也简单；问题复杂，算法也相应复杂。为了便于交流和处理，往往需要将算法进行描述，即算法的表示。为了表示一个算法，可以用不同的方法。常用的表示方法有自然语言、传统流程图、结构化流程图、伪代码、PAD 图等。这里我们主要介绍自然语言表示、流程图表示和伪代码表示。

1. 自然语言表示

所谓自然语言，就是自然地随文化演化的语言，如英语、汉语等。通俗地讲，自然语言就是我们平时口头描述的语言。对于一些简单的算法，可以采用自然语言来口头描述算法。

【例1-1】 求5!的结果,用自然语言描述算法。

可以设两个变量:p为被乘数,i为乘数。将每一次的乘积放在被乘数变量中。使用循环思路来求结果,算法可描述为:

> S1:使p=1
> S2:使i=2
> S3:将p×i,乘积仍放在变量p中,可表示为p=i×p
> S4:使i的值加1,即i=i+1
> S5:如果i不大于5,返回重新执行步骤S3以及其后的步骤S4和S5;否则,算法结束。
> 最后得到p的值就是5!的值

随着需求的发展,很多算法都比较复杂,很难用自然语言描述,同时自然语言的表述烦琐难懂,不利于发展和交流。因此,需要用其他的方法来进行表示。

2. 流程图表示

流程图是一种用图形表示算法流程的方法,由一些图框和流向线组成,如图1-1所示。

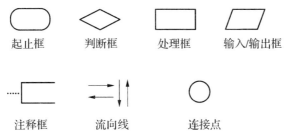

图1-1 流程图的图元

其中,图框表示各种操作的类型,图框中的说明文字和符号表示该操作的内容,流向线表示操作的前后次序。流程图的最大优点是简单直观、便于理解,在计算机算法领域中有着广泛的应用。

【例1-2】 求5!的结果,用流程图描述算法。

用流程图描述算法5!,如图1-2所示。

在实际使用中,算法中的各种流程往往可以用如下三种基本流程结构组合而成,这三种基本流程结构是顺序结构、分支结构和循环结构。

顺序结构是最简单的一种流程结构,简单的一个接着一个地进行算法步骤的处理,如图1-3所示。

分支结构常用于根据某个条件来决定算法的走向,如图1-4所示。这里先判断条件p,如果p成立,则执行步骤A;否则执行步骤B,然后再继续下面的算法。分支结构有时也称为选择结构。

循环结构常用于需要反复执行的算法操作,按循环的方式,可以分为当型循环结构和直到型循环结构,如图1-5所示,(a)为当型循环结构,(b)为直到型循环结构。

当型循环结构和直到型循环结构的区别:当型循环结构先对条件进行判断,然后再执行循环体,一般采用while语句来实现;直到型循环结构先

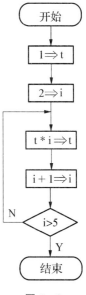

**图1-2
求5!的流程图**

执行循环体,然后再对条件进行判断,一般采用 do-while 语句来实现。

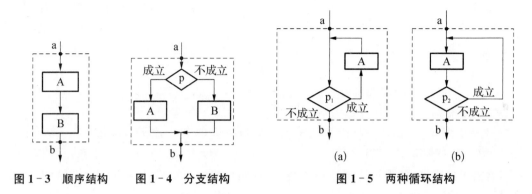

图 1-3　顺序结构　　图 1-4　分支结构　　图 1-5　两种循环结构

3. 伪代码表示

伪代码是用介于自然语言和计算机语言之间的文字以及符号来描述算法。它如同一篇文章一样,自上而下地写下来。每一行(或几行)表示一个基本操作。不用图形符号,因此书写方便、格式紧凑,比较好懂,也便于向计算机语言算法(即程序)过渡。适用于设计过程中需要反复修改时的流程描述。

【例 1-3】　求 5!的结果,用伪代码描述算法。

```
对变量 t 赋值 1
对变量 i 赋值 2
while (i <= 5) {
        使 t = t × i
        使 i = i + 1
}
输出 t 的值
```

在使用伪代码时,描述应该结构清晰、代码简单、可读性好,这样才能更有利于算法的表示。否则将适得其反,让人很难懂,就失去了伪代码的意义了。

1.3　C 语言概述

1.3.1　C 语言的出现和历史背景

C 语言是国际上广泛流行的计算机高级语言,它适合作为系统描述语言,既可以用来编写系统软件,也可以用来编写应用软件。

早期的操作系统软件主要是用汇编语言编写的(包括 UNIX 操作系统在内)。由于汇编语言依赖于计算机硬件,程序的可读性和可移植性都比较差,所以为了提高系统软件的可读性和可移植性,改用高级语言。但是一般的高级语言难以实现汇编语言的某些功能(汇编语言可以直接对硬件进行操作,例如对内存地址的操作、位操作等)。人们希望找到一种兼具一般高级语言和低级语言优点的语言,C 语言就在这种情况下应运而生。

C 语言是在 B 语言的基础上发展起来的,它的根源可以追溯到 ALGOL 60。1960 年出现的 ALGOL 60 是一种面向问题的语言,它离硬件比较远,不易用来编写系统程序。1963 年英国剑桥大学推出了 CPL(Combined Programming Language)语言。CPL 语言在 ALGOL 60 的基础上接近硬件一些,但规模比较大,难以实现。1967 年英国剑桥大学的 Martin Richards 对 CPL 语言做了简化,推出了 BCPL(Basic Combined Programming Language)语言。1970 年美国贝尔实验室的 Ken Thonpson 以 BCPL 语言为基础,又做了进一步简化,设计出了简单而且很接近硬件的 B 语言(取 BCPL 的第一个字母)。

1971 年在 PDP11/20 上实现了 B 语言,并写了 UNIX 操作系统,此时的 B 语言过于简单,功能有限。1972 年至 1973 年间,贝尔实验室的 Dennis M. Ritchie 在 B 语言的基础上设计出了 C 语言(取 BCPL 的第二个字母)。C 语言既保持了 BCPL 和 B 语言的优点(精炼、接近硬件),又克服了它们的缺点(过于简单、数据无类型等)。最初的 C 语言只是为描述和实现 UNIX 操作系统提供一种工作语言而设计的。1973 年,Ken Thompson 和 Dennis M. Ritchie 合作将 UNIX 的 90% 以上用 C 语言改写(即 UNIX 第 5 版。原来的 UNIX 操作系统是 1969 年由美国贝尔实验室的 Ken Thompson 和 D.M.Ritchie 开发成功的,用汇编语言编写)。

后来,C 语言做了多次改进,但主要还是贝尔实验室内部使用。直到 1975 年 UNIX 第 6 版发布后,C 语言的突出优点才引起人们的普遍注意。1977 年出现了不依赖于具体机器的 C 语言编译程序《可移植 C 语言编译程序》,使 C 语言移植到其他机器时所需做的工作大大简化,推动了 UNIX 操作系统迅速在各种机器上实现。例如 VAX、AT&T 等计算机系统都相继开发了 UNIX。随着 UNIX 的日益广泛使用,C 语言也迅速得到推广。C 语言和 UNIX 可以说是一对孪生兄弟,在发展过程中相辅相成。1978 年以后,C 语言先后移植到大、中、小微型计算机上,独立于 UNIX 和 PDP。此后 C 语言便很快风靡全世界,成为世界上应用最广泛的几种语言之一。

以 1978 年发布的 UNIX 第 7 版中的 C 语言编译程序为基础,Brian W.Kernighan 和 Dennis M.Ritchie(合称 K&R)合著了影响深远的名著《The C Programming Language》,这本书中介绍的 C 语言成为后来广泛使用的 C 语言版本的基础,也成为事实上的 C 标准。1983 年,美国国家标准协会(American National Standards Institute,ANSI)根据 C 语言问世以来各种版本对 C 语言的发展和扩充,公布了第一个 C 语言标准草案(83 ANSI C)。ANSI C 比原来的 C 语言有更大的发展。K&R 在 1988 年修改了他们的经典著作《The C Programming Language》,按照即将公布的 ANSI C 重新编写了该书。1989 年,ANSI 公布了一个完整的 C 语言标准——X 3.159.1989,简称 C89。1990 年,国际标准化组织 ISO(Internatiomal Standard Organization)接受 C89 为 ISO C 的标准(ISO9899 - 1990),通称 C90。C90 与 C89 基本相同。1999 年,ISO 又修订了 C 语言标准,简称 C99。目前流行的 C 语言编译系统大多是以 C89 为基础进行开发的,并未实现 C99 所建议的功能。不同版本的 C 语言编译系统所实现的语言功能和语法规则又略有差别,因此读者应了解所使用的 C 语言编译系统的特点(可参阅有关手册)。

1.3.2　C 语言的特点

早期的 C 语言主要用于 UNIX 系统。由于 C 语言的强大功能和各方面的优点逐渐为人们认知,到了八十年代,C 开始进入其他操作系统,并很快在各类大、中、小和微型计算机上得到广泛使用,成为当代最优秀的程序设计语言之一。C 语言主要有以下特点:

1. 语言简洁,使用方便灵活

C 语言是现有程序设计语言中规模最小的语言之一,而小的语言体系往往能设计出较好的程序。C语言的关键字很少,ANSI C标准一共只有32个关键字,9种控制语句,压缩了一切不必要的成分。C语言的书写形式比较自由,表达方法简洁,使用一些简单的方法就可以构造出比较复杂的数据类型和程序结构。

2. 可移植性好

用过汇编语言的读者都知道,即使是功能完全相同的一种程序,对于不同的单片机,也必须采用不同的汇编语言来编写。这是因为汇编语言完全依赖于单片机硬件。而现代社会中新器件的更新换代速度非常快,也许我们每年都要和新的单片机打交道。如果每接触一种新的单片机就要学习一次新的汇编语言,那么也许我们将一事无成,因为每学一种新的汇编语言,少则几月,多则几年,便没有多少时间真正用于产品开发了。

C语言是通过编译来得到可执行代码的,统计资料表明,不同机器上的C语言编译程序80%的代码是公共的,C语言的编译程序便于移植,从而使得在一种单片机上使用的C语言程序,可以不加修改或稍加修改即可移植到另一种结构类型的单片机上去。这大大增强了我们使用各种单片机进行产品开发的能力。

3. 表达能力强

C语言具有丰富的数据结构类型,可以根据需要采用整型、实型、字符型、数组类型、指针类型、结构类型、联合类型、枚举类型等多种数据类型来实现各种复杂数据结构的运算。C语言还具有多种运算符,灵活使用各种运算符可以实现其他高级语言难以实现的运算。

4. 表达方式灵活

利用C语言提供的多种运算符,可以组成各种表达式,还可采用多种方法来获得表达式的值,从而使用户在程序设计中具有较大的灵活性。C语言的语法规则不太严格,程序设计的自由度比较大,程序的书写格式自由灵活。程序主要用小写字母来编写,比较容易阅读,这些充分体现了C语言灵活、方便和实用的特点。

5. 可进行结构化程序设计

C语言以函数作为程序设计的基本单位,C语言程序中的函数相当于汇编语言中的子程序。C语言对于输入和输出的处理也是通过函数调用来实现的。各种C语言编译器都会提供一个函数库,其中包含有许多标准函数,如各种数学函数、标准输入输出函数等。此外C语言还具有自定义函数的功能,用户可以根据自己的需要编制满足某种特殊需要的自定义函数。实际上C语言程序就是由许多个函数组成的,一个函数相当于一个程序模块,因此C语言可以很容易地进行结构化程序设计。

6. 可以直接操作计算机硬件

C语言具有直接访问单片机物理地址的能力,可以直接访问片内或片外存储器,还可以进行各种位操作。

7. 生成的目标代码质量高

众所周知,汇编语言程序目标代码的效率是最高的,这就是为什么汇编语言是编写计算机系统软件的重要工具的原因。但是统计表明,对于同一个问题,用C语言编写的程序生成代码的效率仅比用汇编语言编写的程序低10%~20%。

尽管C语言具有很多优点,但和其他任何一种程序设计语言一样也有其自身的缺点,如不能自动检查数组的边界,各种运算符的优先级别太多,某些运算符具有多种用途等。但总体来说,C 语言的优点远远超过了它的缺点。经验表明,程序设计人员一旦学会使用 C 语言,就会对它爱不释手。

1.3.3　VC++2010 简介和 C 语言程序结构

1. 用什么工具写代码

程序设计是门交流的艺术,只不过和我们交流的对象是计算机,我们要做的是在代码里说明想要计算机做出怎样的操作。写代码就像写文章一样,在电脑上写一些文本内容,那用什么工具来写代码呢?平时我们在 Windows 中写文章,可以用记事本、Word、UltraEdit 等文本编辑工具。在 C 语言程序的实际开发中,为了提高开发效率,一般会使用可视化开发工具平台,可视化开发工具平台的优点是可以对程序开发的过程进行智能化的支持,如语法检查、代码自动缩进等。VC++2010 作为成熟的 C 语言可视化开发平台,系统稳定、开发效率高,并且是各级考试中选择的考试环境平台,也是我们一开始接触 C 语言程序设计的第一选择,如图 1 - 6 所示。

图 1 - 6　VC++2010

2. 使用 VC++2010 设计一个 C 程序

1) 进入 VC++2010,熟悉界面环境。

可以通过以下方法进入 VC++2010 可视化集成开发平台。

打开 Windows 开始菜单,点击"所有程序",在程序列表中查找"Microsoft Visual Studio 2010 Express",运行其中的程序"Microsoft Visual C++2010 Express"。

VC++2010 的界面如图 1 - 7 所示。

图 1 - 7　VC++2010 界面

2）新建一个项目及 C 程序文件（.C 文件），保存在磁盘合适位置。

左键依次单击"文件"菜单，"新建"子菜单，"项目"菜单项，打开"新建项目"窗口。项目模板选择"Win32 控制台应用程序"，项目名称设置为"1 - 1"，选择合适的文件保存路径，单击"确定"按钮。如图 1 - 8 所示。

图 1 - 8　程序新建项目窗口

3）接下来会弹出"Win32 应用程序向导"窗口，"概述"页无须修改，单击"下一步"。在"应用程序设置"页中勾选附加选项"空项目"，单击"完成"。如图 1 - 9 所示。

不能自动检查数组的边界,各种运算符的优先级别太多,某些运算符具有多种用途等。但总体来说,C 语言的优点远远超过了它的缺点。经验表明,程序设计人员一旦学会使用 C 语言,就会对它爱不释手。

1.3.3　VC++2010 简介和 C 语言程序结构

1. 用什么工具写代码

程序设计是门交流的艺术,只不过和我们交流的对象是计算机,我们要做的是在代码里说明想要计算机做出怎样的操作。写代码就像写文章一样,在电脑上写一些文本内容,那用什么工具来写代码呢? 平时我们在 Windows 中写文章,可以用记事本、Word、UltraEdit 等文本编辑工具。在 C 语言程序的实际开发中,为了提高开发效率,一般会使用可视化开发工具平台,可视化开发工具平台的优点是可以对程序开发的过程进行智能化的支持,如语法检查、代码自动缩进等。VC++2010 作为成熟的 C 语言可视化开发平台,系统稳定、开发效率高,并且是各级考试中选择的考试环境平台,也是我们一开始接触 C 语言程序设计的第一选择,如图 1-6 所示。

图 1-6　VC++2010

2. 使用 VC++2010 设计一个 C 程序

1) 进入 VC++2010,熟悉界面环境。

可以通过以下方法进入 VC++2010 可视化集成开发平台。

打开 Windows 开始菜单,点击"所有程序",在程序列表中查找"Microsoft Visual Studio 2010 Express",运行其中的程序"Microsoft Visual C++2010 Express"。

VC++2010 的界面如图 1-7 所示。

图 1-7　VC++2010 界面

2) 新建一个项目及 C 程序文件(.C 文件),保存在磁盘合适位置。

左键依次单击"文件"菜单,"新建"子菜单,"项目"菜单项,打开"新建项目"窗口。项目模板选择"Win32 控制台应用程序",项目名称设置为"1-1",选择合适的文件保存路径,单击"确定"按钮。如图 1-8 所示。

图 1-8　程序新建项目窗口

3) 接下来会弹出"Win32 应用程序向导"窗口,"概述"页无须修改,单击"下一步"。在"应用程序设置"页中勾选附加选项"空项目",单击"完成"。如图 1-9 所示。

图 1 - 9　Win32 应用程序向导

4）现在项目 1 - 1 建立完毕，之后为该项目添加 C 程序。在 VC++2010 工作平台左侧的"解决方案资源管理器"下的项目"1 - 1"上右键单击，打开右键菜单，选择"添加"→"新建项"。如图 1 - 10 所示。

图 1 - 10　为项目添加文件

5）在打开的"添加新项"窗口中，选择文件模板为"C++文件（.cpp）"，由于本教材内容为C语言程序设计，不涉及C++内容，所以在文件名称里把文件扩展名".c"加上，即在"名称"框内输入"1-1.c"，这样就可以在VC++2010环境下创建C程序文件，最后单击"添加"。如图1-11所示。

图1-11 新建C程序文件

6）在程序编辑区域输入源程序，如图1-12所示。

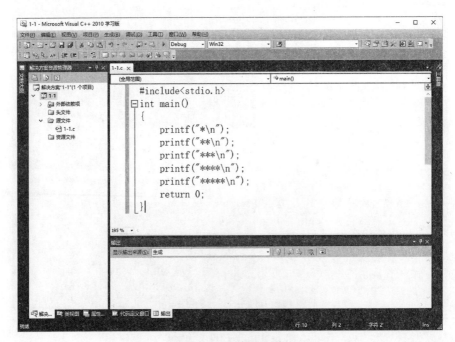

图1-12 编辑源程序

7）调试执行程序。

在调试执行程序之前,确认"工具"菜单中"设置"里平台工作模式为"专家设置"。如图 1-13 所示。

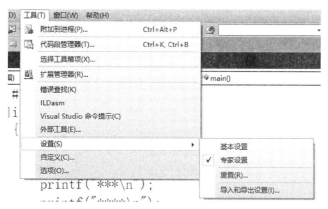

图 1-13　确认平台工作模式

打开"调试"菜单,单击"开始执行(不调试)"运行程序项目。

8）查看执行结果,程序执行结果如图 1-14 所示。

图 1-14　程序执行结果

9）关闭解决方案。

左键单击"文件"菜单,选择"关闭解决方案"菜单项。

3. C 语言程序的结构

通过之前的内容我们编写了第一个简单的 C 程序,程序虽然简单但结构清晰明确,下面我们了解一下 C 语言程序的基本结构。

【例 1-4】 第一个 C 程序。

```
1  #include<stdio.h>
2  int main()
3  {
4      printf("*\n");
5      printf("**\n");
6      printf("***\n");
7      printf("****\n");
8      printf("*****\n");
9      return 0;
10 }
```

以上程序的功能是输出由"＊"组成的三角形，整个C语言程序大致可以分为两个部分，编译预处理部分和函数部分。在以上程序中编译预处理部分是＃include <stdio.h>，函数部分是

```c
int main()
{
    printf("*\n");
    printf("**\n");
    printf("***\n");
    printf("****\n");
    printf("*****\n");
    return 0;
}
```

编译预处理部分主要实现宏替换、条件编译和文件包含。通常采用"＃"为行首提示。如程序中的＃include <stdio.h>就是一条文件包含的编译预处理命令，所谓文件包含就是把C语言提供的已经设计好的资源挂载到我们的程序上，以供我们使用其中已经设计好的功能。被挂载的文件通常是".h"类型，称为头文件，其中有各种类型的标准函数，stdio.h是缓冲文件系统输入输出头文件，后续程序中实现屏幕输出的printf函数就来源于此。头文件的包含是使用其中标准函数的必要条件。

函数部分又包括主函数(main)和自定义函数，主函数是整个程序的骨架，程序的执行从主函数开始，依次执行语句后结束。上述程序功能简单所以未设计自定义函数，自定义函数将在后续章节介绍。

【例1-5】 参考例1-4设计程序输出如图1-15所示的图形。

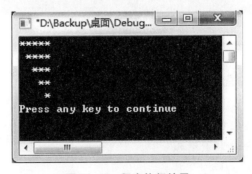

图1-15 程序执行结果

以上两个程序对于图形每一行的输出是通过多条printf语句实现的，如果图形比较复杂，这种办法不是解决之道，更好的则是通过循环结构来实现，将在后续章节介绍。

课后习题

一、程序设计

1. 程序设计语言分为几类？
2. 什么是算法？试从生活中找个例子，描述它们的算法。
3. 用流程图的方式描述以下问题的算法。

1）求 1 + 2 + 3 + …… + 100；

2）判断一个数 n 能否同时被 3 和 5 整除；

3）有 3 个数 a、b、c，求出它们中间的最大值。

4. 请参照本章例题，编写一个 C 程序，输出如下信息。

```
***************************
Very good!
***************************
```

第2章

数据类型和运算符

通过第 1 章的学习,熟悉 C 程序的开发环境后,我们一定渴望编写程序,让计算机与外界进行实际的交互。也不希望程序只能做打字员的工作,仅显示固定信息,而是让程序能接收和处理各种类型数据、解决各种问题,本章及后续章节将由浅入深、循序渐进地学习 C 语言的语法及常见问题的处理方法。本章的主要内容为:

1. 变量和常量;

2. 整型、实型和字符型;

3. 标识符的命名规则、变量的定义和初始化;

4. sizeof 运算符;

5. 赋值和复合赋值运算符;

6. 算术运算符、自增 1 和自减 1 运算符、常用的标准数学函数;

7. 逗号运算符;

8. 自动类型转换和强制类型转换;

2.1 分析一个简单的 C 语言程序

学习完第 1 章,我们应该已经掌握如何在 VC++2010 下编辑、编译、链接、运行一个 C 程序。下面通过另一个 C 程序来了解代码的作用和 C 程序的结构。

【例 2 - 1】 编程计算并输出两个整数的和。

```
1   /*本程序实现计算并输出两个整数的和*/
2   #include <stdio.h>            //编译预处理指令
3   int main()                    //定义主函数
4   {                             //函数开始
5       int a,b,sum;              //定义 3 个整型变量:a,b,sum
6       a =123;                   //将整数 123 赋给变量 a
7       b =456;                   //将整数 456 赋给变量 b
8       sum =a + b;               //计算 a + b,将和 579 赋给变量 sum
```

```
9        printf("sum is %d\n",sum);        //输出变量 sum 的值
10       return 0;                          //结束函数,将 0 返回给操作系统
11 }                                        //函数结束
```

注意:为方便对程序例 2-1 的说明,在程序的左侧增加了行号,行号并非程序的一部分。

程序的执行结果如图 2-1 所示。

图 2-1　程序运行结果

2.1.1　注释

例 2-1 的第 1 行内容是注释,告诉阅读程序的人这个程序的功能。注释位于"/*"和"*/"之间,"*和/"之间没有空格,注释是给阅读代码的人看的,编译器完全忽略注释内容,因此注释内容可以是英文,也可以是中文。"/*"可以与"*/"位于同一行,也可以位于不同行,下面用注释说明代码的作者和版权所有。

```
/*作者 张三
    版权 2022
*/
也可以修饰注释,使其比较突出:
/**********
*作者:张三 *
*版权 2022  *
**********/
```

注释不可以嵌套,即不能在一个注释中包含另一个注释,例如,"/* 本程序实现/* 计算并输出 */两个整数的和 */"不符合 C 语言的规则。

也可以使用另一种标记"//"进行单行注释,例 2-1 中第 1 行以下的所有行均在行尾使用"//"进行注释。

例 2-1 中的注释有效说明了代码的功能以及每行代码的作用,所以我们应养成给程序添加注释的习惯。虽然程序可以没有注释,但在编写较长程序时,可能会忘记程序的作用或工作方式,添加足够的注释,可以确保以后自己(和其他阅读程序的人)能理解程序的功能和工作方式。

2.1.2　预处理指令

例 2-1 的第 2 行代码 #include <stdio.h>是预处理指令,该行代码的作用是将 stdio.h 文件中的内容包含(include)到此处。因为通常使用预处理指令将扩展名为".h"的文件放在程序的开头处,所以扩展名为".h"的文件称为头文件(例如 stdio.h)。头文件主要包含与 C

标准库函数相关的声明。stdio 是标准输入/输出（standard input/output）的缩写，头文件 stdio.h 中包含了编译器理解输入/输出函数所需要的信息。因为在例 2 - 1 的第 9 行中用到了标准库中的格式化输出函数 printf()（第 3 章将详细介绍输入/输出函数），所以必须使用编译预处理指令 ♯inlcude 将 stdio.h 中的内容包含进来。

预处理指令有多种，所有预处理指令均以 ♯ 开头，告诉编译器在编译源代码之前，要先执行一些操作。严格来说，预处理指令不是可执行程序的一部分，是编译器在编译开始之前预处理阶段执行的指令，预处理指令大多放在程序源文件的开头。

2.1.3　定义主函数

例 2 - 1 的第 3 行至第 11 行代码为主函数的定义，每个 C 程序都由一个或多个函数组成，名字为 main 的函数称为主函数。**无论主函数位于程序什么位置，该程序都是从主函数开始执行，所以每个 C 程序必须有且只能有一个主函数。**

例 2 - 1 的第 3 行代码为主函数的头部，注意这行代码的末尾没有分号，函数头部下面用一对花括号括起来的代码为函数体（第 5 至第 10 行），函数体包含了定义函数功能的语句。C 程序中的每条语句必须以英文分号（;）结束（如例 2 - 1 中第 5 行至第 10 行）。其中第 5 行为变量定义语句，第 6 行至第 10 行为执行语句，在一对花括号内，定义语句应在执行语句的前面。C 语言允许将多条语句放在一行，但为了使代码更便于阅读和维护，最好一行只有一条语句。

注意：例 2 - 1 中的花括号单独占一行，并缩进花括号之间的代码。这样书写可以清楚地表示出函数体从哪里开始、到哪里结束，花括号内的语句通常缩进两个或多个空格。这是良好的编程格式，可以使程序更容易阅读。

2.1.4　关键字

例 2 - 1 第 5 行中的 int 和第 10 行中 return 是关键字。在 C 语言中，关键字是有特殊意义的词，因此在程序中绝不能使用关键字作为变量名或函数名。附录 A 列出了 ANSI C 定义的 32 个关键字，我们在后面章节的学习中也将逐渐熟悉这些关键字。

2.2　数据的表现形式

数据是程序的重要组成部分。一个 C 语言程序（如例 2 - 1）通过对已知的（如变量 a、b）或用户输入的数据进行处理，从而得到想要的结果数据（如变量 sum）。现实世界的问题复杂多样，因此对不同的问题经过抽象、编码后所产生的相同数据可能承载着不同的信息，如数据"100"，可能表示整数 100，也可能表示三个字符 '1'、'0'、'0' 所组成的字符串。那么在程序执行的动态过程中，系统如何来区分计算机内存中的数据，从而确保其准确地存储和使用呢？方法是引入数据类型。

2.2.1　数据类型

C 语言中的数据类型包括基本类型（如整型、实型和字符型）、构造类型（如数组、结构体等）、枚举类型、指针类型以及空类型。每种类型都用不同的关键字或关键字组合来指定，详见附录 B。

不同类型的数据占用的内存字节数不同,且其在存储单元中的存储形式也不同,因此不同类型的数据所能表示的数据的取值范围也各不相同,表 2-1 列出了 Visual C++2010 下基本数据类型的取值范围。此外,不同类型数据的表示形式及其可参与的运算种类也有所不同。

表 2-1　Visual C++2010 下 C 语言基本数据类型的取值范围

类型名称	中文解释	所占字节数	取值范围
[signed] char	字符型	1	$-128 \sim 127$
short [int]	短整型	2	$-32768 \sim 32767$
[signed]int	整型	4	$-2147483648 \sim 2147483647$
long [int]	长整型	4	$-2147483648 \sim 2147483647$
unsigned char	无符号字符型	1	$0 \sim 255$
unsigned short	无符号短整型	2	$0 \sim 65535$
unsigned int	无符号整型	4	$0 \sim 4294967295$
unsigned long	无符号长整型	4	$0 \sim 4294967295$
float	单精度	4	$-3.4 \times 10^{-38} \sim 3.4 \times 10^{38}$ (精确到 6 位小数)
double	双精度	8	$-1.7 \times 10^{-308} \sim 1.7 \times 10^{308}$ (精确到 15 位小数)
long double	长双精度	8	$-1.7 \times 10^{-308} \sim 1.7 \times 10^{308}$ (精确到 15 位小数)

其中,整型数据有有符号型和无符号型之分,只要不指定为无符号型(unsigned),其隐含的类型就是有符号型(signed)。有符号整型可以表示负数,无符号整型只能表示大于或等于 0 的整数,不能表示负数。

表 2-1 的"类型名称"列里的方括号表示其内的关键字可以省略。类型名称 short、long 可以作为 short int、long int 的缩写,前面可以有 signed 关键字,int 类型也可以写作 signed int,但不常用,程序中常用缩写形式。

这些类型所占的内存字节数以及可以存储的取值范围取决于所用的编译器,并不是固定不变。例如,在一些编译器下,long double 占 10 字节或 12 字节等。

2.2.2　变量

C 语言程序所处理的各种不同类型的数据有两种形式:常量(constant)和变量(variable)。

顾名思义,变量就是在程序执行过程中其值可以改变的量。例如,程序例 2-1 中的 a、b 和 sum 就是变量,通过赋值语句 a=123;,变量 a 的值被修改为 123。

1. 变量的定义

在 C 程序中，**变量必须先定义后使用，**定义变量时，需要声明变量的数据类型和变量名，其一般形式为：

> 数据类型名　变量名;

变量是计算机里一块特定的内存，由一个或多个连续的字节组成。数据类型名指定变量可以存储的数据种类，变量的类型决定了为它分配的字节数，表 2-1 列出了基本类型的类型名、所占字节数以及取值范围。变量所占内存的位置通过变量名表示，在程序中通过变量名向该内存块中存储新值或从内存中提取值。C 语言允许在一条语句中定义多个相同类型的变量，变量名之间必须以英文逗号分隔。例 2-1 程序的第 5 行代码 int a，b，sum;定义了 3 个 int 型(整型)变量，变量名分别为 a、b 和 sum，第 6 行通过赋值运算"="向变量 a 中存入整数 123，第 7 行通过赋值运算"="向变量 b 中存入整数 456，第 8 行表示提取变量 a 的值和变量 b 的值进行相加，结果为 579，再通过赋值运算"="将 579 存入变量 sum 中，第 9 行提取变量 sum 的值，调用 printf 函数将 sum 的值打印到命令窗口中。

变量名的命名应遵守**标识符**(identifier)的命名规则，标识符指的是用来对变量、宏常量、函数等命名的有效字符序列，命名规则为：

（1）只能包含字母、下划线和数字。

（2）首字符只能是字母或下划线，不能以数字开头。

（3）不能是 C 语言的关键字(详见附录 A)。

例如，b%、3a、int 均不符合标识符的命名规则，_a、a2 为合法标识符。

虽然变量名可以以下划线开头，但是以一个或两个下划线开头的变量名常用在头文件中，所以在给变量命名时，尽量不要将下划线作为第一个字符，以免和标准库里的变量名冲突。C 语言变量名的另一个要点是**变量名区分大小写**，即编译系统将 C 程序中的大写字母和小写字母视为两个不同字符，例如，sum、Sum、SUM 是 3 个不同的变量名。为避免混淆，程序中最好不要出现仅靠大小写区分的相似的标识符。一般而言，变量名用小写字母表示。

程序编译时，编译系统依据变量定义语句中的数据类型名，为变量分配对应的内存空间。在图 2-2 中，int 型变量 a 被分配了起始地址为 0012FF3C(十六进制)的连续 4 个字节的内存空间，变量 b 被分配了起始地址为 0012FF38(十六进制)的连续 4 个字节的内存空间。在程序执行过程中，变量名 a 用来标识内存中以 0012FF3C 为首地址的 4 个字节的存储单元。在变量名所对应的存储单元中所存放的数据称为**变量值**，例如变量 a 的值为 123，变量 b 的值为 456。变量值在程序执行过程中可以改变。例 2-1 中语句 sum =a + b;的运算过程实际上就是通过变量名 a、b 找到相应的内存地址 0012FF3C、0012FF38，从其对应的存储单元中读取数据 123 和 456，然后将相加后的结果存储到变量 sum 所对应的存储单元中。

内存地址	内存的存储单元	变量类型	变量名
0012FF38	456	int	b
0012FF3C	123	int	a

图 2-2　变量的意义

标准 C(C89)规定所有变量必须在第一条可执行语句之前定义,但 C99 允许在复合语句 (用一对花括号括起来)中定义变量。例 2-1 的第 5 行为变量定义语句,第 6 至第 10 行为执行语句,如果去掉第 5 行代码或将第 5 行代码移到某条执行语句的下面(使变量定义语句的前面有执行语句),程序编译时将会出现如下语法错误:

```
error C2065: "a": 未声明的标识符
error C2065: "b": 未声明的标识符
error C2065: "sum": 未声明的标识符
```

2. 变量的初始化

在例 2-1 中,执行第 7 行代码 b =456;后,b 的值变为 456。执行这行代码之前,b 的值是什么? 它是一个不确定的数。最好在定义变量时就指定它的值,即变量的初始化。可以将例 2-1 的第 5、6、7 行代码改写为一条语句:

```
int a =123, b =456, sum =0;
```

该语句定义了 int 型变量 a、b 和 sum,并指定其初始值分别为 123、456 和 0。定义变量时初始化是良好的编程习惯。当程序运行不正常时,它有助于追踪错误,还可以避免在创建变量时使用垃圾值,减少程序出错的机会。如果在定义变量时,不能确定其初始值,如 sum 变量,可以将其初始化为 0。

2.2.3　常量

在程序运行过程中,常量的值始终不发生变化,例 2-1 中的 123 和 456 是常量。常见的类型有整型常量、实型常量、字符常量、字符串常量等,如 3、1.5、'a'、"abc"。常量的类型通常由书写格式决定,在程序中可以直接使用。

1. 整型常量

没有小数点的数为整数。整数变量有不同的类型,整数常量也有不同的类型。如果将整数写成 10,它的类型是 int。若要确保它是 long 类型,就必须在这个整数的后面加上一个大写 L 或小写 l,所以 long 类型的整数 100 应写成 100L。虽然写为 100l 也合法,但应尽量避免,因为小写字母 l 与数字 1 很难区分。表 2-2 列出了不同类型的整型常量的表示方法。

表 2-2　不同类型整型常量示例

不同类型的整型常量	实　例	特　点
有符号整型常量	-15、0、15	没有后缀的整型常量默认为 int 型常量
有符号长整型常量	15L、-15L	整型常量值后跟 L 或 l
无符号整型常量	15U	整型常量值后跟 U 或 u,无符号整型常量不能表示小于 0 的整数
无符号长整型常量	15LU	整型常量值后跟 LU、Lu、lU 或 lu

C 程序中的整型常量通常用我们熟悉的十进制来表示。除了十进制,在 C 程序中还会出现八进制和十六进制的整型常量,如表 2-3 所示。

表2-3 不同进制整型常量

进 制	整数 31 的不同进制表示	特 点
十进制	31	以 10 为基数的数值系统称为十进制(decimal)。由 0~9 的数字序列组成。
八进制	037、037L	以 8 为基数的数值系统称为八进制(octal)。 八进制整数由数字 0 开头,后由 0~7 的数字序列组成。
十六进制	0x1F、0x1FL	以 16 为基数的数值系统称为十六进制(hexadecimal)。 十六进制整数由数字 0 加字母 x(或 X)开头,后由 0~9,a~f 或 A~F 的数字和字母序列组成。

2. 实型常量

有小数点的数为实数。实型常量有十进制小数和指数两种表示形式,如表 2-4 所示。

表2-4 实型常量的两种表示形式示例

不同形式的实型常量	实 例	特 点
十进制小数形式	0.15、-1.74、.123	与日常表示实数的惯用形式相同,由数字和小数点组成。
指数形式	1.23e-3 (或 1.23E-3)	等价于 1.23×10^{-3},适用于表示绝对值很大或很小的数。e 的左边是数值部分(有效数字),不能省略,其可以表示成整数或者小数形式;e 的右边是指数部分,必须是整数形式。

实型常量按照其数据类型的不同分为单精度、双精度和长双精度,没有有符号和无符号之分,不同类型的实型常量的表示如表 2-5 所示。

表2-5 不同类型实型常量示例

不同类型的实型常量	实 例	特 点
单精度(float)实型常量	1.23F、1.23E-2f	实型常量值后跟 F 或 f 为 float 型。
双精度(double)实型常量	1.23	实型常量默认为 double 型。
长双精度(long double)实型常量	1.23L	实型常量值后跟 L 或 l 为 long double 型。

3. 字符常量

C 语言中使用的是 ASCII 码(美国标准信息交换码)字符集(详见附录 D),每一个字符都要转换为对应的 ASCII 码(一个整型值)后存储到计算机的存储单元中。C 程序中有两种形式的字符常量:普通字符和转义字符。普通字符是用一对单引号括起来的一个字符,如 'a','+','1','?' 等。'1' 表示 ASCII 码为 0110001 的字符常量,占 1 个字节的存储空间;而不加单引号的 1 则表示一个 int 型常量,占 4 个字节的存储空间。

除了上述的普通字符外,为了表示一些在屏幕上无法显示的"控制字符",如回车、换行等,C 语言还引入了一种特殊形式的字符常量——转义字符。与普通字符一样,转义字符也由一对单引号括起来,不同的是,转义字符要以反斜线(\)开头,常用的转义字符如表 2-6 所示。

表 2-6 常用的转义字符

字符	含义	字符	含义
'\n'	换行	'\a'	响铃报警提示音
'\r'	回车(不换行)	'\"'	双引号(")
'\0'	空字符	'\''	单引号(')
'\t'	水平制表	'\\'	反斜线(\)
'\v'	垂直制表	'\?'	问号(?)
'\b'	退格	'\ddd'	1~3 位八进制 ASCII 码值所代表的字符
'\f'	走纸换页	'\xhh'	1~2 位十六进制 ASCII 码值所代表的字符

转义字符就是将反斜线(\)后面的字符转换成另外的意义。如例 2-1 中第 9 行输出语句 '\n' 中的 n 不代表字母 n,而表示换行。此外,'\ddd' 中的 d 代表一个八进制数字,'\xhh' 中的 h 代表一个十六进制数字,例如,'\012' 代表 ASCII 码为八进制数 12(即十进制 10)的字符(即换行符 '\n'),'\x41' 表示 ASCII 码为十六进制数 41(即十进制 65)的字符 'A'。

【例 2-2】 分析下面程序的运行结果。

```
1   #include <stdio.h>            //编译预处理指令
2   int main()                    //定义主函数
3   {                             //函数开始
4       printf("\t\"\\n'\065\x5Ak");
5       return 0;                 //退出函数,将 0 返回给操作系统
6   }                             //函数结束
```

在上面的例 2-2 中,第 4 行待输出字符串为 "\t\"\\n'\065\x5Ak",其中包含的转义字符有水平制表符 '\t'、双引号 '\"'、反斜线 '\\'、换行符 '\n'、单引号 '\''、ASCII 码为八进制数 65 的字符 '\065'(即数字字符 '5')、ASCII 码为十六进制 5A 的字符 '\x5A'(即字母 'Z')。

字符串中的每一个转义字符都用来表示一个特定的字符,因此程序第 4 行的字符串包含 8 个字符,程序运行结果如图 2-3 所示。

图 2-3 程序运行结果

4. 字符串常量

用一对双引号括起来的若干个字符称为字符串常量,如 "CHINA"、"123" 等。

2.2.4　宏常量和 const 常量

【例 2-3】　编程计算并输出半径 r =2.5 的圆的周长和面积。

```
1  #include <stdio.h>
2  int main()
3  {
4      float r =2.5f;
5      printf("周长为%f\n",2*3.14159f*r);
6      printf("面积为%f\n",3.14159f*r*r);
7      return 0;
8  }
```

在上面例 2-3 中,计算圆的周长和面积的公式中用实型常量 3.14159f 表示圆周率 π,这通常需要认真阅读源代码后才能看出这个数的含义,此外,当圆周率 π 的值在程序中使用频率较高时,其书写容易出错,出错后修改的工作量也较大。因此,在 C 语言中,通常将具有特殊含义或在程序中使用频率较高的常量定义为宏常量或 const 常量。

1. 宏常量

宏常量,又称符号常量,是指用一个标识符号来代表一个常量。宏常量定义的一般形式为:

```
#define 标识符　常量值
```

其中,#define 是一个编译预处理指令,标识符也称为宏名。

注意:编译预处理指令不是 C 语句,行尾不加英文分号。

将例 2-3 中计算圆的周长和面积的公式中用到的圆周率 π 定义为宏常量,改写后的源程序如下:

```
1  #include <stdio.h>
2  #define PI 3.14159f
3  int main()
4  {
5      float r =2.5f;
6      printf("周长为%f\n",2*PI*r);
7      printf("面积为%f\n",PI*r*r);
8      return 0;
9  }
```

这里将 PI 定义为一个要被 3.14159f 取代的符号。使用 PI 而不是 pi,是因为在 C 语言中有一个通用的约定:预处理指令 #define 中的标识符都用大写。程序编译之前,预处理器会用 3.14159f 替换程序中的所有 PI,这一替换过程称为宏替换,替换后的程序与例 2-3 相同。程序开始编译时,不再包含标识符 PI,因此,系统不需要为宏常量分配内存空间。在定义宏常量时,要确保宏定义中标识符和其后的常量值的完全等价性,否则会影响结果的准确性或导致语法错误。

例如,如果将上面 PI 的宏定义代码修改为:

```
#define PI 3.14159f;
```

将会出现语法错误。

因为这里的标识符 PI 等价于"3.14159f;"，宏替换后，源程序中的两个公式变为：

```
2*3.14159f;*r
3.14159f;*r*r
```

显然不符合 C 语言的语法。

认真阅读下面两个代码段，分析并计算变量 Var 的值。

代码段 1：

```
#define WIDTH   80
#define LENGTH   (WIDTH + 40)
……
Var =LENGTH*20
```

代码段 2：

```
#define WIDTH   80
#define LENGTH   WIDTH + 40
……
Var =LENGTH*20
```

在第一个代码段中：

```
Var =LENGTH*20
=(WIDTH + 40)*20
-(80 + 40)*20
=120*20 =2400
```

在第二个代码段中：

```
Var =LENGTH*20
=WIDTH + 40*20
=80 + 40*20
=80 + 800 =880
```

上面两个宏常量 LENGTH 的定义中，后面的字符串仅相差一对括号，结果却截然不同。可见，虽然宏常量的使用增强了程序的可读性和可维护性，但由于宏常量没有数据类型，编译器仅在预编译阶段简单地将其替换为其后的内容，不进行语法检查，因此，替换后的程序极易产生不可预知的语法和数据错误的结果。

2. const 常变量

为了克服使用宏常量所带来的问题，同时保留宏常量的优点，C 语言中提供了具有数据类型的常变量。例如前面宏常量 PI 的声明可改写为：

```
const float PI =3.14159f;
```

其中，数据类型 float 前面的类型修饰符 const，表示这里所定义的 float 类型的变量 PI 只能在定义时赋初值，且其值在变量存在期间不能改变。

常变量同变量一样，具有数据类型且占内存存储空间；但又像常量一样，整个程序执行过程中，其值不可以改变，因此又称为 const 常量。无论是宏常量还是 const 常量，在程序中为与变量名相区别，习惯上用大写字母来命名。

2.3　C 运算符与表达式

　　程序对数据的处理是通过一系列运算来实现,而运算通常是由**运算符**来表达。C 语言提供了几十个运算符(详见附录 C),本章主要介绍其中的算术运算符、赋值和复合赋值运算符、自增 1 和自减 1 运算符、逗号运算符以及强制类型转换运算符。其他运算符将在后续章节介绍。

　　各种运算符把不同类型的常量和变量按照语法要求连接在一起构成了**表达式**。根据表达式中运算符类型的不同,表达式分为赋值表达式、算术表达式、关系表达式、逻辑表达式等。这些表达式还可以用括号复合起来形成更复杂的复合表达式。表达式的运算结果可以赋值给变量,或者作为控制语句的判断条件。

　　注意:在程序中,单个变量或常量也可以看作是一个特殊的表达式。

2.3.1　sizeof 运算符

　　C 标准并未规定各种不同的整型数据在内存中所占的字节数,只是简单地要求长整型(long)所占的字节数不少于基本整型(int)。此外,同种类型的数据在不同的编译器和计算机系统中所占用的字节数也不完全相同,因此,不能对变量所占的字节数想当然。C 语言提供了 sizeof 运算符来准确计算某种类型数据所占内存的字节数。其使用的一般格式为:

```
sizeof(数据类型/变量/常量/表达式)
```

　　值得注意的是,sizeof 运算符的书写格式虽然与函数很像,但在 C 语言中不是函数,而是运算符。例如,计算 int 类型所占内存的字节数用 sizeof(int);计算 float 型变量 r 所占的字节数用 sizeof(r);计算常量 2.3 所占的字节数用 sizeof(2.3)。

　　【例 2-4】　运行下面程序,并分析其结果。

```
1  #include <stdio.h>
2  int main()
3  {
4      float r =2.3f;
5      printf("int 数据类型      占%d 个字节\n", sizeof(int));
6      printf("float 型变量 r    占%d 个字节\n", sizeof(r));
7      printf("double 型常量 2.3  占%d 个字节\n", sizeof(2.3));
8      return 0;
9  }
```

　　在 Visual C++2010 编译环境下的运行结果如图 2-4 所示。

图 2-4　程序运行结果

2.3.2　赋值运算符

在 C 程序中赋值运算符(=)用来为变量赋值。由赋值运算符及其两边的操作数组成的表达式称为**赋值表达式**,如例 2-4 中,r=2.3f。在赋值表达式的后边再加上英文分号所构成的语句称为**赋值语句**,是程序中使用最为频繁的语句之一,其一般形式为:

变量=表达式;

赋值运算符的书写形式**与数学中的等号相同,但含义不同**。数学中的**等号**用来标识两边操作数的值相等,而在 C 程序中,**赋值运算符的含义**是将右侧表达式的值(简称为右值)赋给左边的变量,因此,赋值运算符左边只能是一个标识特定内存存储单元的变量名。例如,a+b=c 在数学上是有意义的等式,但在 C 语言中是不合法的赋值表达式;而形如 x=x+1 这种在数学中无意义的等式,在 C 语言中却是合法的,其含义是从变量 x 对应的内存存储单元中取(读)出 x 的值,加 1 后再存(写)入 x 所对应的内存存储单元中。此外,在 C 语言中,规定赋值表达式的值及其类型与赋值运算符左边变量的值相同。例如,整型变量 x 初始值为 1,执行 x=x+1;语句后,x 的值为 2,整个赋值表达式 x=x+1 的值也为 2,且类型为整型。

下面通过运行例 2-5 并分析其结果来巩固和加深对赋值运算符的理解。

【例 2-5】　交换两个整数 a、b 的值,如 a=3,b=4,交换后 a=4,b=3。

```
1   #include <stdio.h>
2   int main()
3   {
4       int a,b,t;                      //定义 3 个整型变量:a,b,t
5       a=3;                            //指定 a 的值为 3
6       b=4;                            //指定 b 的值为 4
7       t=a;                            //将变量 a 的值赋值给变量 t
8       a=b;                            //将变量 b 的值赋值给变量 a
9       b=t;                            //将变量 t 的值赋值给变量 b
10      printf("a=%d,b=%d\n",a,b);      //输出变量 a 和 b 的值
11      return 0;
12  }
```

程序执行到第 4 行时,系统为变量 a、b、t 分别分配 4 个字节的内存存储单元,如图 2-5(a)所示,此时三个变量的值为随机数。程序中第 5、6 行给变量 a、b 分别赋初值为 3 和 4,如图 2-5(b)所示。为了交换变量 a 和 b 的值,需要借助于中间变量 t。首先将变量 a 的值赋值给变量 t(程序第 7 行),如图 2-5(c)所示;然后将变量 b 的值赋值给变量 a(程序第 8 行),如图 2-5(d)所示;最后将保存在变量 t 中的 a 值赋值给变量 b(程序第 9 行),如图 2-5(e)所示,从而完成两数的交换操作。程序运行结果如图 2-6 所示。

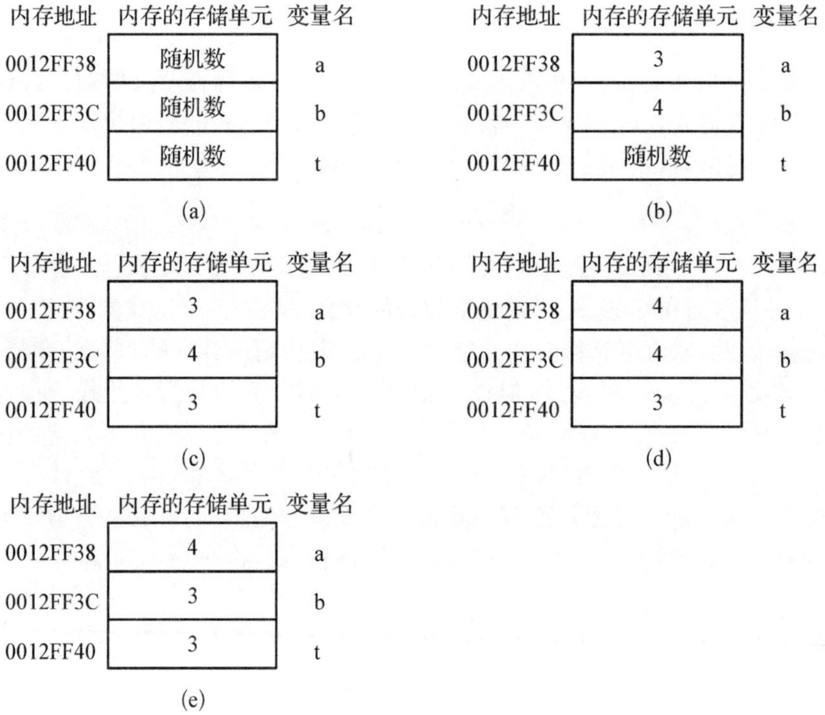

内存地址　内存的存储单元　变量名
0012FF38	随机数	a
0012FF3C	随机数	b
0012FF40	随机数	t

(a)

内存地址　内存的存储单元　变量名
0012FF38	3	a
0012FF3C	4	b
0012FF40	随机数	t

(b)

内存地址　内存的存储单元　变量名
0012FF38	3	a
0012FF3C	4	b
0012FF40	3	t

(c)

内存地址　内存的存储单元　变量名
0012FF38	4	a
0012FF3C	4	b
0012FF40	3	t

(d)

内存地址　内存的存储单元　变量名
0012FF38	4	a
0012FF3C	3	b
0012FF40	3	t

(e)

图 2-5　两数交换过程示意图

```
C:\Windows\system32\cmd.exe                    —  □  ×
a=4, b=3
请按任意键继续. . .
```

图 2-6　程序运行结果

2.3.3　算术运算符与表达式

C语言中的算术运算与数学中的算术运算有许多**相同**之处,详见表 2-7。在 C 语言的所有运算符中,只需一个操作数的运算符称为单目运算符(或一元运算符),如正号(+)和负号(-);需要两个操作数的运算符称为双目运算符(或二元运算符),如加(+)、减(-)、乘(*)、除(/)、求余(%);需要三个操作数的运算符称为三目运算符(或三元运算符),如条件运算符,它是 C 语言中唯一一个三目运算符,将在第 4 章中学习。

表 2-7　常用的算术运算符

运算符	含义	实例	运算结果
-	取相反数	-5	-5
*	乘法	3.14 * 2	6.28
/	除法	3/2 3.0/2	1 1.5

续　表

运算符	含义	实例	运算结果
%	求余	12%5	2
+	加法	2 + 3	5
-	减法	3 - 2	1

但 C 语言中的算术运算又**不同于**数学中的算术运算。C 语言中的乘法和除法运算符使用 * 和/替代了×和÷,新增了求余运算符%;任意两个操作数之间必须有运算符,例如,数学公式里的 4ac 在 C 语言中应写成 4 * a * c,不能省略其中的乘号。C 语言对除运算和求余运算也有特别规定。

1. 除法运算(/)

① 当两个操作数均为整数时,其结果为整数,直接舍弃小数部分。例如:
$1/2 = 0,456/100 = 4,78/10 = 7$。

② 当两个操作数中至少有一个为浮点数时,其结果为浮点数。例如:
$1.0/2 = 0.5,1/2.0 = 0.5,1.0/2.0 = 0.5,456/100.0 = 4.56,78.0/10 = 7.8$。

③ 除运算结果的符号与数学相同,如果两个操作数同号,都是正数或都是负数,结果就是正数,如果两个操作数异号,一个正数,一个负数,结果就是负数。

2. 求余运算(%)

① 求余运算的两个操作数必须均为整数,其结果也为整数,例如:
$3%2 = 1,4%2 = 0,8%5 = 3$。

② 求余运算结果的符号与第 1 个操作数的符号相同,例如:
$8%(-5) = 3,(-8)%5 = -3,(-8)%(-5) = -3$。

使用算术运算符和括号将若干操作数连接起来所组成的表达式称为**算术表达式**,如 $6 * (2 + 3 * (7 + 8))$。在计算包含多个不同运算符的表达式时,要根据运算符的**优先级别**(详见附录 C)来确定表达式中各运算符的运算顺序,算术运算符中的乘(*)、除(/)、求余(%)的优先级相同,高于加(+)、减(-)运算。如果需要改变运算顺序,则使用英文括号,当遇到较复杂的运算时,括号还有助于使表达式更清晰。括号在表达式中的使用次数不受限制,计算顺序为从最内层的括号开始计算到最外层的括号。表达式 $6 * (2 + 3 * (7 + 8))$ 的计算顺序为先计算表达式 $7 + 8$,得到 15,然后乘以 3,得到 45,再加上 2,得到 47,最后乘以 6,得到 282。

在 C 语言中,当表达式中的运算符的优先级相同时,要依据运算符的**结合性**(详见附录 C)来确定运算顺序。如果优先级相同的两个运算符为**左结合性**,即结合方向为"自左至右",则两运算符之间的操作数先与左面的运算符结合;反之,如果优先级相同的两个运算符为**右结合性**,即结合方向为"自右至左",则两运算符之间的操作数先与右面的运算符结合。例如,在表达式 $3 + 4 - 2$ 中,加(+)和减(-)运算符的结合性均为左结合,则运算顺序为自左至右,先计算 $3 + 4$,得 7,再减 2,得 5。在表达式 $a = b = c = 5$ 中,赋值运算符(=)的结合性为右结合,所以该表达式的运算顺序为自右至左:先执行 $c = 5$,再执行 $b = c$,则 b 的值为 5,最后执行 $a = b$,a 的值也为 5。

下面来看一个关于赋值运算符和算术运算符的实例。

【例 2-6】 计算并输出一个三位整数的个位、十位和百位数字之和。

```
1   #include <stdio.h>
2   int main()
3   {
4       int x, b0, b1, b2, sum;
5       x =153;
6       b0 =x%10;           //计算个位上的数字
7       b1 =x/10%10;        //计算十位上的数字
8       b2 =x/100;          //计算百位上的数字
9       sum =b0 + b1 + b2;  //计算个、十、百位数字之和
10      printf("和为%d\n",sum);
11      return 0;
12  }
```

在例 2-6 中,利用算术运算符"%"和"/"计算求得整数 x 的个位、十位和百位上的数字,即变量 b0、b1、b2 的值。程序第 6 行:将 x%10 得到的余数 3(即个位上的数字)赋值给变量 b0,此时 x 值不变。程序第 7 行:表达式 x/10 中 x 与 10 均为整数,所以此除法运算为取整,得到的结果为去掉 x 的个位数 3 后的数 15,再将结果 15 对 10 取余,得到 x 的十位上的数字 5 并赋值给变量 b1。程序第 8 行:x/100 取整运算得到的结果为 x 的百位上的数字 1,并将其赋值给变量 b2。程序运行结果如图 2-7 所示。

图 2-7　程序运行结果

2.3.4　复合的赋值运算符

C 语言是一种非常简洁的语言,提供了一些操作的缩写形式。例如,可以将代码:

```
m =m + 5;
```

缩写为:

```
m +=5;
```

这两条语句等价,但缩写形式减少了代码输入量。在 C 语言中,每一个双目算术运算符或双目位运算符都可以与赋值运算符一起组合成复合的赋值运算符。复合运算的一般形式:

```
变量　复合赋值运算符　表达式
```

算术运算的复合赋值运算符有+=、-=、* =、/=、%=,如表 2-8 所示。

表 2 - 8　算术运算的复合赋值运算符

运算符	实例
+=	x += y 等价于 x = x + y
-=	x -= y 等价于 x = x - y
* =	x * = y 等价于 x = x * y
/=	x /= y 等价于 x = x / y
%=	x%= y 等价于 x = x%y

当复合赋值运算符后面为表达式时,相当于表达式有括号,例如:

$$x* = y + 1 \Leftrightarrow x* = (y + 1) \Leftrightarrow x = x*(y + 1)$$

【例 2 - 7】　分析下面程序的运行结果。

```
1    #include <stdio.h>
2    int main()
3    {
4        int x = 7;
5        x += x -= x * x;
6        printf("x 的值为%d\n", x);
7        return 0;
8    }
```

程序第 5 行表达式 x += x -= x * x 中包含多个运算符,此时,不仅要考虑各运算符的优先级,还要考虑同级别运算符的结合性。其运算过程如下:

程序运行结果如图 2-8 所示。

图 2 - 8　程序运行结果

思考:若将上面例 2 - 7 第 5 行改为:x += x -= x* = x;,程序输出的变量 x 的值为多少?

使用复合的赋值运算符,一方面能够简化程序,例如,可以将 x = x + 1 简写为 x += 1,另一方面,能够提高程序的编译效率,如 x += 1 相当于仅对 x 进行了一次自加 1 的计算。但是,使用复合赋值运算符,也降低了程序的可读性。因此,对于初学者而言,不要一味追求程序的效率和专业性,应该更加注重程序的准确性和可读性,能够根据自己的理解和习惯来编写程序。

2.3.5　自增和自减运算符

在 C 语言的运算符中,与算术运算相关的运算符还有自增运算符(++)和自减运算符(--)。在循环中常用到对计数变量进行自增和自减运算。

自增和自减运算符是一元运算符,只有一个操作数,且操作数必须是变量,不能为常量或表达式。自增运算符(++)是对变量本身执行加 1 操作,自减运算符(--)是对变量本身执行减 1 操作。假如变量 n 是 int 型,下面的 3 条语句结果相同:

```
n = n + 1;
n += 1;
++n;
```

3 条语句都使变量 n 的值加 1,最后一种形式最简洁。

自增和自减运算符可以写在变量的前面,也可以写在变量的后面。**当自增或自减运算符作为前缀运算符写在变量前面时,则先对变量执行加 1 或减 1 操作,再使用修改后的变量的值;反之,当自增或自减运算符作为后缀运算符写在变量后面时,则先使用变量的当前值,再对其执行加 1 或减 1 操作**。例如:

$$x = ++y; \Leftrightarrow \begin{matrix} ++y; \\ x = y; \end{matrix} \qquad x = y++; \Leftrightarrow \begin{matrix} x = y; \\ y++; \end{matrix}$$

同理,存在下面的等价关系:

$$printf("\%d\textbackslash n", ++x); \Leftrightarrow \begin{matrix} ++x; \\ printf("\%d\textbackslash n", x); \end{matrix}$$
$$printf("\%d\textbackslash n", x++); \Leftrightarrow \begin{matrix} printf("\%d\textbackslash n", x); \\ x++; \end{matrix}$$

2.3.6　逗号运算符

在 C 语言中,英文逗号也是运算符,称为逗号运算符,逗号运算符将表达式连接在一起构成逗号表达式。逗号运算符实现对表达式的顺序求值,其一般形式为:

```
表达式 1,表达式 2,…,表达式 n
```

逗号运算符具有左结合性,因此,上述表达式的运算顺序为:先计算表达式 1,再计算表达式 2,即自左向右依次计算每个表达式的值,最后计算表达式 n 的值,并将最后一个表达式的值作为整个逗号表达式的值。

逗号运算符在所有运算符中优先级最低。

【例 2-8】　分析下面程序的运行结果。

```
1  #include<stdio.h>
2  int main()
3  {
```

```
4        int   x =1,y =2, z;
5        z = (x++,++y, y++);
6        printf(" x = %d,y = %d,z = %d\n",x,y,z);
7        return 0;
8    }
```

在上面程序的第 5 行代码中,圆括号内为逗号表达式,且通过圆括号提高了逗号运算符的优先级。因此,表达式 z = (x++,++y, y++)先计算圆括号内的逗号表达式的值,再将最后一个表达式的值赋给变量 z。即自左向右依次计算三个自增表达式 x++,++y、y++,再将最后一个表达式 y++的值,即 y 的值作为整个逗号表达式的结果赋值给变量 z,然后再计算 y++。程序的运行结果如图 2 - 9 所示。

图 2 - 9   程序运行结果

大多数的 C 编译器,利用自增和自减运算比等价的赋值语句的执行效率更高一些。但除单独执行++y 或 y++这种情况外,等价的赋值语句的可读性明显优于自增和自减运算。此外,C 语言规定表达式中的子表达式以未定顺序求值,从而允许编译器自由重排表达式的顺序,以便产生最优代码。这样就会导致相同的表达式用不同的编译器编译,会产生不同的运算结果。因此,建议不要在语句中使用复杂的自增和自减表达式,也不要在表达式中过多的使用自增和自减运算。

2.4 常用的标准数学函数

【例 2 - 9】 编程计算并输出一元二次方程 $ax^2 + bx + c = 0$ 的两个实根。其中 a、b、c 的值满足 $b^2 - 4ac > 0$。

分析:在数学中,计算一元二次方程的两个实根的公式为:

$$x = \frac{-b \pm \sqrt{b^2 - 4ac}}{2a}$$

在 C 语言中没有计算平方根和幂次方的运算符,可以将 b^2 写成 b * b,使用数学函数库中的函数 sqrt()计算平方根(例 2 - 9 的代码行 10 和代码行 11);任意两个操作数之间必须有运算符,因此,4ac 应写成 4 * a * c,2a 应写成 2 * a,不能省略其中的乘号(*);因为 C 程序中不能写分式,因此求根公式中的分母 2 * a 需要用圆括号括起来,或者将计算 x1(代码行 10)的表达式写成 x1 = (-b + sqrt(b * b - 4 * a * c))/2/a,不可写成 x1 = (-b + sqrt(b * b - 4 * a * c))/2 * a。在 C 语言程序中要调用标准数学函数库中的函数,必须在程序的开头加上编译预处理命令:

```
#include <math.h>
```

【例 2 - 9】 源代码如下：

```
1   #include <stdio.h>
2   #include <math.h>
3   int main()
4   {
5       int a,b,c;
6       float x1,x2;
7       a = 2;
8       b = 6;
9       c = 3;
10      x1 = (-b + sqrt(b * b - 4 * a * c))/(2 * a);   //计算方程的第 1 个根
11      x2 = (-b - sqrt(b * b - 4 * a * c))/(2 * a);   //计算方程的第 2 个根
12      printf("方程的两个实根分别为:%f,%f\n",x1,x2);
13      return 0;
14  }
```

程序运行结果如图 2 - 10 所示。

图 2 - 10　程序运行结果

　　C 语言的标准数学函数库提供了丰富的数学函数,常用的数学函数如表 2 - 9 所示。使用这些函数时,需要在程序的开头加上编译预处理指令 #include **<math.h>**。

表 2 - 9　常用的标准数学函数

函数名	功能	函数名	功能
$sqrt(x)$	计算 x 的平方根,x 应大于或等于 0	$\log(x)$	计算 $\ln x$ 的值,x 应大于 0
$fabs(x)$	计算 x 的绝对值	$\log 10(x)$	计算 $\lg x$ 的值,x 应大于 0
$\exp(x)$	计算 e^x	$\sin(x)$	计算 $\sin x$ 的值,x 为弧度值,非角度值
$pow(x,y)$	计算 x^y	$\cos(x)$	计算 $\cos x$ 的值,x 为弧度值,非角度值

更多数学函数详见附录 E。

2.5　自动类型转换与强制类型转换运算符

　　在编译例 2 - 9 时,出现如图 2 - 11 所示的警告:在第 10 行和第 11 行的赋值过程中,出现了从 double 到 float 类型的转换,可能会丢失数据。也就是说程序虽然正常运行,但结果可能是错误的。因此,在调试程序的过程中,不能忽视 warning。那么,这两个 warning 是如何产生的? 应如何修改程序才能在编译时去掉这两个警告呢?

```
c(10):warning C4244:"=":从"double"转换到"float",可能丢失数据
c(11):warning C4244:"=":从"double"转换到"float",可能丢失数据
```

图 2 - 11 warning

1. 表达式中的自动类型转换

在 C 语言中,当相同数据类型的操作数进行运算时,其结果的数据类型与操作数的数据类型相同。而当不同数据类型的操作数进行运算时,C 编译器会在运算前将表达式中所有操作数都自动转换成占内存字节数最大的操作数的数据类型,从而保证结果数据的准确度和精确度。表达式中的自动类型转换需要遵循的基本规则如图 2 - 12 所示。

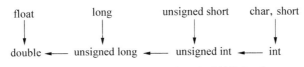

图 2 - 12 表达式中数据类型自动转换规则

当表达式中操作数的数据类型不同时,图 2 - 12 中的纵向箭头表示必须转换,如 float 必须转换为 double 类型。完成纵向的转换后,如果参与运算的操作数的数据类型依然不同,再将这些数据依据图 2 - 12 中横向箭头的方向转换为较高级别的类型。例如,在例 2 - 9 第 10 行赋值号右边的算术表达式(-b + sqrt(b * b - 4 * a * c))/(2 * a)中,a、b、c 为整型变量,4 和 2 为整型常量,平方根函数 sqrt 的结果值为 double 型,在计算这个表达式前,编译器先将所有在内存中占 4 个字节 int 类型的常量和变量都提升为在内存中占 8 个字节的 double 型数据,然后再进行计算,其结果为 double 型。

2. 赋值语句中的自动类型转换

当赋值运算符(=)右边的表达式的值与左边的变量的数据类型不同时,将会进行自动类型转换,转换规则为:将赋值运算符右边表达式的值的类型转换成左边变量的数据类型。例如,在语句 int a = 2.6;中,2.6 是 double 型,变量 a 是 int 型,则 double 型的 2.6 将会被自动转换成 int 型的 2 后再赋给 int 型变量 a,因此,存入整型变量 a 中的值是 2,而不是 2.6。当赋值语句丢失信息时,编译器通常会为此发出警告。

在例 2 - 9 中,第 10 行的赋值运算符(=)右边算术表达式的值为 double 型,而赋值运算符左边的变量 x1 为 float 型,在编译时,将右边精度高、范围大的 double 型自动转换为左边精度低、范围小的 float 型,可能导致信息丢失,因此编译器发出如图 2 - 11 所示的 warning。此时,如果不进行修改,代码仍可以编译,但程序结果不一定正确。

在程序中应如何避免这种隐式的自动类型转换呢? 一种方法是,将赋值号左边的变量定义为与右边表达式相同的数据类型,如例 2 - 9 中,可以将 x1、x2 定义为 double 型;另一种方法就是使用强制类型转换。

3. 强制类型转换

为避免 C 语言中隐式的自动类型转换所带来的数据错误或丢失,C 语言中可以使用强制类型转换运算符,将一个表达式的值的类型强制转换为某一指定类型,强制类型转换运算符即(),是一个一元运算符,其语法形式为:

（类型）表达式

例如在例 2-9 中，可以将语句 x1 = (- b + sqrt(b * b - 4 * a * c))/(2 * a);修改为 x1 = (float)((- b + sqrt(b * b - 4 * a * c))/(2 * a))，即将赋值运算符右边的表达式的值（double 型）强制转换为 float 型，与赋值运算符左边变量 x1 的类型一致。

课后习题

一、选择题

1. 以下四个程序中，完全正确的是 （　　）

A.
```
#include < stdio.h >
main();
{/*/ programming /*/
printf("programming!\n"); }
```

B.
```
#include < stdio.h >
main()
{/*programming */
printf("programming!\n"); }
```

C.
```
#include < stdio.h >
main()
{/*/*programming */*/
printf("programming!\n"); }
```

D.
```
include < stdio.h >
main()
{/*programming */
printf("programming!\n"); }
```

2. 以下叙述中正确的是 （　　）

A. C 语言规定必须用 main 作为主函数名，程序将从此开始执行

B. 可以在程序中由用户指定任意一个函数作为主函数，程序将从此开始执行

C. C 语言程序将从源程序中第一个函数开始执行

D. main 的各种大小写拼写形式都可以作为主函数名，如 MAIN，Main 等

3. 以下叙述中正确的是 （　　）

A. C 语句必须在一行内写完

B. C 程序中的每一行只能写一条语句

C. C 语言程序中的注释必须与语句写在同一行

D. 简单 C 语句必须以分号结束

4. 以下叙述中正确的是 （　　）

A. 用 C 语言编写的程序只能放在一个程序文件中

B. C 程序书写格式严格，要求一行内只能写一个语句

C. C 程序中的注释只能出现在程序的开始位置和语句的后面

D. C 程序书写格式自由，一个语句可以写在多行上

5. 以下选项中可用作 C 语言中合法用户标识符的是 （　　）

A. _123　　　　　　B. void　　　　　　C. - abc　　　　　　D. 2a

6. 以下选项中不能作为 C 语言合法常量的是 （　　）

A. 0.1e + 6　　　　B. 'cd'　　　　　　C. "\a"　　　　　　D. '\011'

7. 不能正确表示数学式 $\dfrac{a \cdot b}{c}$ 的表达式是 （　　）

A. a/c*b　　　　　　B. a*b/c　　　　　　C. a/b*c　　　　　　D. a*(b/c)

8. 若有定义语句：int　x = 12，y = 8，z；，在其后执行语句 z = 0.9 + x/y；，则 z 的值为　　（　　）

　　A. 1.9　　　　　　　　B. 1　　　　　　　　C. 2　　　　　　　　D. 2.4

9. 若变量已正确定义并赋初值，以下合法的赋值语句是　　　　　　　　　　　　（　　）

　　A. k + 1 = (m ==n)；　B. k = - m - n；　　C. k = int(m + n)；　D. k = m * n = 1；

10. 若有定义语句：int　x =10；，则表达式 x -=x + x 的值为　　　　　　　　（　　）

　　A. 0　　　　　　　　　B. - 20　　　　　　　C. - 10　　　　　　　D. 10

11. 若有定义语句：int a =3，b =2，c =1；，以下选项中错误的赋值表达式是　　（　　）

　　A. a = (b = 4) = 3；　　　　　　　　　B. a = b = c + 1；

　　C. a = (b = 4) + c；　　　　　　　　　D. a = 1 +(b = c = 4)；

12. 若有定义语句：int　a = 10; double b = 3.14;，则表达式 'A' + a + b 的值的类型是　（　　）

　　A. char　　　　　　　　B. int　　　　　　　C. double　　　　　　D. float

二、阅读程序

1. 分析下列程序，写出程序的运行结果_____。

```
1  #include <stdio.h>
2  int main( )
3  {
4      int  x =0x9;
5      printf("%c\n", 'A'+ x);
6      return 0;
7  }
```

2. 分析下列程序，写出程序的运行结果_____。

```
1  #include <stdio.h>
2  int main()
3  {
4      int s,t,A =10; double B =6;
5      s =sizeof(A); t =sizeof(B);
6      printf("%d,%d\n",s,t);
7      return 0;
8  }
```

3. 分析下列程序，写出程序的运行结果_____。

```
1  #include <stdio.h>
2  int main()
3  {
4      int x,y, z;
5      x =y =1;
6      z =x++,y++,++y;
7      printf("%d,%d,%d\n",x,y,z);
8      return 0;
9  }
```

4. 分析下列程序,写出程序的运行结果_____。

```c
1  #include <stdio.h>
2  int main()
3  {
4      int   a =12,b =3;
5      float x =18.5,y =4.6;
6      printf("%d\n",(float)(a*b)/2);
7      printf("%d\n",(int) x %(int) y);
8      return 0;
9  }
```

5. 分析下列程序,写出程序的运行结果_____。

```c
1   #include<stdio.h>
2   int main()
3   {
4       int x =32, y =81, p, q;
5       p =x++;
6       q =-- y;
7       printf("%d%d\n",p,q);
8       printf("%d%d\n",x,y);
9       return 0;
10  }
```

三、程序设计

1. 请编写程序,实现将两个两位数的正整数 a、b 合并形成一个整数放在 c 中。合并的方式是:将 a 数的十位和个位数依次放在 c 数的千位和十位上,b 数的十位和个位数依次放在 c 数的百位和个位上。

例如,当 a = 45,b = 12 时,调用该函数后 c = 4152。

2. 计算并输出一个四位整数的个位,十位,百位和千位数字之积。

第3章

数据的输入输出

第 2 章的示例程序只能处理通过赋值运算所指定的数据。例如,例 2 - 1 只能计算整数 123 和 456 的和,例 2 - 9 只能求一元二次方程 $2x^2 + 6x + 3 = 0$ 的根,如果需要处理其他数据,必须在代码中修改,程序的通用性较差。如果程序能接收和处理键盘输入的数据,程序将更灵活。

与大多数编程语言一样,C 语言也没有输入输出语句,所有这些操作都由标准库中的函数提供。例如,使用 scanf( ) 函数从键盘输入数据,printf( ) 函数将数据输出到屏幕。若要在 C 程序中使用标准库中的输入输出函数,需要在程序文件的开头处用预处理指令 #include 将所需要的头文件"stdio.h"包含到源文件中,格式为:

```
#include <stdio.h>
```

本章将详细介绍键盘输入和屏幕输出函数,主要内容为:

1. 将数据格式化后输出到屏幕上的 printf( ) 函数;
2. 从键盘格式化读入数据的 scanf( ) 函数;
3. 字符输入函数 getchar( );
4. 字符输出函数 putchar( );

3.1 数据的格式化屏幕输出

C 标准函数库中用于实现数据格式化屏幕输出的函数为 printf( ),其在 C 程序中一般有如下两种调用格式:

```
printf(格式控制字符串);
printf(格式控制字符串, 输出参数 1, ⋯, 输出参数 n);
```

其中,格式控制字符串(也称转换控制字符串)必须用英文双引号括起来,用来表示输出的格式。其内容一般包括三个部分:格式转换说明、在屏幕上原样输出的普通字符和有特定含义的转义字符。格式转换说明以％开头,用不同的格式控制字符控制后面不同类型输出参数的输出格式,函数 printf( ) 所使用的格式转换说明如表 3 - 1 所示。此外,格式转换说明在格式控制字符串中的位置,即为其对应的输出参数的输出位置,因此,它同时也起到了占位符的作用。

表 3-1 函数 printf( )的格式转换说明

格式转换说明		含义
整型	%d	输出带符号的十进制整数(正数的符号省略)
	%u	以无符号十进制整数形式输出
	%o	以无符号八进制整数形式输出
	%x	以无符号十六进制整数形式输出,其中的 10~15 六个数显示为小写字母 a~f
	%X	以无符号十六进制整数形式输出,其中的 10~15 六个数显示为大写字母 A~F
	%p	以十六进制形式输出地址
浮点型	%f	以十进制小数形式输出实数(包括单、双精度)。其中,整数部分全部输出,小数部分默认输出 6 位。 注:输出的数字并非全部为有效数字,单精度实数的有效位数一般为 6 位,双精度实数的有效位数一般为 15 位。
	%e	以指数形式输出实数,指数前为小写字母 e
	%E	以指数形式输出实数,指数前为大写字母 E
	%g	选取 f 或 e 格式中输出宽度较小的一种格式输出实数
字符型	%c	输出一个字符
字符串	%s	输出字符串
百分号%	%%	输出百分号%

输出参数 1,…,输出参数 n 是需要在格式控制字符串中对应格式转换说明所在位置输出的数据项列表,每一个输出参数需按照其对应的格式控制说明所指定格式输出在屏幕上。输出参数可以是常量、变量或表达式,其类型应与格式控制字符相匹配。

【例 3-1】 将一个大写英文字母转换为小写英文字母,将转换后的小写英文字母及其十进制的 ASCII 码值显示到屏幕上。

```
1  #include <stdio.h>
2  int main( )
3  {
4      char ch;                    //定义字符型变量 ch
5      ch = 'A';                   //指定变量 ch 的值为大写字母 A
6      ch = ch + 32;               //将大写字母转换为小写字母
7      printf("小写英文字母为:%c,其十进制的 ASCII 码为:%d\n",ch,ch);
8      return 0;
9  }
```

在例 3-1 第 7 行 printf 函数的第一个参数(即格式控制字符串)中,包含%c 和%d 两个格式转换字符、一个转义字符 '\n'(表示换行),其他为原样输出的普通字符。其中,%c 表示在此位置以字符格式输出 printf 函数的第一个参数 ch 的值,%d 表示在此位置以十进制整数形式输出 printf 函数的第二个参数 ch 的值。

在函数 printf()的格式说明中,还可以在 % 和格式控制字符中间插入格式修饰符,如表 3-2 所示。格式修饰符可以用于指定输出参数的域宽、显示精度、左对齐方式等。

表 3-2　函数 printf()的格式修饰符

格式修饰符	说明
l	加在格式符 d、o、x、u 前面,用于输出长整型整数
域宽 m(正整数)	指定输出数据的最小宽度,若实际数据宽度大于 m,则不受 m 限制,原样输出该数
显示精度.n(正整数)	实数:小数的位数;字符串:截取的字符个数
-	输出的数值或字符在域内左对齐
#	输出八进制数时输出前导符 0,输出十六进制数时输出前导符 0x 或 0X,或者浮点数,包含小数点。对于 g 或 G 浮点转换符,则忽略尾部的 0
0	在输出值的前面填充 0,以填满字段宽度

如修改例 2-9 中的要求为:输出方程的两个不相等的实根,结果保留两位小数。则第 12 行的代码应改写为:

```
printf("方程的两个实根分别为:%.2f,%.2f\n", x1, x2);
```

3.2　数据的格式化键盘输入

标准库函数中,能够实现从键盘输入任意类型数据的格式化输入函数主要有 scanf()函数和 scanf_s()函数(后者更安全),本章主要介绍 scanf()函数。调用 scanf()的一般格式如下:

```
scanf(格式控制字符串,参数地址 1,…,参数地址 n)
```

其中,格式控制字符串是用双引号括起来的字符串,它包括格式转换说明和分隔符两个部分。格式转换说明符通常由 % 开始,并以格式控制字符结束,格式控制字符用于指定各参数地址中所存放参数的输入格式,其用法与函数 printf()中的用法相似,具体如表 3-3 所示。

表 3-3　函数 scanf()的格式转换说明符

格式转换说明		含义
整型	%d	\输入有符号的十进制整数
	%i	\输入有符号的整数。如果输入的数有前缀 0,就输入八进制数,如果有前缀 0x 或 0X,就输入十六进制数,否则就输入十进制数
	%u	\输入无符号的整数
	%o	\输入有符号的八进制整数
	%x 或 %X	\输入有符号的十六进制整数(大小写作用相同)

续　表

格式转换说明		含义
浮点型	%f	将输入转换为 float 型数(以小数形式或指数形式输入)
	%e 或 %E 或 %g	与 %f 可以互换使用,作用相同
字符型	%c	用于输入一个字符,如果希望在读入单个字符时忽略空白符,就在格式说明符的前面加上一个空白符
字符串	%s	用于输入字符串:从下一个非空白字符开始,输入一串连续的非空白字符

scanf()函数从输入流中读入数据,直到格式控制字符串结束,或遇到错误。错误一般是读入的数据不匹配当前格式说明符所致。scanf()函数的返回值为已读入的输入值个数,因此,比较 scanf()函数的返回值和期望的输入值个数,可以检测是否发生了数据读入错误。

参数地址 1,…,参数地址 n 用来接收数据的变量的地址,确保数据能够正确读入到指定的内存单元中。

与函数 printf()类似,函数 scanf()的 % 与格式控制字符之间也可以插入格式修饰符,如表 3-4 所示。

表 3-4　函数 scanf()的格式修饰符

格式修饰符	用法
l	加在格式符 d、o、x、u 前面,用于输入长整型整数;加在 f 或 e 前面,用于输入 double 型数据
L	加在格式符 f、e 前面,用于输入 long double 型实数
h	加在格式符 d、o、x 前面,用于输入短整型整数
域宽 m(正整数)	从输入的数据流中截取指定宽度的数据
*	表示此输入项在读入后不赋值给任何变量

改写例 2-1:从键盘输入两个整数 a 和 b,编程计算并输出 a 与 b 的和。仅需将程序中的第 6、7 行用格式化的键盘输入函数 scanf()改写。

```
scanf("%d%d",&a,&b);
```

上面 scanf 语句中,两个 %d 之间以空格作为分隔符,因此要按照以下格式输入数据:

```
123 456 ↙
```

事实上,如果输入的数据均为数值型数据,输入时也可以用回车符、制表符(tab)作为分隔符。但初学者为避免出错,建议按照格式控制字符串中的分隔符输入。此外,在用键盘输入信息时,输入的数据先暂存在键盘的缓冲器中,只有按下回车键后,存在键盘缓冲器中的数据才被送入到计算机中,然后按照输入语句及其中格式转换说明的先后顺序分别赋值给对应的变量。

若要使变量 a 的值为 123,b 的值为 456,上面的 scanf 语句还有以下几种写法:

```
(1) scanf("%d,%d", &a, &b);
```

限定用户输入数据必须以英文逗号作为分隔符,即 123,456 ↙。

```
(2) scanf("%d%*c%d", &a, &b);
```

在输入时可以用任意字符作为分隔符,其中%*c 表示获取某字符后,不赋值给任何变量。

```
(3) scanf(" a =%d,b =%d", &a, &b);
```

在输入时必须按照以下格式:

```
a =123,b =456 ↙
```

```
(4) scanf("%3d%3d", &a, &b);
```

输入的格式为:123456 ↙

改写例 2-3:从键盘输入半径 r,编程计算并输出圆的周长和面积。

将第 4 行代码改写为下面两条语句:

```
float r;
scanf("%f", &r);
```

改写例 3-1:从键盘输入一个大写英文字母,将其转换为小写英文字母后,将转换后的小写英文字母及其十进制的 ASCII 码值显示到屏幕上。

将第 5 行代码改写为:

```
scanf("%c", &ch);
```

3.3 单个字符的输入/输出

单个字符的输入/输出除了可以用格式化输入/输出函数 scanf(格式控制字符为 c)和 printf(格式控制字符为 c)实现外,在 C 标准输入输出函数库中还专门提供了简单易用的 getchar()和 putchar()函数。

【例 3-2】 修改例 3-1,实现从键盘输入一个大写英文字母,并将其转换为小写英文字母后,将转换后的小写英文字母显示到屏幕上。

```
1   #include <stdio.h>
2   int main( )
3   {
4       char ch;                //定义字符型变量 ch
5       ch =getchar();          //将键盘输入的大写字母赋值给变量 ch
6       ch =ch + 32;            //大写字母转换为小写字母
7       putchar(ch);
8       putchar('\n');
9       return 0;
10  }
```

1. 用 getchar 函数输入一个字符

getchar()函数的作用是从计算机终端(键盘)输入一个字符,其调用的一般形式为:

```
getchar()
```

getchar()函数没有参数,函数返回值为输入的字符。如例3-2中第5行,函数getchar()从键盘输入中获取一个字符后,将其赋值给字符型变量ch。此外,getchar()函数不仅能够从键盘获取一个可以显示的普通字符,还可以获得在屏幕上无法显示的控制字符(如回车符)等。

2. 用 putchar 函数输出一个字符

putchar()函数的作用是向显示器输出一个字符,其调用的一般形式为:

```
putchar(字符变量或常量)
```

putchar()函数既能在屏幕上显示普通的字符,如例3-2第7行向屏幕输出字符型变量ch的值,也能够输出控制字符,如例3-2第8行输出一个换行符'\n',实现换行。

课后习题

一、选择题

1. 若有定义:int a,b; 通过语句 scanf("%d;%d",&a,&b); 能把整数 3 赋给变量 a, 5 赋给变量 b 的输入数据是 （ ）

A. 3　5　　　　　B. 3,5　　　　　C. 3;5　　　　　D. 35

2. 设有以下语句 char ch1,ch2;　scanf("%c%c",&ch1,&ch2);,若要为变量 ch1 和 ch2 分别输入字符 A 和 B,正确的输入形式应该是 （ ）

A. A 和 B 之间用逗号间隔　　　　　B. A 和 B 之间不能有任何间隔符

C. A 和 B 之间可以用回车间隔　　　D. A 和 B 之间用空格间隔

3. 设变量均已正确定义并赋值,以下与其他三组输出结果不同的一组语句是 （ ）

A. x++;printf("%d\n",x);　　　　　B. n =++x;　printf("%d\n",n);

C. ++x;printf("%d\n",x);　　　　　D. n =x++;　printf("%d\n",n);

4. 以下不能输出字符 A 的语句是(注:字符 A 的 ASCII 码值为 65,字符 a 的 ASCII 码值为 97) （ ）

A. printf("%c\n", 'a' – 32);　　　　B. printf("%d\n", 'A');

C. printf("%c\n",65);　　　　　　　D. printf("%c\n", 'B' – 1);

5. 下列程序的运行结果是 （ ）

```
1  #include <stdio.h>
2  int main()
3  {
4      int x =011;
5      printf("%d\n",++x);
6      return 0;
7  }
```

A. 12　　　　　　B. 11　　　　　　C. 10　　　　　　D. 9

6. 设变量均已正确定义,若要通过 scanf("%d%c%d%c",&a1,&c1,&a2,&c2);语句为变量 a1

和 a2 赋数值 10 和 20,为变量 c1 和 c2 赋字符 X 和 Y。以下所示的输入形式中正确的是
（注:□代表空格字符） （　　）

A. 10□X□20□Y <回车>　　　　　B. 10□X20□Y <回车>

C. 10□X <回车>20□Y <回车>　　D. 10X <回车>20Y <回车>

7. 有以下程序段

```
char  ch; int  k;
ch = 'a';  k =12;
printf("%c,%d,",ch,ch,k);    printf("k =%d\n",k);
```

已知字符 'a' 的 ASCII 码值为 97,则执行上述程序段后的输出结果是 （　　）

A. 因变量类型与格式描述符的类型不匹配输出无定值

B. 输出项与格式描述符个数不符,输出为零值或不定值

C. a,97,12k = 12

D. a,97,k = 12

8. 下列程序的运行结果是 （　　）

```
1  #include <stdio.h>
2  int main()
3  {
4      int a =2,b =5;
5      printf("a=%%d,b =%%d\n",a,b);
6      return 0;
7  }
```

A. a =2,b =5　　　　　　　　　B. a =%%d,b =%%d

C. a =%d,b =%d　　　　　　　　D. a =%2,b −%5

9. 下列程序的运行结果是 （　　）

```
1  #include <stdio.h>
2  int main()
3  {
4      int a =3;
5      a +=a -=a*a;
6      printf("%d\n",a);
7      return 0;
8  }
```

A. 0　　　　　　B. −12　　　　　　C. 3　　　　　　D. 9

10. 若有定义:int a;float b;double c;,程序运行时输入:1,2,3 <回车>,能把 1 输入给变量
a,3 输入给变量 c 的语句是 （　　）

A. scanf("%d,%f,%lf",&a,&b,&c);　　B. scanf("%d,%f,%f",&a,&b,&c);

C. scanf("%d%f%lf",&a,&b,&c);　　　D. scanf("%d,%lf,%lf",&a,&b,&c);

二、阅读程序

1. 有以下程序

```
1  #include <stdio.h>
2  int main()
3  {
4      char ch1 = 'a', ch2 = 'b', ch3 = 'c';
5      printf("a%cb%cc%c\n",ch1,ch2,ch3);
6      return 0;
7  }
```

程序运行后的输出结果为_____。

2. 有以下程序

```
1  #include <stdio.h>
2  int main()
3  {
4      int  a =12,b=15;
5      printf("a=%d%%, b =%d%%\n",a,b);
6      return 0;
7  }
```

程序运行后的输出结果为_____。

三、程序设计

1. 从键盘任意输入一个 3 位整数,编程计算并输出它的逆序数。例如,输入-123,分离出其个位 3、十位 2、百位 1,然后计算 3 * 100 + 2 * 10 + 1 = 321,最后输出-321。

2. 分别使用宏定义和 const 常量定义的值,编程计算并输出球的体积和表面积,球的半径 r 的值由用户从键盘输入。

3. 实现一个多行输出的程序,输出内容为:

```
   *
  ***
 *****
*******
 *****
  ***
   *
```

4. 已知摄氏温度与华氏温度的换算公式:$C = 5/9 \times (F - 32)$,编写一个程序求华氏温度为 $30℉, 70℉, 100℉$ 的摄氏温度。

【微信扫码】
本章参考答案

第4章

选择结构

在我们的日常生活中,做事情都需要有一定的先后次序。比如咿呀学语的小宝宝,一般都是先会走,才能会跑。在计算机程序设计的领域也是如此。到目前为止我们用 C 语言编写了一些非常简单的程序,这些程序都是按照代码书写的先后顺序从前往后依次执行。这样的程序结构我们称之为顺序结构。

顺序结构解决的问题一般比较简单,若干步骤依次执行即可,不过在日常生活当中,我们也经常会面临诸多的选择性问题。选择是建立在一定的条件之上的,比如说,在各种各样的软件系统里通常都需要设计用户登录的环节,用户输入用户名和密码以后,程序需要判定用户输入的信息是否真实,进而决定登录是否成功,这就是条件判定的一个经典范例。

选择结构是三种程序流程控制结构之一,在大多数程序中都会使用到它。选择结构的作用是,根据所指定的条件是否满足,决定程序预设的几种流程如何选择执行。

本章节中将会详细地介绍 C 语言的选择结构语法,让大家对 C 语言的执行流程有更多的认识。

4.1 关系运算

选择结构的关键在于判定条件的设计,而关系运算和逻辑运算在设计判定条件时应用广泛,所以在学习选择结构的语法之前,我们首先要对关系运算和逻辑运算有一定的了解。本节我们先探讨一下关系运算。

目前为止,在 C 语言当中我们接触过频率最高的数据类型是数值类型,数值之间最常见的关系无非也就是数值谁大谁小,相等或者不等。

关系运算实际上就是将两个值进行比较,判断其比较的结果是否符合给定的关系运算符的要求,符合的话运算结果为真,不符合为假。在 C 语言中用于比较值之间大小关系的运算符称为关系运算符。

4.1.1 关系运算符

在数学领域里我们使用相等、不相等、大于、小于、大于等于、小于等于来比较数值之间的关系。在 C 语言中,我们依旧采用这些运算方式,只是其中的一些运算符号和数学领域里的有所不同。

在 C 语言中的关系运算符如表 4-1 所示。

表 4-1　C语言中的关系运算符及其优先级

运算符	对应的数学运算符	含义	优先级
<	<	小于	高
>	>	大于	
<=	≤	小于等于	
>=	≥	大于等于	
==	=	等于	低
!=	≠	不等于	

任何运算都会有一个结果,对于关系运算来说,它的结果是一个逻辑值。逻辑值的取值只有"真"和"假",分别对应"对"与"错",关系"成立"与"不成立"。由于在 C 语言中并没有专门设计逻辑数据类型,所以用"非 0 值"表示真,用"数值 0"表示假。对于任意一个表达式(包括算术表达式),如果其运算结果为整数 0,那么就可以代表逻辑"假"值;如果其结果是非 0 整数,无论结果是正数还是负数,都可以代表逻辑"真"值。

以上所介绍的可以看成是数值型数据转换成逻辑型数据的法则。换一个方向,逻辑型数据转换成数值型数据的法则是,逻辑"真"值转换成 1,逻辑"假"值看成 0。这样逻辑值和数值之间的双向转换就可以实现了。

4.1.2　关系表达式

由关系运算符和相应的操作数构成的表达式称为关系表达式。关系运算符两边参与运算的操作数可以是 C 语言中任意合法的常量、变量和表达式,比如赋值表达式,算术表达式以及其他的关系表达式。

我们来看两个关系表达式的运算过程。

```
变量取值如下:a=4  b=5  c=1
表达式 1:a>c ==b ,   表达式 2:(a=4)<=b
```

第一个表达式包含两个关系运算,大于和等于。按照运算优先级先做大于,根据变量 a 和 c 的取值,大于运算取"真"值;之后我们需要把 a>c 的取值和变量 b 判定是否相等,这时就需要先把 a>c 的"真"值结果转换成对应的整数值,再进行是否相等的判定。逻辑"真"值对应整数 1,根据变量 b 的取值,判定是否相等的运算结果为"假"值。

第二个表达式包含两类运算,赋值运算和关系运算。赋值表达式本身也有取值,即赋值号右侧的表达式的值,这样 a=4 表达式的取值是 4。根据变量 b 的取值,小于等于关系运算的取值是逻辑"真"值。

以上两个表达式的取值目前以逻辑值的形式出现,如果他们还需要参与其他运算,更为常见的是以整数形式给出结果,也就是 0("假")或 1("真")。

4.2　逻辑运算

逻辑运算提供了对多个条件进行综合判断的功能,也就是把多个关系运算看成逻辑取值的操作数,用逻辑运算进行进一步的判定。用逻辑运算符将关系表达式或逻辑值或取值看成逻辑值的其他表达式,并连接起来的表达式就是逻辑表达式,这里参与逻辑运算的操作数不管是什么形式,共同点是其取值为逻辑值或者可以转换成逻辑值。

4.2.1　逻辑运算符及其优先次序

逻辑运算也称为布尔运算,C 语言中常用的逻辑运算符如表 4－2 所示。

表 4－2　逻辑运算符

逻辑运算符	类型	含义	优先级	结合性
!	单目	逻辑非	最高	从右向左
&&	双目	逻辑与	较高	从左向右
||	双目	逻辑或	较低	从左向右

"&&"是逻辑"与"的意思,其运算规则是:"&&"两边的结果都是逻辑"真"值的情况下,整个表达式的取值才为逻辑"真"值。例如,已知变量 x 的值为 3,表达式 x>0 && x>1 的结果就是逻辑"真"值。因为两边的结果都是逻辑"真"值。

"\|\|"是逻辑"或"的意思,其运算规则是:"\|\|"两边的结果如果有一个为逻辑"真"值的话,整个表达式的值就为逻辑"真"值。例如,已知变量 x 的值为 3,表达式 x>0\|\|x<2 的结果就是逻辑"真"值,由于 x>0 是成立的,虽然 x<2 不成立,但"\|\|"操作符只需要有一侧是逻辑"真"值,因此整个表达式也就为真了。

"!"是逻辑"非"的意思,其与"&&"和"\|\|"最大的区别是只有右侧有操作数,是单目运算符。其运算规则是,把参与"!"运算的操作数逻辑取反,所谓逻辑取反其实就是 1 变 0 或者 0 变 1。

表 4－3 为逻辑运算的"真值表",表示当预设变量 a 和 b 的值为各种不同组合时,各种逻辑运算的结果。

表 4－3　逻辑运算真值表

a	b	!a	!b	a && b	a||b
1	1	0	0	1	1
1	0	0	1	0	1
0	1	1	0	0	1
0	0	1	1	0	0

4.2.2　逻辑表达式

由逻辑运算符和取值可以看成逻辑值的操作数所构成的表达式称为逻辑表达式。参与逻辑运算的操作数可以是 C 语言中任意合法的表达式,只要其取值可以看成逻辑值即可。

逻辑表达式的结果为逻辑"真"值或者逻辑"假"值,转换成整数也就是 1 或者 0。

举个例子:"一个未知数 x,它的取值小于 9,并且大于 3 ,请用合法的 C 语言表达式描述"。

很多 C 语言的初学者根据以往数学领域的习惯会写成 3<x<9,这种写法在 C 语言中有其含义,但并不能描述题目的本意。3<x<9 先根据 x 的取值进行 3<x 的关系运算,然后把逻辑值结果转换成整数 1 或 0,再进行<9 的判定,由于不管 1 或 0 都是小于 9 的,所以 x 不管取什么值,整个表达式的取值都是逻辑"真"值,这与题目要求的判定 x 是否在 3 到 9 之间的本意并不符合。

在 C 语言中正确的写法是 x>3&&x<9。小于 9 是一个关系运算,大于 3 又是一个关系运算,既要小于 9 又要大于 3,也就是这两个关系运算再做一个逻辑与运算。

4.2.3 与运算(&&)和或运算(||)的特殊性

C 语言中逻辑运算符"&&"和"||"有一种特殊情况,称为短路运算状态,具体规则是:先计算运算符左侧表达式的值,如果其值足以得到该逻辑运算最终结果,则该运算符右侧表达式不参与运算。

举个例子,变量 a 的值为 5,变量 b 的值为 10,以下逻辑表达式运算之后 b 的值是多少?

```
a>2||(b=5)
```

根据短路运算的规则,"||"左侧表达式 a>2 的结果是真值,而"||"的规则是两侧有一侧是真值结果就是真值,所以已经足以得到最终结果,那么"||"右侧的 b=5 就不再进行运算。所以变量 b 并没有重新赋值 5,而是保留原来的 10。

思考:稍加改动,变量 a 的值为 5,变量 b 的值为 10,以下逻辑表达式运算之后,b 的值是多少?

```
a>2&&(b=5)
```

4.3 if 语句构成的选择结构

4.3.1 选择结构的常见形式

选择结构又称为分支结构,是各种程序设计语言中进行流程控制必不可少的结构。分支结构常见的形式有 3 种:单分支、双分支和多分支。以下流程图表示了 3 种分支结构的执行过程。

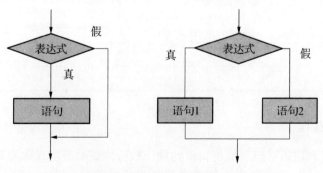

图 4-1　单分支和双分支结构

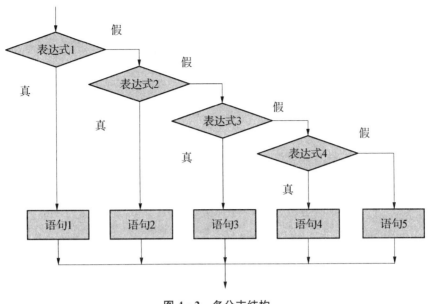

图 4-2 多分支结构

C 语言中用来实现选择结构的语句包括 if 和 switch。if 语句可以实现 3 种形式的选择结构,而 switch 语句更多的是用来处理特殊的多分支问题,所以 if 语句是我们学习选择结构的重点。

4.3.2 if 语句(单分支)

C 语言中,if 语句(单分支)的语法如下:

```
if(条件表达式)
{
    执行语句块
}
```

if 后面圆括号里面的内容是用来表示判定条件的表达式,以关系和逻辑表达式最为常见。也可以是其他类型表达式甚至是变量或常量,不管是什么类型的表达式,其计算得到的取值都要能够转换成逻辑值,进而判定条件成立与否。

当表达式的值为非 0 整数,即当条件表达式为逻辑"真"值时,执行后面花括号中的执行语句块。执行语句块如果由多条语句组成,其前后的花括号必不可少;如果执行语句块只有一条语句,花括号可以省略。所以 if 语句(单分支)的语法可以简化为:

```
if(条件表达式)
    执行语句
```

【例 4-1】 比较数字大小,对于 a 大于 b、a 小于 b、a 等于 b 三种情况分别输出。

```
1  #include<stdio.h>
2  int main()
3  {
```

```
4       int a,b;
5       printf("请输入 a 和 b 的值,用逗号隔开\n");
6       scanf("%d,%d",&a,&b);
7       if(a>b)
8       {
9           printf("a 大于 b\n");
10      }
11      if(a<b)
12      {
13          printf("a 小于 b\n");
14      }
15      if(a==b)
16      {
17          printf("a 等于 b\n");
18      }
19      return 0;
20  }
```

程序的算法流程图如图 4-3 所示。

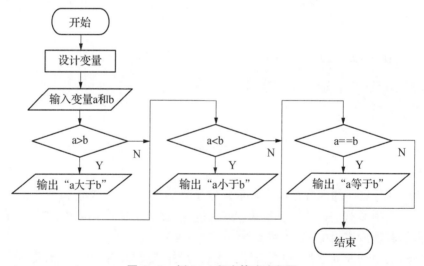

图 4-3　例 4-1 程序算法流程图

程序执行结果如图 4-4 所示。

图 4-4　程序运行结果

如果我们输入 3 和 4,显示的结果和预想的一样。

例 4-1 中,我们写了三条 if 语句,分别对应 a 小于 b、a 大于 b 和 a 等于 b 三个条件。我们输入的 3 小于 4,所以只有

```
if(a<b)
{
    printf("a 小于 b\n");
}
```

是满足的,因此输出了"a 小于 b"这个结果。而其余的 if 语句,因为括号中的条件并不成立,所以都没有执行。

【**例 4-2**】 程序改错:比较数字大小,如 a 小于 b,输出 a 和 b 的值并输出"a 小于 b"。

```
1  #include<stdio.h>
2  int main()
3  {
4      int a,b;
5      printf("请输入 a 和 b 的值,用逗号隔开\n");
6      scanf("%d,%d",&a,&b);
7      if(a<b)
8          printf("a 的值为%d,b 的值为%d\n",a,b);
9          printf("a 小于 b\n");
10 }
```

程序正确的算法流程图如图 4-5 所示。

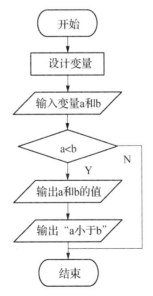

图 4-5 例 4-2 算法流程图

仔细对比,找出算法流程图和例 4-2 给出的程序之间的区别,即可清楚问题所在。

我们依旧输入 3 和 4,其结果如图 4-6 所示。

图 4-6 例 4-2 程序首次运行结果

这一次的运行结果看起来没有什么问题,a 和 b 的值分别为 3 和 4,a<b 的条件成立。那么如果我们输入其他数值,比如 a 取值 5 和 b 取值 4,程序运行结果如所图 4-7 所示。

图 4-7 例 4-2 程序再次运行结果

这里就有问题了,a<b 并不成立,为什么还是会显示 a 小于 b 呢? 我们输入 3 和 4 的时候,由于表达式成立,所以会执行 printf("a 的值为%d,b 的值为%d\n",a,b);这条语句,但是在这里已经遇到了分号,这条 if 语句的范围到这个分号就已经结束了,所以会显示出 a 和 b 的值。随后,由于 printf("a 小于 b\n");是一条独立的语句,和 if 语句没有任何关系,所以在 if 语句执行完之后,便会执行这条语句,显示"a 小于 b"。而在我们输入 5 和 4 之后,也看到了"a 小于 b",这是因为 5 并不小于 4,条件为假,所以 printf("a 的值为%d, b 的值为%d\n",a,b);就不会执行了,而 printf("a 小于 b\n");依旧会执行。

那么为了避免这样的错误,C 语言规定,在 main 函数中,如果用花括号括起来若干条语句,那么花括号内的语句将作为一条语句来执行,我们称花括号括起来的语句为复合语句。

这里可以对【例 4-2】的 if 语句做如下修改:

```
if(a<b)
{
    printf("a 的值为%d,b 的值为%d\n",a,b);
    printf("a 小于 b\n");
}
```

修改后的程序,如果条件成立,花括号里的语句都会执行;如果条件不成立,花括号里面的语句都不会执行。所以,在使用 if 语句时,如果执行语句只有一条,可以没有花括号,但是如果执行语句有很多条,就一定要用花括号括起来。

4.3.3　带 else 的 if 语句(双分支)

C 语言中,带 else 的 if 语句(双分支)的语法如下:

```
if(条件表达式)
{
    执行语句块 1
}
else
{
    执行语句块 2
}
```

if-else 语句执行时,先计算圆括号内条件表达式的取值,如果取值表示逻辑"真"值,那么就执行"执行语句块 1";如果取值表示逻辑"假"值,那么就执行"执行语句块 2"。由于某一次运行时条件表达式只会在逻辑值内取一个,非真即假,所以某一次的程序运行,执行语句块只可能运行其中的一块。

【例 4-3】　判断数值是否相等。

```
1   #include<stdio.h>
2   int main()
3   {
4       int a,b;
5       printf("请输入 a 和 b 的值,用逗号隔开\n");
6       scanf("%d,%d",&a,&b);
7       if(a==b)
8       {
9           printf("a 和 b 是相等的\n");
10      }
11      else
12      {
13          printf("a 和 b 是不相等的\n");
14      }
15      return 0;
16  }
```

程序的算法流程图如图 4-8 所示。

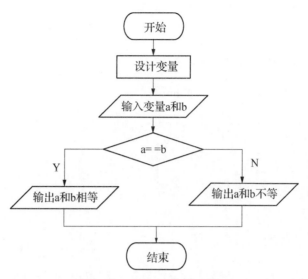

图 4-8 例 4-3 算法流程图

如果我们输入 3 和 4,其结果如图 4-9 所示。

图 4-9 例 4-3 程序首次运行结果

如果我们输入 4 和 4,其结果如图 4-10 所示。

图 4-10 例 4-3 程序再次运行结果

要注意的是,else 是不能单独使用的,必须和 if 配对使用。我们看一下以下错误程序。

```
if(a ==b);
{
    printf("a 和 b 是相等的\n");
```

```
}
else
{
    printf("a 和 b 是不相等的\n");
}
```

　　语法错误是 if(a ==b)之后多了一个分号。分号在 C 语言中可以看作是一条空语句，if(a ==b)之后多加的分号代表空语句成了 if 语句的执行语句部分。这样就和之后的 else 脱离开来变成一个单分支 if 语句，那么后边的 else 就会因为没有 if 与之对应而提示语法错误。

4.3.4　带 else if 的 if 语句(多分支)

　　我们从前面章节介绍的三种分支结构流程图可以观察到，单分支和双分支都是对一个判定条件进行判定，然后决定后续流程。可是生活中经常会遇到需要对多个条件进行判定的实际问题，这就需要用到多分支结构。

　　C 语言中，带 else if 的 if 语句(多分支)的语法如下：

```
if(条件 1)
{
    执行语句块 1
}
else if(条件 2)
{
    执行语句块 2
}
else if(条件 3)
{
    执行语句块 3
}
......
else
{
    执行语句块 n
}
```

　　【例 4 - 4】　判定全国计算机等级考试证书的类别(80 分及以上优秀，60 分及以上合格)。

```
1  #include<stdio.h>
2  int main()
3  {
4      int score;
5      printf("请输入您等级考试的成绩\n");
6      scanf("%d",&score);
```

```
7     if(score >= 80)
8     {
9         printf("您可以获得优秀证书!\n");
10    }
11    else if(score >= 60)
12    {
13        printf("您可以获得合格证书!\n");
14    }
15    else
16    {
17        printf("继续努力吧!\n");
18    }
19    return 0;
20 }
```

程序的算法流程图如图 4-11 所示。

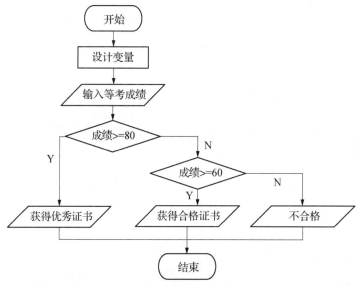

图 4-11　例 4-4 算法流程图

程序执行结果如图 4-12 所示。

图 4-12　程序运行结果

这段程序需注意三点：

第一，获得合格证书的条件理论上讲应该是分数大于等于 60 并且小于 80，但是在 C 语言中对应分支的条件表达式设计成 score>=60 就可以了。原因是多分支结构是根据分支的先后次序依次判定条件是否成立，在该例中如果走到第 2 分支，意味着第 1 分支是不成立的，所以第 2 分支的条件判定隐含了一个条件，即 score<80。

第二，最后一个分支用 else 引导，其后不可以跟随判定条件，含义是以上条件都不成立时该如何处理。

第三，该题目其实是假定用户执行时输入的分数在合理区间（0～100），如果用户输入了不合理的分数该如何处理本例题并未涉及。

4.3.5 if 语句的嵌套

如果一条 if 语句的某一个执行语句块内完整地包含了另一个 if 语句，我们称这种结构为 if 语句的嵌套。其实后面要讲到的 switch 语句以及循环章节要讲到的 for、while、do-while 语句都是可以嵌套的，而且这些语句之间也是可以嵌套的。所谓嵌套，其实从根本上讲就是外层语句结构把内层语句结构完整地包裹其中。

嵌套的形式灵活多样，我们用以下语法描述其中一种：

```
if(条件表达式 1)
{
    if(条件表达式 2)
    {    执行语句块 1    }
    else
    {    执行语句块 2    }
}
else
{
    执行语句块 3
}
```

条件表达式 1 所在的 if 语句是外层结构，条件表达式 2 所在的 if 语句是内层结构，外层结构把内层结构完整地包裹在其第一分支内，形成嵌套。

if 语句的嵌套非常灵活，单分支、双分支和多分支都可以相互嵌套，还可以和 switch 循环语句嵌套，所以上面的一般形式仅是一个举例。不管嵌套多么复杂，判断嵌套是否合理的依据是，外层 if 语句是否把内层 if 语句完整地包裹起来。

【例 4-5】 有一分段函数：

$$y = \begin{cases} 2x & , (x<0); \\ x^2-1 & , (x=0); \\ -3x+1 & , (x>0). \end{cases}$$

编写程序，输入一个 x 的值，输出 y 的值。

```
1  #include<stdio.h>
2  int main()
```

```
3  {
4     double x,y;
5     printf("请输入您 x 的值\n");
6     scanf("%lf",&x);
7     if(x<0)
8     {
9        y=2*x;
10    }
11    else
12    {
13       if(x>0)
14       {
15          y=-3*x+1;
16       }
17       else
18       {
19          y=x*x-1;
20       }
21    }
22    printf("y 的值为:%f\n",y);
23    return 0;
24 }
```

程序的算法流程图如图 4 - 13 所示。

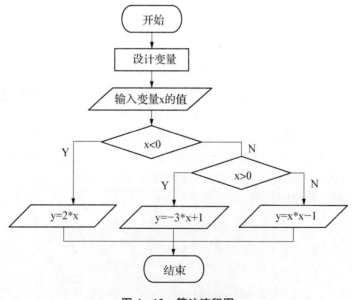

图 4 - 13 算法流程图

程序执行结果如图 4 - 14 所示。

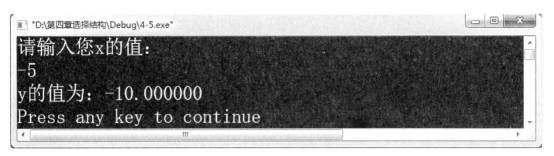

图 4 - 14　程序运行结果

这个例题由于要判定多个条件,我们首先想到的是用多分支 if 语句来实现,大家也可以试着改写程序,用分支的嵌套同样可以实现问题的求解。

在程序中外层 if 语句的 else 之后的花括号中,又有一个 if 语句。内层的 if 语句被完整地包裹在外层语句的 else 分支内,实现了嵌套。执行时先判定外层 if 是否成立,不成立则执行外层 if 的 else 部分,进而进行内层 if 的判定。

这段程序中有多个 if 和 else 出现,由于花括号的完整使用,其内外层关系、if 和 else 的匹配关系很清晰。那如果在符合语法规则的前提下没有使用花括号,该如何判断 if 和 else 的匹配关系就很关键。C 语言的语法规则规定,else 总是与前面最近的不带 else 语句的 if 结合。

清晰地体现代码嵌套的内外层关系有诸多方法,花括号的使用是其中之一,还有就是代码的缩进。

4.4　条件运算符和条件表达式

C 语言中有一类特殊的运算符——条件运算符,说它特殊是因为首先它是唯一的一个三元运算符,即需要三个操作数完成该运算;其次,它也能实现 if 语句的部分功能。

条件运算符由两个符号组成,分别是“?”和“:”。它是 C 语言提供的唯一的一个三元运算符,也就是要求有三个操作对象。这三个操作对象分别书写在“?”之前、“?”和“:”之间以及“:”之后。

由条件运算符构成的表达式为条件表达式,其语法形式如下:

表达式 1? 表达式 2:表达式 3

条件表达式的运算过程是:首先计算表达式 1,如果表达式 1 的结果为逻辑“真”值,那么表达式 2 的取值就为整个条件表达式的取值;如果表达式 1 的值为逻辑“假”值,那么表达式 3 的取值就为整个条件表达式的取值。从其运算规则可以看出条件表达式和由 if-else 实现的双分支在很大程度上非常相似。

举个例子:x 取值 20,a =x>10? 100:200 ,问 a 的取值。

由于条件运算符的优先级高于赋值运算符(低于关系运算符和数学运算符),所以先要计算赋值号右边的条件表达式,然后赋值给 a。根据 x 的取值,x>10 取逻辑“真”值,所以“?”和“:”之间的 100 就是整个条件表达式的取值,最后赋值给 a。

通过上面的例子可以发现,该条件运算与 if 语句实现的功能完全一致,则条件运算可以改写成如下代码片段。

```
if(x>10)
    a = 100;
else
    a = 200;
```

4.5　switch 选择结构和 break 的使用

在之前的章节我们提到,C语言中用来实现选择结构的语句包括 if 和 switch。if 语句可以实现所有三种形式的选择结构,而 switch 语句更多的是用来处理特殊的多分支结构问题。

虽然 if 语句已经可以实现全部的选择结构问题,但 switch 语句的存在即表明它也有存在的价值。switch 实现的选择结构与 if 最大的不同在于,if 语句可以很好地判断表达式取值是否满足某一个范围,而 switch 语句可以很好地判断表达式取值是否为某些固定的取值之一。

4.5.1　switch 语句

C 语言中,switch 语句的语法如下:

```
switch(表达式)
{
    case 常量表达式 1:语句块 1
    case 常量表达式 2:语句块 2
    case 常量表达式 3:语句块 3
    ...........................
    case 常量表达式 n:语句块 n
    default :语句块 n + 1
}
```

switch 语句的执行过程如下:首先计算 switch 之后括号中的表达式;然后把计算出来的表达式的值和 switch 后花括号中 case 后面的常量表达式进行匹配;如果匹配成功,那么就从该 case 项开始执行后面的各个语句块,直到碰到 break 或执行完所有语句块退出。如果在所有常量表达式中没有找到和表达式一样的取值,那么就去执行 default 后面的语句块。

使用 switch 语句需要注意以下几点:

1. switch 是 C 语言中的关键字,switch 后面的花括号中的内容称为 switch 语句体。

2. 在 switch 后面的圆括号中的表达式,最终的结果必须是一个整型数据或者字符型数据,括号不可以省略。

3. case 也是关键字,case 和其后的常量表达式构成了 case 语句标号。常量表达式的类型要和 switch 后圆括号内表达式的类型一致,并且各个 case 语句标号不能雷同。

4. default 也是关键字,代表着除所有 case 以外的情况需要执行的内容。default 部分可以缺省。

5. case 语句标号后的语句块可以是一条语句,也可以是多条语句,并且多条语句也不需要再用花括号把它们括起来。case 语句标号之后的执行语句块的范围,是从这个 case 语句标号开始,一直到下一个 case 语句标号结束,这一点和 if 语句有很大的不同。

6. 如果若干个 case 语句标号后的语句块是一致的,可以只写其中的最后一个,其余 case 语句标号后的语句块可以省略。

7. 关键字 case 和常量表达式之间一定要有空格,常量表达式之后一定要有":"。

【例 4 - 6】 程序改错:判断百分制分数对应的五分制成绩等级。

```
1  #include<stdio.h>
2  #include<stdlib.h>
3  int main()
4  {
5      int score;
6      printf("请输入您的成绩\n");
7      scanf("%d",&score);
8      if(score<0||score>100)
9          exit(0);      //判断输入的百分制成绩是否合理,不合理直接结束。
10     switch(score/10)
11     {
12     case 10:
13     case 9:printf("您的成绩是 A\n");
14     case 8:printf("您的成绩是 B\n");
15     case 7:printf("您的成绩是 C\n");
16     case 6:printf("您的成绩是 D\n");
17     default:printf("您的成绩是 E\n");
18     }
19     return 0;
20 }
```

当我们输入 54 的时候,其结果如图 4 - 15 所示。

图 4 - 15　例 4 - 6 首次运行结果

我们来看第一次运行时的情况:由于 54/10 的结果在 C 语言当中为 5,在所有的 case 语句标号中没有对应的值,所以会输出 default 后面的语句。

下面再次运行该程序,输入 score 的数值为 89。按照我们设想的情况,89/10 的结果为

8,那么就应该输出"您的成绩是 B"。可是该程序第二次实际运行结果如图 4 - 16 所示。

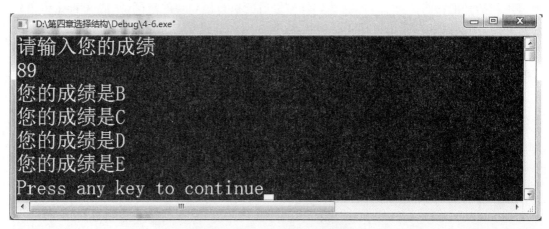

图 4 - 16　例 4 - 6 再次运行结果

可以发现,除了没有输出"您的成绩是 A",其余的都输出了。这是因为 switch 后面表达式的值计算后为 8,那么 case 9 肯定就是不符合的,而 case 8 是符合的,所以会输出"您的成绩是 B",之后只要不碰到 break 语句,就会把其余的 case 项、default 项之后的语句块都执行完。在这个具体的例子中这显然不是我们想要的结果,我们将会在之后的例 4 - 7 中把本例题程序修改完美。

4.5.2　break 语句的使用

break 语句的语法很简单,在关键字 break 后加个分号即可。

```
break;
```

break 语句在 C 语言当中的作用是跳出结构,也称作间断语句。把 break 放到 switch 语句体某一个 case 语句标号后面的语句块后,就可以在执行完该语句块之后跳出 switch。以下例题在例 4 - 6 的基础上做修改,可完美实现分数转换的题目要求。

【例 4 - 7】　判断百分制分数对应的五分制成绩等级。

```
1   #include<stdio.h>
2   #include<stdlib.h>
3   int main()
4   {
5       int score;
6       printf("请输入您的成绩\n");
7       scanf("%d",&score);
8       if(score<0||score>100)
9           exit(0);     //判断输入的百分制成绩是否合理,不合理直接结束。
10      switch(score/10)
11      {
12          case 10:
13          case 9:printf("您的成绩是 A\n");break;
```

```
14      case 8:printf("您的成绩是 B\n");break;
15      case 7:printf("您的成绩是 C\n");break;
16      case 6:printf("您的成绩是 D\n");break;
17      default:printf("您的成绩是 E\n");
18      }
19      return 0;
20 }
```

当我们再输入 89 时,其运行结果如图 4 - 17 所示。

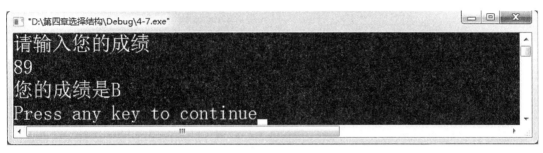

图 4 - 17 程序运行结果

switch 后面的表达式的值计算后为 8, case 8 是符合的语句标号,所以会输出“您的成绩是 B”,之后碰到 break 语句,跳出当前的 switch 语句,结束了这段程序的执行。

4.6 程序举例

【例 4 - 8】 编写程序,输入某个年份,判定其是否为闰年,输出结果。

判断某年是否为闰年的规则是:年份能被 4 整除且不能被 100 整除,或者年份能被 100 整除且能被 400 整除。假如年份用变量 year 表示,“年份能被 4 整除”可以用表达式“year%4 ==0”表示,“年份不能被 100 整除”“年份能被 400 整除”以此类推。接下来就是它们之间逻辑关系的问题了。

```
1  #include<stdio.h>
2  int main()
3  {
4      int year;
5      printf("请输出年份:");
6      scanf("%d",&year);
7      if(year%4 ==0&&year%100!=0||year%400 ==0)
8        printf("%d 年是闰年\n",year);
9      else
10         printf("%d 年不是闰年\n",year);
11     return 0;
12 }
```

程序的算法流程图如图 4 - 18 所示。

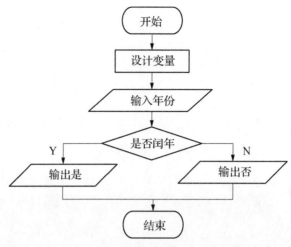

图 4 - 18 例 4 - 8 算法 1 流程图

程序执行结果如图 4 - 19 所示。

图 4 - 19 例题 4 - 8 程序运行结果

以上这段程序的思路是把闰年判定条件完整地设计出来,使用一个双分支结构实现程序功能,程序简短,但条件判定需要一个很复杂的逻辑表达式来表示。因此下面换一种思路,使用 if 语句的嵌套来简化每个 if 语句的判定条件。

```c
1   #include<stdio.h>
2   int main()
3   {
4       int year,flg;
5       printf("请输出年份:");
6       scanf("%d",&year);
7       if(year%4==0)
8       {
9           if(year%100==0)
10          {
11              if(year%400==0)
12                  printf("%d 年是闰年\n",year);
13              else
14                  printf("%d 年不是闰年\n",year);
```

```
15        }
16     else
17     {
18        printf("%d 年是闰年\n",year);
19     }
20     }
21     else
22     {
23        printf("%d 年不是闰年\n",year);
24     }
25     return 0;
26 }
```

程序的算法流程图如图 4 - 20 所示。

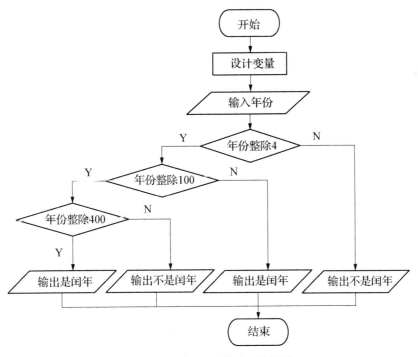

图 4 - 20 例 4 - 8 算法 2 流程图

这段代码最主要的部分是一个三层的 if 语句嵌套结构,从外向内,第 1 层,判定条件 year%4 ==0,成立的话还不能得到结论,不成立的话已经可以得到不是闰年的结论;第 2 层, 判定条件 year%100 ==0,成立的话还不能得到结论,不成立的话已经可以得到是闰年的结论;第 3 层,判定条件 year%400 ==0,成立的话可以得到是闰年的结论,不成立的话可以得到不是闰年的结论。

4.7 位运算

位运算是二进制编码间的运算,例如,将一个二进制编码中的各二进制位左移或右移一位、两个二进制编码按位与运算等。参与位运算的数据应首先转换成其对应的二进制补码形式,再按照位运算符的具体规则进行运算。

C语言提供的位运算符及其含义如表4-4所示。

表4-4 位运算符

运算符	含义	运算符	含义
&	按位与	~	取反
|	按位或	≪	左移
∧	按位异或	≫	右移

位运算符中除取反运算以外,均为二元运算符,即要求运算符两侧各有一个操作数。操作数是整型或字符型的数据。

按位与运算规则:参加运算的两个数的二进制补码,从左向右每一组对应数位上的二进制数进行"与"运算。如果对应数位上的二进制数都为1,则该位的结果值为1,否则为0。

例如,3&5,按位与运算的过程及结果如图4-21所示。

$$
\begin{array}{r}
00000011(3) \\
\&\ \ 00000101(5) \\
\hline
00000001(1)
\end{array}
$$

图4-21 与运算过程示例

按位或运算规则:参加运算的两个数的二进制补码,从左向右每一组对应数位上的二进制数进行"或"运算。只要有一个为1,则该位的结果值为1。

按位异或运算规则:参加运算的两个数的二进制补码,从左向右每一组对应数位上的二进制数进行"异或"运算。如果对应数位上的二进制数相异,则结果为1,相同则结果为0。

取反运算规则:对一个二进制数的每一个数位取反,即将0变1,将1变0。取反是一个一元运算符。

左移运算规则:将一个数的各二进制位全部左移若干位。

例如:a≪2的含义是将a的二进制数各个数位左移2位,右补0。若a = 15,即二进制数00001111,左移2位得00111100(十进制数60)。

右移运算规则:将一个数的各二进制位全部右移若干位。

例如:a≫2的含义是将a的二进制数各个数位右移2位,右端低位移出的部分被舍弃,对无符号数,高位补0。若a = 017,a的值用二进制形式表示为00001111,舍弃低2位11,右移2位得00000011(十进制数3)。

注意:左移一位相当于相应的十进制数乘以2,右移一位相当于相应的十进制数除以2;左移n位相当于相应的十进制数乘以2^n,右移n位相当于相应的十进制数除以2^n。

课后习题

一、选择题

1. 以下非法的赋值语句是   (   )

    A. n = (i = 2,++i);   B. j++;   C. ++(i + 1);   D. x = j>0;

2. 已有定义：int x = 3, y = 4, z = 5;，则表达式！(x + y) + z - 1 && y + z/2 的值是   (   )

    A. 6   B. 0   C. 2   D. 1

3. 阅读以下程序：

```c
1  #include<stdio.h>
2  int main()
3  {
4      int x;
5      scanf("%d",&x);
6      if(x--< 5) printf("%d",x);
7      else printf("%d",x++);
8      return 0;
9  }
```

    程序运行后，如果从键盘上输入 5，则输出结果是   (   )

    A. 3   B. 4   C. 5   D. 6

4. 有如下程序

```c
1  #include<stdio.h>
2  int main()
3  {
4      int a =2,b =- 1,c =2;
5      if(a<b)
6      if(b< 0) c =0;
7      else c++;
8      printf("%d\n",c);
9      return 0;
10 }
```

    该程序的输出结果是   (   )

    A. 0   B. 1   C. 2   D. 3

5. 有以下程序

```c
1  #include<stdio.h>
2  int main()
3  {
4      int a,b,c =246;
5      a =c/100%9;
6      b = (- 1)&& (- 1);
```

```
7          printf("%d,%d\n",a,b);
8      }
```

输出结果是 ( )

A. 2,1 　　　　　　 B. 3,2 　　　　　　 C. 4,3 　　　　　　 D. 2,-1

6. 已知 int i =10;,表达式" 20 - 0 <=i <=9 "的值是 ( )

A. 0 　　　　　　 B. 1 　　　　　　 C. 19 　　　　　　 D. 20

7. 设有 int i, j, k;, 则表达式 i = 1,j = 2,k = 3, i&&j&&k 的值为 ( )

A. 1 　　　　　　 B. 2 　　　　　　 C. 3 　　　　　　 D. 0

8. 逻辑运算符两侧运算对象的数据类型 ( )

A. 只能是 0 或 1 　　　　　　　　　 B. 只能是 0 或非 0 正数

C. 只能是整型或字符型数据 　　　　 D. 可以是任何类型的数据

9. 能正确表示"当 x 的取值在[1,10]和[200,210]范围内为真,否则为假"的表达式是

( )

A. (x>=1)&&(x<=10)&&(x>=200)&&(x<=210)

B. (x>=1)||(x<=10)||(x>=200)||(x<=210)

C. (x>=1)&&(x<=10)||(x>=200)&&(x<=210)

D. (x>=1)||(x<=10)&&(x>=200)||(x<=210)

10. 已知 x = 43,ch = 'a', y = 0;,则表达式(x>=y&&ch<'b'&&!y)的值是 ( )

A. 0 　　　　　　 B. 1 　　　　　　 C. 语法错误 　　　　 D. 假

11. 设有 int a = 2,b;,则执行 b = a&&1;语句后,b 的结果是 ( )

A. 0 　　　　　　 B. 1 　　　　　　 C. 2 　　　　　　 D. 3

12. 设有 int m = 1,n = 2;,则 ++m ==n 的结果是 ( )

A. 0 　　　　　　 B. 1 　　　　　　 C. 2 　　　　　　 D. 3

13. 设有 int n = 2;,则 ++n + 1 ==4 的结果是 ( )

A. true 　　　　　 B. false 　　　　　 C. 1 　　　　　　 D. 0

14. 设有 int n = 2;,则 ++n + 1 ==4,n 的结果是 ( )

A. 1 　　　　　　 B. 2 　　　　　　 C. 3 　　　　　　 D. 4

15. 以下使 i 的运算结果为 4 的表达式是 ( )

A. int i = 0,j = 0; (i = 3, (j++) + i);

B. int i = 1,j = 0; j = i = ((i = 3) * 2);

C. int i = 0,j = 1; (j == 1)? (i = 1) : (i = 3);

D. int i = 1,j = 1; i += j += 2;

二、阅读程序

1. 有以下程序

```
1   #include<stdio.h>
2   int main()
3   {
4       int x;
5       scanf("%d",&x);
```

```
6        if(x>15) printf("%d",x - 5);
7        if(x>10) printf("%d",x);
8        if(x>5) printf("%d\n",x + 5);
9        return 0;
10 }
```

若程序运行时从键盘输入 12<回车>,则输出结果为_____。

2. 以下程序运行后的输出结果是_____。

```
1  #include<stdio.h>
2  int main()
3  {
4      int x =10,y =20,t =0;
5      if(x ==y) t =x;x =y;y =t;
6      printf("%d%d\n",x,y);
7      return 0;
8  }
```

3. 以下程序的运行结果是_____。

```
1  #include<stdio.h>
2  int main()
3  {
4      int a =2,b =7,c =5;
5      switch(a>0)
6      {

7          case 1: switch (b< 0)
8              {case 1:printf ("@"); break;
9              case 2: printf("!"); break;
10             }
11         case 0: switch(c ==5)
12             { case 0: printf("*"); break;
13             case 1: printf("#"); break;
14             case 2: printf("$"); break;
15             }
16         default : printf("&");
17     }
18     printf("\n");
19     return 0;
20 }
```

4. 以下程序的运行结果 i 的值为_____。

```
1  #include<stdio.h>
2  int main()
```

```
3  {
4      char ch = '$';
5      int i = 1, j;
6      j = ! ch && ++;
7      printf("%d", i);
8      return 0;
9  }
```

三、程序设计

1. 从键盘输入一个学生的成绩分数(0~100),要求实现以下程序功能:如果分数大于100或小于0,输出"Input error!";如果分数介于90到100之间,输出"Very Good!";如果分数介于80到90之间,输出"Good!";如果分数介于70到80之间,输出"Middle!";如果分数介于60到70之间,输出"Pass!";如果分数小于60,输出"No Pass!"。

2. 输入一个整数,判断该数是奇数还是偶数。

3. 从键盘接收三个整数,编程求出最小数。

4. 从键盘接收一个字符,如果是字母,输出其对应的 ASCII 码,如果是数字,按原样输出,否则给出提示信息"其他字符!"。

【微信扫码】
本章参考答案

第5章

循环结构程序设计

5.1 循环结构与循环语句

循环结构是结构化程序设计的第三种结构,其特点是在某条件成立时,反复执行某程序段,直到条件不再成立为止。这里的"条件"即循环控制条件,可以是任意合法的 C 语言表达式,这个被重复执行的程序段称为循环体。

C 语言提供 for、while、do-while 三种循环语句来实现循环结构。这三种语句的语法结构如图 5-1 所示。

```
for 语句              while 语句              do-while 语句

for (E1;E2;E3)        E1;                    E1;
{                    while (E2)             do
  循环体语句           {                      {
}                      循环体语句               循环体语句
                       E3;                    E3;
                     }                      }while (E2);
```

图 5-1 循环的基本结构:E1、E2、E3、循环体语句

这三种语句中都包含了 E1、E2、E3 以及循环体语句四部分,称之为循环结构的四个要素。其中 E 是 Expression 这个单词的首字母,即表达式。

E1 称为循环控制变量初始化表达式,代表循环开始的起始条件。

E2 称为循环控制表达式,代表循环体语句重复执行的条件,在每次循环体语句被执行之前,都要对 E2 进行求解,用以判断重复执行的条件是否满足。如果表达式 E2 的值为非 0 值,则重复执行循环体语句;如果表达式 E2 的值为 0 值,则停止执行循环体。表达式 E2 可以是任意合法的表达式(常量、变量、算术表达式、赋值表达式、关系表达式、逻辑表达式、有返回值的函数等),只要表达式的值非 0,我们就说"条件"成立。

E3 称为循环控制变量增值表达式,其作用在于使循环变量通过某种运算逐步接近 E2

中设计的循环终止条件,避免死循环。

1. for 语句的一般形式与执行流程

for 语句在 C 语言程序中的使用频率最高,使用方式非常灵活,其一般形式如下:

```
for ( E1; E2; E3 )
{
      循环体语句
}
```

for 语句的执行流程为:

① 首先求解表达式 E1,且只求解一次;

② 求解表达式 E2 的值,若 E2 的值非 0,则跳转到③,若 E2 的值为 0,则跳转到④;

③ 执行循环体语句,循环体语句执行完毕后,求解表达式 E3,然后跳转到②;

④ 执行 for 语句的下一条语句。

2. while 语句的一般形式与执行流程

while 语句的一般形式如下:

```
E1;
while(  E2  )
{
      循环体语句
      E3;
}
```

while 语句的执行流程为:

① 求解表达式 E1;

② 求解表达式 E2 的值,若 E2 的值非 0,则跳转到③,若 E2 的值为 0,则跳转到④;

③ 执行循环体语句,求解表达式 E3,然后跳转到②;

④ 执行 while 语句的下一条语句。

比较 for 语句和 while 语句的执行流程,不难看出表达式 E1(循环控制变量初始化表达式)都只求解一次。在进入循环体之前都必须先求解表达式 E2 的值,只有当表达式 E2 的值为非 0 值时才进入"{}"执行循环体语句。因此,我们也把 while 语句和 for 语句表示的循环结构称为当型循环,即只有当表达式 E2 的值为非 0 值(值不为 0 就代表"条件"成立)时才执行循环体语句,如果表达式 E2 第一次求解时就为 0 值,则循环体语句一次也不执行。

3. for 语句与 while 语句的关系

for 语句书写灵活,除了前面的书写方式之外,E1、E2、E3 这三个表达式可以部分或全部省略。省略并不是删去不写,只是出现在了程序的其他位置,构成循环结构的四个要素仍旧必不可少。

调整 for 语句中 E1、E2、E3 的出现位置,就会得到和 while 语句一样的结构,如图 5 - 2 所示。

```
        E1;                          E1;
        for ( ; E2 ; )               while ( E2 )
        {                            {
            循环体语句                    循环体语句
            E3;                          E3;
        }                            }
```

图 5 - 2　变形后的 for 语句与 while 语句

此处 for 语句的圆括号中省略了 E1 和 E3,因此循环控制变量设定循环起始条件的表达式 E1 出现在了 for 语句的前面,循环控制变量增值表达式 E3 则在"{}"里,这样当 E2 为非 0 值时,除了执行循环体语句,循环控制变量变化的表达式 E3 也会被重复执行,保证循环控制变量的值能够逐步接近循环终止条件。

除了"变形"为 while 语句的形式之外,for 语句的 E2 表达式也可以省略。当循环控制表达式 E2 被省略时,则代表循环条件永远为真。此时需要在"{}"中写出能够结束该循环的代码,否则将陷入死循环,导致程序无法正常退出。

3. do-while 语句的一般形式与执行流程

do-while 语句的一般形式如下:

```
E1;
do {
    循环体语句;
    E3;
}while ( E2 );
```

do-while 语句的执行流程为:

① 求解表达式 E1;

② 执行循环体语句,求解表达式 E3;

③ 求解表达式 E2 的值,若 E2 的值非 0,则跳转到②,若 E2 的值为 0,则跳转到④;

④ 执行 do-while 语句的下一条语句。

从 do-while 语句的执行流程可知,do-while 语句至少执行一次循环体语句,之后才会判断循环条件是否成立,如果表达式 E2 的值非 0,则重复执行②,直到表达式 E2 的值变为 0 为止。因此也把 do-while 语句表示的循环结构称为直到型循环。

5.2　计数循环

【例 5 - 1】　求 $1 + 2 + 3 + \cdots + 100$ 的和并输出。

【问题求解方法分析】　这是一个累加求和问题,如果我们把 $1 \sim i-1$ 的和表示为 sum(i-1),则 $1 \sim i$ 的和就是 sum(i-1)+i。当 i 的值为 100 时,就求出了 $1 \sim 100$ 的和。即 $1 \sim 100$ 求和可以看作是变量 i 从 1 增值到 100,重复执行 sum(i-1)+i 这一操作的过程;在没有累加任何数之前,sum 最初的值为 0。该累加求和方法可用图 5 - 3 所示流程图来描述,也可用自然语言描述如下。

① 存放累加和的变量 sum 清零，sum = 0；

② i 为循环控制变量，并初始化为 1（求解表达式 E1）；

③ 若 i≤100（求解表达式 E2），则顺次反复执行④、⑤；否则跳转到⑥；

④ 进行累加运算，sum = sum + i（循环体语句）；

⑤ 循环控制变量 i 增值，i = i + 1（求解表达式 E3），并跳转到③；

⑥ 打印存放累加和的变量 sum 的值。

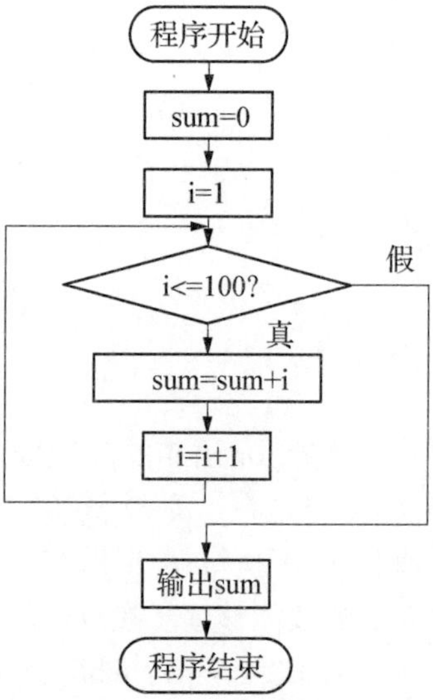

【方法一】 用 for 语句编写循环结构代码。

```
1  #include<stdio.h>
2  int main()
3  {
4      int  i , sum;
5      sum = 0;
6      for ( i = 1; i <= 100; i++)
7      {
8          sum = sum + i;
9      }
10     printf(" 1 + 2 + ... + 100 =%d\n" , sum );
11     return 0;
12 }
```

【方法二】 用 while 语句编写循环结构代码。

```
1  #include<stdio.h>
2  int main()
3  {
4      int i , sum;
5      sum = 0;            //累加和变量清零
6      i = 1;              //循环控制变量初始值为 1
7      while ( i <= 100 )
8      {
9          sum = sum + i;  //做累加运算
10         ++;    //循环控制变量增值
11     }
12     printf(" 1 + 2 + ... + 100 =%d\n" , sum);
13     return 0;
14 }
```

【方法三】 用 do-while 语句编写循环结构代码。

```
1  #include<stdio.h>
2  int main()
```

图 5 - 3 累加求和流程图

```
3  {
4        int i , sum;
5        sum = 0;                    //累加和变量清零
6        i = 1;                      //循环控制变量初始值为 1
7        do {
8            sum = sum + i;          //做累加运算
9            i++;                    //循环控制变量增值
10       } while ( i <= 100 );
11       printf("1 + 2 +...+ 100 = %d\n" , sum);
12       return 0;
13 }
```

程序运行结果如图 5 - 4 所示。

图 5 - 4　程序运行结果

为什么 sum = sum + i 能实现累加功能？这是因为在进行赋值运算时首先要读取"="右侧 sum 的原值并与 i 的值相加,相加得到的结果再存入 sum 中去。表 5 - 1 为循环执行过程中求解各表达式及变量值变化的情况。已知循环控制变量 i 的初始值为 1,存放累加和的变量 sum 的初始值为 0。

表 5 - 1　累加执行过程

	变量 i 的值	表达式 E2 及其值	循环体语句 sum = sum + i	执行第 i 次循环 后 sum 的值	求解表达式 E3 后 i 的值
第 1 次循环	1	1 <= 100(非 0)	sum = 0 + 1	1	2
第 2 次循环	2	2 <= 100(非 0)	sum = 1 + 2	3	3
第 3 次循环	3	3 <= 100(非 0)	sum = 3 + 3	6	4
第 4 次循环	4	4 <= 100(非 0)	sum = 6 + 4	10	5
第 5 次循环	5	5 <= 100(非 0)	sum = 10 + 5	15	6
第 6 次循环	6	6 <= 100(非 0)	sum = 15 + 6	21	7
...	...	...	...	...	...
第 100 次循环	100	100 <= 100(非 0)	sum = 4950 + 100	5050	101

由表 5 - 1 可知,当 i 的值为 100 时,执行第 100 次循环,sum 累加了最后一个数 100,完成了 1 到 100 的求和。对循环增值表达式 E3 的求解则让变量 i 的值变为了 101,不再满足 i<=100 这一循环条件,此时整个循环执行结束。

【例5-2】 求 $2+4+6+8+\cdots+100$ 的和。

【问题求解方法分析】 在例5-1代码的基础上,只要将循环控制变量的初值由1改为2,循环变量增值表达式每次增1改为每次增2就可以算出100以内的偶数之和。以下为for语句编写的代码。

```
1  #include<stdio.h>
2  int main()
3  {
4      int  i , sum;
5      sum = 0;
6      for ( i = 2; i <= 100; i = i + 2)    //i 从 2 开始,每次增 2
7      {
8          sum = sum + i;
9      }
10     printf("2 + 4 +...+ 100 = %d\n" , sum );
11     return 0;
12 }
```

程序运行结果如图5-5所示。

图5-5 程序运行结果

【例5-3】 从键盘输入一个正整数 m,计算 $1+\dfrac{1}{2}+\dfrac{1}{3}+\dfrac{1}{4}+\cdots+\dfrac{1}{m}$ 的和。

【问题求解方法分析】 在例5-1代码的基础上,只要将循环体语句 sum = sum + i 改为 sum = sum + 1.0/i,并新增对 int 型变量 m 的定义及输入语句即可。同时,由于和为实数,还需要将变量 sum 的类型修改为 double 类型。

```
1  #include<stdio.h>
2  int main()
3  {
4      int  i , m;              //增加对变量 m 的定义
5      double  sum;            //重新定义 sum 为 double 类型
6      printf("请输入一个正整数 m:");
7      scanf("%d" , &m); //m 的值从键盘输入
8      sum = 0;               //累加器清零
9      for ( i = 1; i <= m; i++)
10     {
11         sum = sum + 1.0/i;
12     }
```

```
13        printf("1 + 1/2 + 1/3 + … + 1/%d = %f\n" , m, sum);
14        return 0;
15 }
```

程序运行结果如图 5-6 所示。

请输入一个正整数m: 5
1+1/2+1/3+…+1/d% = 2.283333
请按任意键继续. . .

图 5-6　程序运行结果

在编写该类代码时,容易犯的一个错误是把 sum = sum + 1.0/i 写成 sum = sum + 1/i,此时无论 m 的值为多少,求和结果始终为 1。原因是 1/i 这个算术表达式中的 1 和 i 都是整数,C 语言中整数除以整数的结果不是实数,而是所得实数的整数部分。如 1/2 的结果不是 0.5,而是 0.5 的整数部分 0,因此如果错写成 1/i,那么将无法正确累加 1/2 及以上的分数值。

【例 5-4】　求 5!=5*4*3*2*1。

【问题求解方法分析】　数学中对自然数 n 的阶乘的定义为:n!=(n-1)!×n,并规定了 1!=1。那么只要 1!× 2,就能算出 2 的阶乘;2!×3,算出 3 的阶乘;3!×4,算出 4 的阶乘;4!×5,算出 5 的阶乘。即这是一个从 1!(初始值为 1)开始,重复累乘求积的问题,因此可以通过循环来实现。累乘求积算法的流程图如图 5-7 所示。

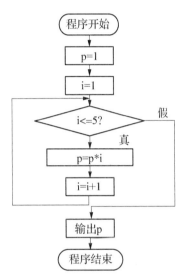

图 5-7　例 5-4 算法流程图

```
1  #include<stdio.h>
2  int main()
3  {
4      int   i;
5      long  p;          //p 存放累乘的积
6      p = 1;        //累乘积的初始值为 1
7      for ( i = 1; i <= 5; i++)
8      {
9          p = p * i;   //累乘 i
10     }
11     printf(" 5!=%ld\n" , p );
12     return 0;
13 }
```

程序运行结果如图 5-8 所示。

为什么 p = p * i 可以实现累乘? p = p * i 之所以能够实现累乘,其原理和累加是一

图 5 - 8   程序运行结果

样的,即先把"="右侧变量 p 的值读取出来,再乘以 i,所得乘积通过"="运算重新写入变量 p 中。表 5 - 2 为循环执行过程中各表达式及变量值变化的情况。已知循环控制变量 i 的初始值为 1,存放累乘积的变量 p 的初始值为 1。

表 5 - 2   累乘执行过程

	变量 i 的值	表达式 E2 及其值	循环体语句 p = p * i	执行第 i 次循环后 p 的值	求解表达式 E3 后 i 的值
第 1 次循环	1	1<=5(非 0)	p = p * 1	1	2
第 2 次循环	2	2<=5(非 0)	p = p * 2	2	3
第 3 次循环	3	3<=5(非 0)	p = p * 3	6	4
第 4 次循环	4	4<=5(非 0)	p = p * 4	24	5
第 5 次循环	5	5<=5(非 0)	p = p * 5	120	6

由表 5 - 2 可知,当 i 的值为 5 时,执行第 5 次循环,p 累乘了最后一个数 5,完成了 1 到 5 的求积。对循环增值表达式 E3 的求解则让变量 i 的值变为了 6,不再满足 i<=5 这一循环条件,此时整个循环执行结束。

【例 5 - 5】   求 Fibonacci 数列的前 20 项。

Fibonacci 数列指的是这样一个数列:1、1、2、3、5、8、13、21、34……即从第三项开始,每一项都等于前两项之和。因数学家列昂纳多·斐波那契以兔子繁殖为例而引入,故又称为"兔子数列"。在数学上,该数列以递归的方法定义如下:

$$\text{Fib}(n) = \begin{cases} 1, & n = 1, 2; \\ \text{Fib}(n-2) + \text{Fib}(n-1), & n \geqslant 3. \end{cases}$$

【问题求解方法分析】   如何从已知的第 1 项和第 2 项出发来依次计算后续各项呢?假如用变量 f1 存储第一项的值 1,用变量 f2 存储第二项的值 1,用变量 f3 存储第三项的值,则第三项的值 f3 就等于 f1 + f2,用 C 语言表示为 f3 = f1 + f2。要计算第四项,只要把第二项的值(变量 f2)作为新的 f1,用 C 语言表示就是 f1 = f2,把第三项的值(变量 f3)作为新的 f2,用 C 语言表示就是 f2 = f3,再次计算 f3 = f1 + f2 即可,此时求出的变量 f3 的值就是第四项的值,其余各项的计算以此类推。

```
1  #include<stdio.h>
2  int main()
3  {
4      long  int f1, f2, f3;
```

```
5        int  i;        //循环控制变量
6        f1 =f2 =1;//初始化前 2 项
7        printf("%ld\t%ld\t", f1 , f2 );//输出前 2 项
8        for( i =3 ; i <=20 ; i++)
9        {
10           f3 =f1 + f2 ;
11           printf("%ld\t" , f3 );
12           f1 =f2;//f2 作为新的 f1
13           f2 =f3;//f3 作为新的 f2
14       }
15       return 0;
16 }
```

程序运行结果如图 5 - 9 所示。

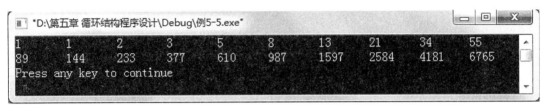

图 5 - 9　程序运行结果

5.3 条件循环

【例 5 - 6】　用格雷戈里公式求 π 的近似值,要求精确到最后一项的绝对值小于 10^{-4}。

$$\frac{\pi}{4} = 1 - \frac{1}{3} + \frac{1}{5} - \frac{1}{7} + \cdots$$

【问题求解方法分析】　该题与例 5 - 3 类似,都是累加了一个整数的倒数。两题的不同之处有二,例 5 - 3 直接说明求前 m 项之和,循环次数已知,为 m 次,本题只是提出精度要求,没有显式给出循环次数;其次,本题的累加项为一正一负交替出现,直接累加 1.0/i 显然无法实现,需要对交替出现的正负号进行处理。

假如用变量 term 表示累加通项,则被累加的 term 应满足 $|\text{term}| \geqslant 10^{-4}$,当 $|\text{term}| < 10^{-4}$时,就停止累加,循环终止。对累加项的精度要求实际上给出了循环重复执行的条件 $|\text{term}| \geqslant 10^{-4}$,这一条件可用 C 语言表示为 fabs(term)≥1e - 4 或 fabs(term)≥0.0001。

要让通项 term 正负号交替出现,只需在累加 term 之前乘以 1 或 – 1 即可。通过增加一个变量 flag,其初值设为 1,与 term 相乘,C 语言表示为 term = flag * term。在第二次累加 term 之前,计算 flag 的相反数,flag = – flag 即可。

对于没有显式给出循环次数而是根据设定条件来执行循环的程序,我们称之为条件循环,一般选择 while 或 do-while 语句实现,也可用 for 语句实现。

```
1   #include<stdio.h>
2   #include<math.h>//程序中调用绝对值函数fabs(),需包含math.h头文件
3   int main()
4   {
5       int   flag;
6       int   i;
7       double   term;//term存放累加通项第i项的值
8       double   pi;
9       flag =1;   //flag存放第i项的正负号,第1项为正号
10      pi =0;     //存放累加和的变量pi清零
11      i =1;      //循环控制变量初值为1
12      term =flag * (1.0 / i);//计算要累加的第1项
13      while ( fabs(term) >=1e - 4 )//当|term|>=0.0001时,执行循环
14      {
15          pi =pi + term;    //累加第i项的值
16          flag =- flag;//取相反数,作为下一项的符号
17          i =i + 2;         //分母增2,作为下一项的分母
18          term =flag * (1.0 / i);//计算新的累加项
19      }
20      pi =pi * 4;//循环计算的结果是pi/4,根据公式还需乘以4,才能得到π的近似值
21      printf("pi =%f\n" , pi);
22      return 0;
23  }
```

程序运行结果如图 5 - 10 所示。

图 5 - 10   程序运行结果

【例 5 - 7】 从键盘读入一个整数 n,统计该数的位数。例如,输入 3742,输出 4;输入 153,输出 3;输入 0,输出 1。

【问题求解方法分析】 为了统计数 n 的位数,需要把该数从低位到高位逐位分离,每分离一位,就让统计位数的变量值加 1,直到分离完所有位数为止。

数 n 对 10 求余数可以分离出最低位,如 3742%10 分离出个位数字 2。分离出最低位 2 之后,n 除以 10,可以去掉最低位,如 3742/10 的值为 374。用去掉最低位的 n 值 374 重复上述操作,就能分离出各位数字,直到 n 为 0 结束。

```
3742%10 =2     //分离出个位数字2
3742/10 =374   //去掉分离出的个位
374%10 =4      //分离出十位数字4
```

```
374/10   = 37        //去掉分离出的十位
37%10    = 7         //分离出百位 7
37/10    = 3         //去掉分离出的百位
3%10     = 3         //分离出千位数字
3/10     = 0         //去掉分离出的千位 3,数 n 变为 0,此时停止分离
```

```
1    #include<stdio.h>
2    int main()
3    {
4        int  n , count;//count 用来统计位数,称之为计数器变量
5        int  k;            //变量 k 存放分离出来的最低位
6        printf( "请输入一个整数 n:" );
7        scanf( "%d" , &n );
8        if ( n<0)
9            n =- n;
10       count =0; //计数器变量清零
11       while ( n!=0 )          //如果 n 的值不为 0
12       {
13           k =n%10;//分离出 n 的最低位
14           count++;      //每分离出一位计数器就加 1
15           n =n/10;//去掉分离出的最低位,准备下一次分离
16       }
17       printf( "是%d 位数\n", count );
18       return 0;
19   }
```

程序运行结果如图 5 - 11 所示。

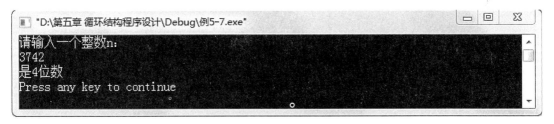

图 5 - 11　程序运行结果

5.4　流程控制转移

5.4.1　break 语句

　　break 语句除用于 switch 选择结构退出某个分支外,还可以用于退出由 while、do-while 和 for 语句构成的循环体。当执行循环体中的 break 语句时,循环将立即终止。流程继续往

下执行循环语句后的其他语句。

break 语句对循环执行流程的影响如图 5-12 所示。

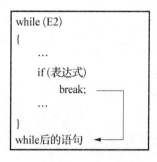

图 5-12　break 语句执行流程

通常 break 与 if 联合使用,表明程序在何种条件下终止循环的执行。

【例 5-8】　输入一个正整数 m,判断它是否为素数。

【问题求解方法分析】　素数是只能被 1 和自身整除的正整数。假如 m 是素数,则 m 只能被 1 和它本身 m 整除,而不能被 2~m-1 之间的任何一个数整除。例如整数 7,只能被 1 和 7 整除,不能被 2、3、4、5、6 中的任何一个数整除,所以 7 是素数。整数 8 除了能被 1 和 8 整除,还能被 2~7 之间的 2 和 4 整除,所以 8 不是素数。

因此,判断一个正整数 m 是不是素数,需要用 2~m-1 之间的整数和 m 依次进行求余运算,如果 2~m-1 之间的所有数和 m 进行求余运算的结果都非 0,则 m 是素数。当 2~m-1 之间出现了第一个能整除 m 的数时,说明 m 不是素数,此时可用 break 语句提前结束后续整除运算。

```c
1   #include<stdio.h>
2   int main()
3   {
4       int  i , m;
5       printf("请输入一个正整数 m:");
6       scanf("%d" , &m);          //从键盘输入一个数 m
7       for ( i =2; i <=m-1; i++) //用 2~m-1 之间的数依次和 m 进行整除运算
8       {
9           if(m%i ==0 )              //如果 m 被 i 整除
10              break;                           //终止后续整除运算,提前退出循环
11      }
12      if ( i >=m)
13          printf("%d 是素数\n" , m);
14      else
15          printf("%d 不是素数\n" , m);
16      return 0;
17  }
```

算法改进 1:判断某数 m 是否为素数,只需用 2~$\frac{m}{2}$ 的数和 m 做整除运算即可。改进后

的算法代码如下：

```
1   #include<stdio.h>
2   int main()
3   {
4       int  i , m;
5       printf("请输入一个正整数 m:");
6       scanf("%d" , &m);              //从键盘输入一个数 m
7       for ( i =2; i <=m/2; i++)//用 2~m/2 之间的数依次和 m 进行整除运算
8       {
9           if ( m%i ==0)                    //如果 m 被 i 整除
10              break;                              //终止后续整除运算,提前退出循环
11      }
12      if ( i >m/2)
13          printf("%d 是素数\n" , m );
14      else
15          printf("%d 不是素数\n" , m );
16      return 0;
17  }
```

算法改进 2：再次改进后只需用 2~$\sqrt{m}$ 的数和 m 做整除运算即可。算法代码如下：

```
1   #include<stdio.h>
2   #include<math.h>
3   int main()
4   {
5       int  i , m , k;
6       printf("请输入一个正整数 m:");
7       scanf("%d" , &m);            //从键盘输入一个数 m
8       k =sqrt(m);
9       for ( i =2; i <=k; i++)//用 2~$\sqrt{m}$ 之间的数依次和 m 进行整除运算
10      {
11          if ( m%i ==0)                    //如果 m 被 i 整除
12              break;                              //终止后续整除运算,提前退出循环
13      }
14      if ( i>k)
15          printf("%d 是素数\n" , m );
16      else
17          printf("%d 不是素数\n" , m );
18      return 0;
19  }
```

程序运行结果如图 5 - 13 和 5 - 14 所示。

图 5 - 13　程序运行结果一

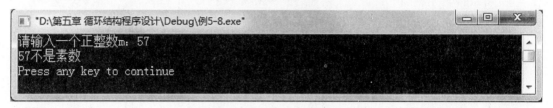

图 5 - 14　程序运行结果二

【例 5 - 9】　韩信点兵问题。韩信有一队兵,他想知道有多少人,便让士兵排队报数。从 1 至 5 报数,最后一个士兵报的数为 1;从 1 至 6 报数,最后一个士兵报的数为 5;从 1 至 7 报数,最后一个士兵报的数为 4;最后从 1 至 11 报数,最后一个士兵报的数为 10。请编程计算韩信至少有多少兵。

【问题求解方法分析】　设兵数为 x,则 x 应满足如下关系式:

```
(x%5 == 1) && (x%6 == 5) && (x%7 == 4) && (x%11 == 10)
```

在循环次数未知的情况下,假定循环条件始终为真,然后从 1 开始逐个试验,第一个使得上述关系成立的 x 值即为所求。当找到这样一个 x 值的时候,就可以用 break 语句终止循环。

```c
1   #include<stdio.h>
2   int main()
3   {
4       int  x;
5       for ( x =1; ; x++)//省略表达式 E2,表示循环条件始终为真
6       {
7           if ( (x%5 ==1) && (x%6 ==5) && (x%7 ==4) && (x%11 ==10) )
8           {
9               printf(" x =%d\n" , x);
10              break;//当找到满足条件的 x,就终止循环
11          }
12      }
13      return 0;
14  }
```

程序运行结果如图 5 - 15 所示。

图 5 - 15　程序运行结果

5.4.2　continue 语句

continue 语句是改变循环体中执行流程的另一条跳转语句。它与 break 语句的区别在于：当执行循环体中的 continue 语句时，程序将跳过循环体中 continue 后面尚未执行的语句，转到循环体开始处，然后进行下一次是否执行循环的判定。即只提前结束本次循环，但并不终止整个循环。

continue 语句对循环执行流程的影响如图 5 - 16 所示。

while (E2)	do	for (E1;E2;E2)
{	{	{
…	…	…
if(表达式)	if(表达式)	if(表达式)
continue;	continue;	continue;
…//被跳过，不执行	…//被跳过，不执行	…//被跳过，不执行
}	} while (E2);	}
while后的语句	do—while后的语句	for后的语句

图 5 - 16　continue 语句执行流程

【例 5 - 10】　输出 50 以内不能被 3 整除的自然数。

【问题求解方法分析】　从 1 开始，对 1～50 之间的每一个整数进行检查，如果不能被 3整除，就输出。若能被 3 整除，就不输出此数。

```
1   #include<stdio.h>
2   int main()
3   {
4       int  i;
5       for ( i =1; i <=50; i++)
6       {
7           if ( i%3 ==0 )
8               continue;
9           printf("%d\t" , i);
10      }
11      printf("\n");
12      return 0;
13  }
```

当 i 能被 3 整除时，执行 continue 语句，此时 continue 语句后面的第 9 行 printf("%d\t" , i);语句被跳过，提前结束本次循环。然后回到第 5 行求解 E3，即进行循环变量 i 的增值

（i++），只要 i<=50，就会接着执行下一次循环。如果 i 不能被 3 整除，就不会执行 continue 语句，而是执行第 9 行 printf 语句，输出不能被 3 整除的整数。

程序运行结果如图 5-17 所示。

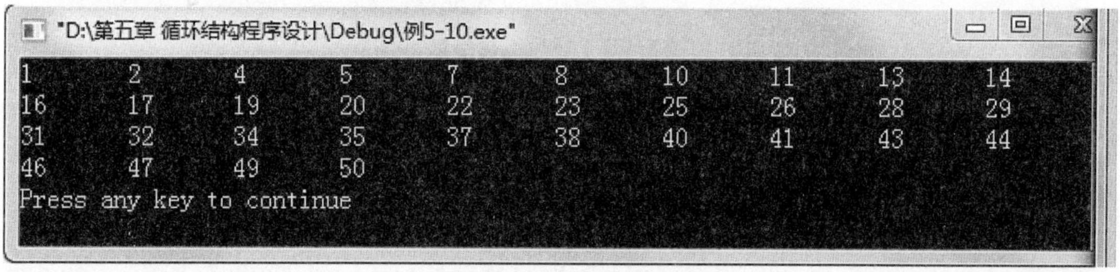

图 5-17　程序运行结果

5.5　循环嵌套

【例 5-11】　求 200 以内的所有素数。

【问题求解方法分析】　例 5-8 给出了判断某数是否为素数的算法，现在要找出 2～200 之间的所有素数，只需要让该算法重复执行 199 次即可。我们只需在原算法的外层加上循环语句 for（ m = 2；m <= 200；m++）。

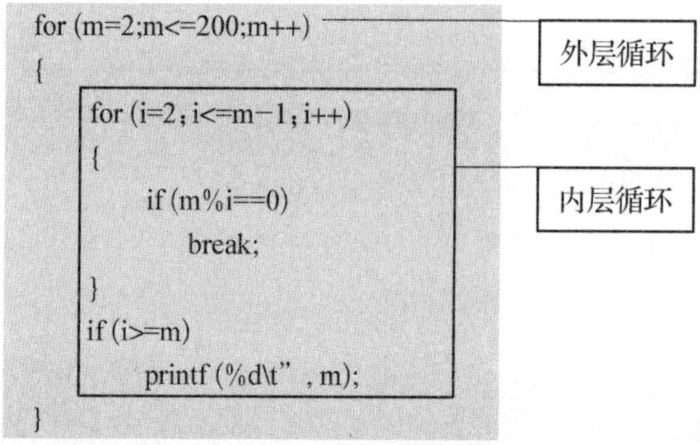

这种将一个循环语句放在另一个循环语句的循环体中构成的循环，称为循环嵌套。嵌套循环的执行仍遵循各循环语句的执行流程，只是要先由外层循环进入内层循环，并在内层循环终止之后接着执行外层循环，再由外层循环进入内层循环中，当外层循环全部终止时，程序结束。

完整的代码如下：

```
1  #include<stdio.h>
2  int main()
3  {
4      int  i, m;
5      for ( m =2; m <=200; m++)
6          {
```

```
7          for ( i =2; i <=m - 1; i++)
8          {
9              if (   m%i ==0 )
10                 break;
11         }
12         if ( i >=m)
13             printf( "%d\t" , m );
14     }
15     printf("\n");
16     return 0;
17 }
```

以上循环嵌套执行过程如表 5 - 3 所示。

表 5 - 3 循环执行过程

外层循环变量	内层循环语句 for (i = 2; i <=m - 1; i++)	m%i 试除次数
m = 2	for (i = 2; i <=1; i++)	0 次
m = 3	for (i = 2; i <=2; i++)	1 次
m = 4	for (i = 2; i <=3; i++)	1 次
m = 5	for (i = 2; i <=4; i++)	3 次
m = 6	for (i = 2; i <=5; i++)	1 次
m = 7	for (i = 2; i <=6; i++)	5 次
…	…	…

程序运行结果如图 5 - 18 所示。

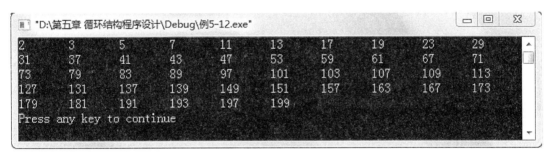

图 5 - 18 程序运行结果

【例 5 - 12】 求 1!+ 2!+ 3!+ 4 !+ 5 !。

```
1  #include< stdio.h>
2  int main()
3  {
4      double   p;//存放 i!
5      double   sum =0;//存放所有阶乘的和
```

```
6       int  i , j;
7       for ( i =1; i <=5; i++)
8       {
9           p =1;
10          for ( j =1; j <=i; j++)
11          {
12              p =p *j;
13          }
14          sum =sum + p;
15      }
16      printf("1!+ 2!+ 3!+ 4!+ 5!=%.1f\n" , sum);
17      return 0;
18 }
```

程序运行结果如图 5 - 19 所示。

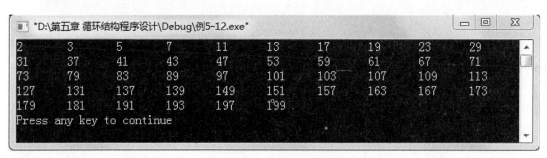

图 5-19　程序运行结果

课后习题

一、选择题

1. 下面程序段的运行结果是　　　　　　　　　　　　　　　　　　　(　)

```
1  for(i =1;i <=5;)
2      printf("%d",i);
3  i++;
```

A. 12345　　　　　　　B. 1234　　　　　　C. 15　　　　　　　D. 无限循环

2. 下面程序的输出结果是　　　　　　　　　　　　　　　　　　　(　)

```
1   #include< stdio.h >
2   int main( )
3   {
4       int n =4;
5       while (n--)
6           printf("%d",n--);
```

```
7        return 0;
8   }
```

A. 2 0　　　　　　 B. 3 1　　　　　 C. 3 2 1　　　　 D. 2 1 0

3. 下面程序段的运行结果是 　　　　　　　　　　　　　　　　　　　　(　)

```
1   int x = 0, y = 0;
2   while (x < 15)
3        y++, x += ++y;
4   printf("%d,%d", y, x);
```

A. 20,7　　　　　　 B. 6,12　　　　　 C. 20,8　　　　 D. 8,20

4. 下面程序段的输出结果是 　　　　　　　　　　　　　　　　　　　　(　)

```
1   x = 3;
2   do
3   {    y = x--;
4        if (!y)
5        {
6            printf("*");
7            continue;
8        }
9        printf("#");
10  } while (x = 2);
```

A. ＃＃　　　　　　 B. ＃＃*　　　　 C. 死循环　　　 D. 输出错误信息

5. 下面程序段的运行结果是 　　　　　　　　　　　　　　　　　　　　(　)

```
1   for(x = 10; x > 3; x--)
2   {    if(x%3) x--;        -- x; -- x;
3   printf("%d", x);        }
```

A. 6 3　　　　　　 B. 7 4　　　　　　 C. 6 2　　　　 D. 7 3

6. 以下程序段的执行结果是 　　　　　　　　　　　　　　　　　　　　(　)

```
1   int i, j, m = 0;
2   for (i = 1; i <= 15; i += 4)
3        for (j = 3; j <= 19; j += 4)
4            m++;
5   printf("%d\n", m);
```

A. 12　　　　　　 B. 15　　　　　　 C. 20　　　　　 D. 25

7. 在执行以下程序时,如果从键盘上输入:ABCdef <回车>,则输出为 　　(　)

```
1   #include<stdio.h>
2   int main( )
3   {
4        char ch;
```

```
5    while ((ch=getchar())!='\n')
6    {
7        if (ch>='A' &&ch<='Z')   ch=ch+32;
8        else if (ch>='a' &&ch<'z') ch=ch-32;
9        printf("%c",ch);
10   }
11   printf("\n");
12   return 0;
13 }
```

A. ABCdef   B. abcDEF   C. abc   D. DEF

8. 下面程序的输出结果是   (　　)

```
1  #include<stdio.h>
2  int main()
3  {
4      int x=10,y=10,i;
5      for(i=0;x>8;y=++i)
6          printf("%d %d",x--,y);
7      return 0;
8  }
```

A. 10 1 9 2   B. 9 8 7 6   C. 10 9 9 0   D. 10 10 9 1

二、阅读程序

1. 分析下列程序，写出程序的运行结果_____。

```
1  #include<stdio.h>
2  int main()
3  {
4      int  num=0;
5      while( num<=2 )
6      {
7          num++;
8          printf("%d\n", num);
9      }
10     return 0;
11 }
```

2. 有以下程序

```
1  #include<stdio.h>
2  int main()
3  {
4      int s=0,a=5,n;
5      scanf("%d",&n);
6      do
```

```
7        {
8            s +=1;
9            a = a - 2;
10       }while(a!=n);
11       printf("%d,%d\n",s,a);
12       return 0;
13  }
```

若输入的值为 1,程序运行后的输出结果为_____。

3. 有以下程序

```
1   #include<stdio.h>
2   int main()
3   {
4       char c;
5       c =getchar();
6       while(c!='?')
7       {
8           putchar(c);
9           c =getchar();
10      }
11      return 0;
12  }
```

如果从键盘输入 abcde?fgh(回车),则程序输出结果为_____。

三、程序设计

1. 计算并输出 high 以内最大的 10 个素数之和。例如,若 high 的值为 100,则和为 732,high 的值从键盘输入。

2. 为某偶数寻找两个素数,这两个素数之和等于该偶数。

3. 判断整数 n 是不是"完数"。当一个数的因子之和恰好等于这个数本身时,就称这个数为"完数"。例如,6 的因子包括 1、2、3,而 $6 = 1 + 2 + 3$,所以 6 是完数。

4. 求 Fibonacci 数列中大于 t 的最小的数。例如,当 t = 1000 时,大于 1000 的 Fibonacci 数为 1597。Fibonacci 数列 F(n)定义如下:

F(0)=0,F(1)=1,

F(n)=F(n-1)+F(n-2),n≥2。

5. 从 3 个红球、5 个白球、6 个黑球中任意取出 8 个作为一组,进行输出。在每组中,可以没有黑球,但必须要有红球和白球。请输出所有可能的组合数,正确的组合数为 15。

6. 计算并输出 S 的值,例如,当 n = 10,x = 0.3 时,S 的值为 1.349859。

$$S = 1 + x + \frac{x^2}{2!} + \frac{x^3}{3!} + \cdots + \frac{x^n}{n!}$$

7. 计算并输出 $S = 1 + (1 + 2^{0.5}) + (1 + 2^{0.5} + 3^{0.5}) + \cdots + (1 + 2^{0.5} + 3^{0.5} + \cdots + n^{0.5})$ 的值。例如,当 n = 20 时,S = 534.188884。

【微信扫码】
本章参考答案

第6章

函　数

6.1　概述

在前面编写的 C 语言程序中,所有程序代码都放在 main 函数的"{ }"内。左右花括号"{ }"叫作函数体定界符,"{ }"里的代码叫作函数体。

main 函数是 C 语言程序的主函数,有且仅有一个。它可以调用其他函数,且不允许被其他函数调用。因此,C 程序的执行总是从 main 函数的左花括号"{"开始,调用完其他函数后再返回到 main 函数,最后执行到 main 函数的右花括号"}"结束整个程序。

函数体中出现的 printf、scanf、putchar、getchar、fabs、sqrt 等叫作标准库函数,这些函数由 C 系统提供,用户无须定义,使用时只需在程序前通过 #include 命令,包含该函数原型所在的头文件,按照指定的格式调用,就能实现相应的功能。例如 printf 函数能够实现在标准输出设备显示器上"打印"信息,fabs 函数能够计算某表达式的绝对值,sqrt 函数能够计算某非负数的平方根等。C 语言提供了三百多个库函数,能够满足用户的编程需求。

如果系统提供的标准库函数无法满足用户编程需求,则需要根据问题算法自行设计编写相应的功能模块,这类由用户自己编写的功能模块称之为用户自定义函数。C 语言允许用户自己定义函数,自定义函数同标准库函数一样,可被其他函数调用,从而实现某种功能。

从函数定义的角度,函数分为库函数和用户自定义函数两种。除此之外,C 语言中的函数还可以从以下不同角度进行分类。

1. 从有无返回值角度分类

(1) 有返回值函数:此类函数调用结束后将向主调函数返回一个执行结果,称为函数的返回值。如数学函数 fabs 调用完成后将返回一个绝对值。用户自定义带返回值的函数时,必须指明返回值的数据类型。

(2) 无返回值函数:此类函数执行完成后不向主调函数返回执行结果,一般用于完成某项特定的处理任务。如用于提前结束代码执行的 exit 函数。由于函数无需返回值,用户在自定义此类函数时可指定它的返回值类型为 void 类型,即"空类型"。

2. 从有无参数角度分类

（1）无参函数：函数定义、调用时均不带参数，主调函数和被调函数之间不进行参数传递。如字符输入函数 getchar()。此类函数通常用来完成一组指定的功能，可以返回或不返回函数值。

（2）有参函数：函数定义、调用时都有参数。如 fabs 函数。在定义函数时出现在"()"中的参数称为形式参数（简称形参）。在函数调用时出现在"()"中的参数则称为实际参数（简称实参），如 fabs(-4)中的-4 就叫实参。进行函数调用时，主调函数把实参的值传送给形参，供被调函数使用。

3. 从功能角度分类

函数	功能	函数举例	所在头文件
字符类型测试函数	判断某字符所属的类型	isascii() isspace()	ctype.h
字符串函数	用于字符串操作和处理	strcpy()、strcmp()	string.h
数学函数	用于数学函数计算	fabs()、sqrt()	math.h
日期和时间函数	用于日期、时间转换操作	time()	time.h
进程控制函数	用于进程管理和控制	exit()	stdlib.h
文件函数	对文件信息进行操作	fopen()、fclose()	stdlib.h
目录路径函数	用于文件目录和路径操作	getdisk()	dir.h
诊断函数	用于内部错误检测	assert()	assert.h
输入输出函数	用于完成输入输出功能	scanf()、printf()	stdio.h
接口函数	用于与 DOS,BIOS 和硬件的接口	sleep()	dos.h bios.h
内存管理函数	用于内存管理	free()、malloc()	stdlib.h malloc.h
其他函数	用于其他各种功能	line()	graphics.h 等

无论哪种类型的函数，都有着规定的调用方式，初学者应熟练掌握最基本、最常用函数的使用方法，其余部分在使用时可根据需要查阅有关手册。这一章的目的是学会如何把一个大规模问题分解成小的功能模块，并编写自定义函数来实现该模块的功能。

6.2　函数的定义与调用

6.2.1　函数定义的一般形式

C 语言规定，在程序中用到的所有函数，必须"先定义、后使用"。系统提供的标准库函数，如 scanf、printf 等，已在各自所在的头文件中定义好，因此使用标准库函数时只需把它们所在的头文件包含进来即可。例如要调用 scanf 函数，只需要在程序的开头添加 #include

<stdio.h>宏命令就可以。那么用户该如何定义自己设计的实现某一特定功能的函数呢？

C语言规定函数不能嵌套定义，自定义函数只能定义在 main 函数的{}之外，不能定义在{}之内。但是定义好的函数却可以嵌套调用。自定义函数和标准库函数的定义形式是一样的，都包含了函数头和函数体两部分：

```
函数返回值类型 函数名(数据类型 形参变量名 1,数据类型 形参变量名 2,…… )
{
    函数体代码
}
```

例 1：标准库函数 fabs 函数的定义形式。

```
double fabs ( double x )
{
    ……
}
```

函数 fabs 的返回值类型为 double 型，函数名为 fabs，函数形式参数有 1 个，这个形式参数的数据类型为 double 型。fabs 函数是一个有参数、有返回值的函数。

例 2：标准库函数 getchar 函数的定义形式。

```
int getchar ()
{
    ……
}
```

函数 getchar 的返回值类型为 int 型，函数名为 getchar，该函数没有形式参数。当函数调用成功时会返回从键盘读入的字符，若文件结束或出错，返回-1。getchar 函数是一个无参数、有返回值的函数。

例 3：标准库函数 exit 函数的定义形式。

```
void exit ( int code )
{
    ……
}
```

函数 exit 无返回值，显式声明为 void 类型，函数名为 exit，有 1 个形式参数，形参的类型为 int 型。exit 函数是一个有参数、无返回值的函数。

例 4：自定义求两数中最大数的函数 max。

```
1  int max ( int  a , int  b )
2  {
3      if ( a >b )         //如果a大于b
4          return a;       //则返回a的值
5      else                //否则
6          return b;       //返回b的值
7  }
```

函数 max 是用户自定义的函数,该函数的返回值为 int 类型,函数名为 max,函数名的命名遵循标识符的命名规则;函数有 2 个形式参数,均为 int 型变量。函数体代码的功能是返回两个形参中值较大的那个形参。

例 5:自定义打印一行*的函数 PrintStar。

```
1  void PrintStar ( void )
2  {
3      printf("***************************\n");
4  }
```

例 6:自定义打印输出"This is my first function"字符串的函数 PrintLetter。

```
1  void PrintLetter (void)
2  {
3      printf("This is my first function\n");
4  }
```

函数 PrintStar 与 PrintLetter 均为用户自定义的函数,由于仅用于打印一行文本,故这两个函数无需返回值,其返回值类型直接定义为 void 类型;且无需进行数据传递,其形参类型也直接定义为 void 类型。

6.2.2 函数的调用方式

使用函数实现某种功能的过程叫作函数调用。如调用 scanf 函数能够实现从键盘读入数据到某变量中的功能,调用 printf 函数能够实现在显示器上"打印"变量的值的功能。我们把调用其他函数的函数叫作主调函数(例如 main 函数调用 printf 函数,main 函数就叫作主调函数)。被其他函数调用的函数(例如被 main 函数调用的 printf 函数)叫作被调函数。

定义函数时函数参数的有无、返回值的有无决定了函数调用方式的不同。

1. 有返回值函数的调用

(1)出现在表达式里。有返回值的函数可以把函数的返回值赋值给某变量或作为表达式的一部分参与运算。

【例 6-1】 从键盘输入 2 个数,调用例 4 中的 max 函数,输出 2 个数中的大数。

```
1  #include<stdio.h>
2  int  max( int  a , int  b )
3  {
4      if ( a >b )
5          return a;
6      else
7          return b;
8  }
9  int main()
10 {
11     int  a , b , c;
```

```
12        scanf( "%d%d" , &a , &b );
13        c =max( a , b ); //将函数 max 的返回值赋给变量 c
14        printf("max =%d\n" , c );
15        return 0;
16 }
```

程序运行结果如图 6 - 1 所示。

图 6 - 1   程序运行结果

（2）出现在另一个函数的实参里。函数的返回值还可以作为另一个有参函数的实参出现。上述 main 函数的代码还可以写成如下形式。

```
int main()
{
    int  a , b;
    scanf("%d%d", &a , &b);
    printf("max =%d\n" , max( a , b ));//函数 max 的返回值作为 printf 函数的实参
    return 0;
}
```

2. 无返回值函数的调用

无返回值的函数不能出现在表达式里，只能以函数调用语句的形式被使用。

【例 6 - 2】 调用例 5、例 6 中的两个自定义函数 PrintStar 和 PrintLetter，实现输出如图 6 - 2 所示内容。

```
1  #include < stdio.h >
2  void PrintStar( void )
3  {
4      printf("***************************\n");
5  }
6  void PrintLetter( void )
7  {
8      printf("This is my first function\n");
9  }
10 int main()
11 {
12    PrintStar();//函数调用语句
13    PrintLetter();   //函数调用语句
14    PrintStar();//函数调用语句
```

```
15     return 0;
16  }
```

图 6-2 程序运行结果

6.2.3 被调函数的声明和函数原型

在例 6-1 和例 6-2 中,自定义函数 max、PrintStar、PrintLetter 都是定义在 main 函数的上方,也就是在被 main 函数调用之前定义。如果把自定义函数定义在 main 函数的下方,则程序将无法通过编译。因此,对于定义在后,被调用在前的函数,必须在主调函数调用该函数之前进行函数原型声明。进行函数原型声明的主要目的是告诉编译器被调函数的参数类型、参数个数、返回值类型等信息,以便编译器进行匹配检查,防止可能出现的错误。

函数原型声明一般格式如下:

函数返回值类型 被调函数名(数据类型 形参,数据类型 形参…);

或为:

函数返回值类型 被调函数名(数据类型,数据类型…);

函数原型声明的语法格式通常与函数定义的函数头一致,唯一的区别是函数原型声明的末尾多了一个分号。

【例 6-3】 调用 max 函数,输出 2 个数中的大数(max 函数定义在后时的代码)。

```
1   #include<stdio.h>
2   int main()
3   {
4       int  max(int a , int b);//由于 max 定义在后,故需提前进行函数原型声明
5       int  a , b , c ;
6       scanf("%d%d" , &a , &b );
7       c =max( a , b ); //将函数 max 的返回值赋给变量 c
8       printf(" max =%d\n" , c );
9       return 0;
10  }
11  int max(int a, int b) //max 函数定义在 main 函数之后
12  {
13      if(a >b)
14          return a;
15          else
```

```
16      return b;
17 }
```

main 函数中对 max 函数的原型声明还可以写为 int   max (int , int)。

C 语言中无需进行函数原型声明的情况有以下几种：

（1）如果被调函数的返回值为整型或字符型时，可以不提前声明被调函数而直接调用。这时系统将自动对被调函数的返回值按整型处理。

（2）当被调函数定义在主调函数之前时，在主调函数中可以不对被调函数做原型声明。如例 6－1 中，函数 max 定义在 main 函数之前，因此 main 函数中不必进行 max 函数原型声明。

（3）对库函数的调用不需要做原型声明，但必须把该函数所在的头文件用 include 命令包含在源文件前部。

6.3　向函数传递值和从函数返回值

6.3.1　向函数传递值

前面已经介绍过，根据有无参数，函数可分为有参函数和无参函数两类。无参函数在被调用时不和主调函数进行参数传递，因此，只有有参函数需要进行参数传递。

函数参数分为形式参数和实际参数两种。形式参数简称形参，是出现在函数定义中的变量。形参变量只有在函数被调用时才分配内存单元，在调用结束时，即刻释放所分配的内存单元，因此，形参只在函数内部有效。函数调用结束返回主调函数后则不能再使用该形参变量。

实际参数简称实参，实参出现在主调函数中。实参可以是常量、变量、表达式、函数等，无论实参是何种类型的量，在进行函数调用时，它们都必须具有确定的值，以便把这些值传送给形参变量。因此应预先用赋值、输入等办法使实参获得确定值。进入被调函数后，实参变量也不能使用。

形参和实参的功能是作数据传送。在调用有参函数时，必须根据被调函数的函数原型为有参函数提供与其形参数量、类型、顺序严格一致的实际参数，否则会发生"类型不匹配"的错误。如例 6－1 在 main 函数中通过"c＝max(a , b);"调用函数 max 时，需要提供 2 个 int 型的实际参数，如果写成 c＝max(a);，就会出现调用错误。

函数调用中发生的数据传递是单向的。即只能把实参的值传送给形参变量，而不能把形参变量的值反向传送给实参，我们把这种参数传递方式叫作按值传递。在按值传递时，形参变量值的改变不会影响到实参变量的值。

【例 6－4】　编写函数 swap，该函数的功能是交换两个变量的值。

```
1  #include<stdio.h>
2  void swap( int x , int y )
3  {
4      int  t;
5      printf("swap 函数中:交换前 x、y 的值:");
```

```
6      printf("x =%d , y =%d\n" , x , y);
7      t =x;
8      x =y;
9      y =t;
10     printf("swap 函数中:交换后 x、y 的值:");
11     printf("x =%d , y =%d\n" , x , y);
12 }
13 int main()
14 {
15     int  a =3 , b =4;
16     printf("main 函数中:调用 swap 前 a、b 的值:");
17     printf("a =%d , b =%d\n" , a , b);
18     swap( a , b);
19     printf("main 函数中:调用 swap 后 a、b 的值:");
20     printf("a =%d , b =%d\n" , a , b);
21     return 0;
22 }
```

程序运行结果如图 6-3 所示。

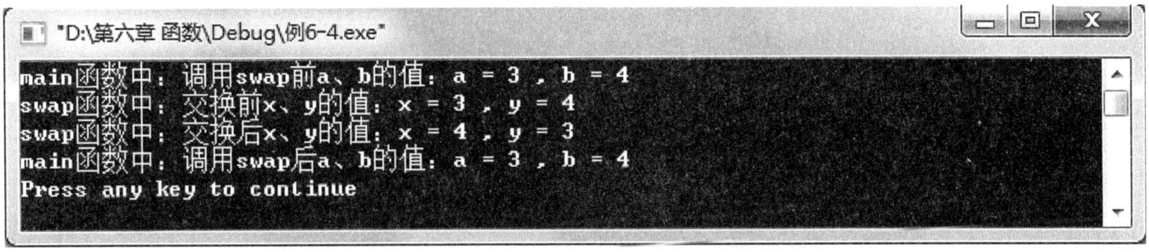

图 6-3 程序运行结果

从运行结果不难看出,在调用 swap 函数时,交换的仅仅是形参变量 x、y 的值。swap 函数调用结束后,主函数中的实参变量 a、b 的值并没有交换。也就是说形参变量值的改变并不会影响实参变量的值,数据的传递是单向的,即只能从实参传递给形参,而不能从形参传递给实参。要让形参值改变反向传递给实参,请参阅第 8 章的 8.3 节指针作为函数参数。

6.3.2 从函数返回值

函数返回值是指函数被调用、执行函数体中的程序段后所取得的返回给主调函数的值。如调用 fabs 函数取得绝对值,例 4 中调用 max 函数取得最大数等。

函数返回值的类型可以是任意合法的 C 语言数据类型,如 fabs 函数返回值的类型为 double 型,getchar 函数返回值的类型为 int 型。如果函数没有返回值,则一般将函数返回值的类型明确定义为 void 类型。如果在定义时不指明函数返回值的类型,默认该函数返回值的类型为整型。

用户自定义有返回值的函数时,可使用 return 语句返回一个值给主调函数。

return 语句的一般形式为：

```
return 表达式;
```

或者为：

```
return (表达式);
```

该语句的功能是计算表达式的值,并返回给主调函数。在函数体中允许有多个 return 语句,但每次调用函数时只能有一个 return 语句被执行,因此用 return 语句只能实现返回一个值。此外,在用 return 语句返回一个值时,一般应和函数头中定义的函数返回值类型保持一致。如果两者不一致,则以函数头中定义的类型为准,自动进行类型转换。

我们以求组合数 $C_m^n = \dfrac{m!}{n!\ (m-n)!}$ 为例,深入介绍有返回值函数的定义方法以及程序的模块化编写方法。

要求组合数 C_m^n,只需计算出 $m!$、$n!$、$(m-n)!$ 这 3 个阶乘值,再进行算术运算。这三个阶乘值计算时只是参数不同,求阶乘的功能则完全一样。如果我们能够自己编写一个函数 f(n) 用于计算 n 的阶乘,则该组合数问题就简化为调用函数 f(n) 三次,再进行算术运算的问题。

编写函数 f(n) 的思路：

(1) 确定函数的名字:Facterial 是阶乘的英文单词,我们取该单词的前四个字母 Fact 作为函数名,做到见名知意；

(2) 确定函数的形式参数的个数及其类型:求阶乘时只需要一个形参变量 n,该变量为整型；

(3) 确定函数的返回值及其类型:阶乘值就是要返回给主调函数的值,可用 return 语句返回。由于 n 较大时,阶乘值也会变得很大,所以把阶乘值定义为 double 型,以表示更大范围的数值。

【例 6 - 5】 编写函数计算整数 n 的阶乘 n!。

/* 函数功能:用迭代法计算 n!。

函数形参:整型变量 n,n 表示阶乘的阶数。

函数返回值:计算出的 n! 的值 */。

```
1  double Fact( int n )
2  {
3      double  p =1;
4      int  i;
5      for(i =1; i <=n; i++)
6          p =p * i;
7      return p;          //用 return 语句返回变量 p 的值,p 的值即为求出的阶乘值
8  }
```

【例 6 - 6】 调用例 6 - 5 的函数 Fact,计算组合数 $C_m^n = \dfrac{m!}{n!\ (m-n)!}$。

```
1  #include< stdio.h>
2  double Fact( int  n);//对 Fact 进行函数原型声明
```

```
3   int main()
4   {
5       int  m , n , t;
6       double  cmn;
7       printf("请输入 2 个正整数 m 和 n:");
8       scanf("%d%d" , &m , &n );
9       if ( m < n )
10      { t =m; m =n; n =t; }
11      cmn =Fact(m)/( Fact(n) *Fact(m -n) );//调用 Fact 函数计算三个阶乘值
12      printf("cmn =%.f\n" , cmn);
13      return 0;
14  }
15  double Fact( int n )//求阶乘函数 Fact 定义在 main 函数之后
16  {
17      double  p =1;
18      int  i;
19      for(i =1;i <=n;i++)
20          p =p *i;
21      return p;          //用 return 语句返回变量 p 的值,p 的值即为求出的阶乘值
22  }
```

程序运行结果如图 6 - 4 所示。

图 6 - 4　程序运行结果

【例 6 - 7】　编写函数 fun,其功能是计算 s = 1 + 2 + 3 +…+ n 的自然数之和,若 n 的值为 100,则 s 的值为 5050,若 n 的值为 10,则 s 的值为 55。

```
1   #include<stdio.h>
2   int fun( int  n )
3   {
4       int  i , s;
5       s =0;
6       for(i =1;i <=n;i++)
7       {
8           s =s + i;
9       }
10      return s;
11  }
```

```
12 int main()
13 {
14     int n , sum;
15     printf("请输入一个自然数n:");
16     scanf("%d" ,&n );
17     sum =fun(n);//调用 fun 函数计算前 n 个自然数之和,并把和赋值给 sum
18     printf("s =%d\n" , sum);
19     return 0;
20 }
```

程序运行结果如图 6-5 所示。

图 6-5   程序运行结果

【例 6-8】   用函数 fun 计算 π 的值,要求精确到 1e-6。

【问题求解方法分析】   在【例 5-6】中已经给出了求 π 的算法。只需增加对函数 fun 的定义,并在函数体中用 return 语句把算出的 pi 值返回给主调函数即可。

```
1  #include<stdio.h>
2  #include<math.h>//程序中调用绝对值函数 fabs(),需包含 math.h 头文件
3  double fun ( double e )
4  {
5      int  flag;
6      int  i;
7      double  term;//term 存放累加通项第 i 项的值
8      double  pi;
9      flag =1;    //flag 存放第 i 项的正负号,第 1 项为正号
10     pi =0;      //存放累加和的变量 pi 清零
11     i =1;       //循环控制变量初值为 1
12     term =flag * (1.0 / i);//计算要累加的第 1 项
13     while(fabs(term) >=e )//当|term|大于等于形参指定的精度 e 时,执行循环
14     {
15         pi =pi + term;
16         flag =- flag;
17         i =i + 2;
18         term =flag * (1.0 / i);
19     }
20     pi =pi *4;
```

```
21    return  pi;//返回求出的pi值
22 }
23 int main()
24 {
25    double  e;//求值精度
26    double  pi; //变量pi存放求出的pi值
27    printf("请输入计算精度:");
28    scanf("%lf" , &e);
29    pi =fun(e);
30    printf("pi =%lf\n" , pi);
31    return 0;
32 }
```

程序运行结果如图6-6所示。

图6-6　程序运行结果

【例6-9】 编写函数IsPrime,判断一个整数是否为素数,若是素数返回1,若不是素数返回0。

【问题求解方法分析】 在例5-8中是利用2~(m-1)的数和m一一进行整除运算来判断素数的。在函数IsPrime中通过增加一个标志变量yes来标志素数的状态。如果判断m是素数,则将标志变量yes的值设置为1;如果m不是素数,则将标志变量yes的值设置为0,最后返回yes的值。

```
1  #include<stdio.h>
2  int IsPrime( int m )
3  {
4     int  i;
5     int  yes =1;//设置标志变量初始值为1,默认数m是素数
6     for(i =2; i <=m - 1; i++)
7     {
8        if(m%i ==0) //若m能整除i,说明m不是素数
9        {
10          yes =0;//将标志变量的值改为0
11          break;
12       }
13    }
14    return yes;//返回标志变量的值
15 }
```

```
16 int main()
17 {
18     int m , yes;
19     printf("请输入一个正整数 m:");
20     scanf("%d" , &m);
21     yes =IsPrime(m); //调用函数 IsPrime 判断 m 是否为素数,返回值赋给变量 yes
22     if(yes)
23         printf("%d 是素数!\n" , m);
24     else
25         printf("%d 不是素数!\n" , m);
26     return 0;
27 }
```

程序运行结果如图 6-7 所示。

图 6-7　程序运行结果

【例 6-10】　从键盘输入一个正整数 k(2 ⩽ k ⩽ 10000),利用例 6-9 中的函数 IsPrime 计算数 k 的所有质因子。例如输入整数 2310,则应输出 2,3,5,7,11。

```
1  #include<stdio.h>
2  int IsPrime( int m); //对 IsPrime 函数进行原型声明
3  int main()
4  {
5      int  j,k;
6      printf("请输入一个 2~ 10000 的正整数 k:");
7      scanf("%d" , &k);
8      printf("%d 的质因子为:" , k);
9      for(j =2; j< k; j++)
10     if((k%j ==0)&&(IsPrime(j)))
11         printf("%4d," , j);
12     printf("\n");
13     return 0;
14 }
15 int IsPrime( int m ) //IsPrime 函数定义在 main 函数之后
16 {
17     int  i;
18     int   yes =1; //设置标志变量初始值为 1,默认数 m 是素数
19     for(i =2; i <=m - 1; i++)
```

```
20          {
21              if(m%i ==0) //若m能被i整除,说明m不是素数
22              {
23                  yes =0;   //将标志变量的值改为0
24                  break;
25              }
26          }
27      return yes;//返回标志变量的值
28 }
```

程序运行结果如图6-8所示。

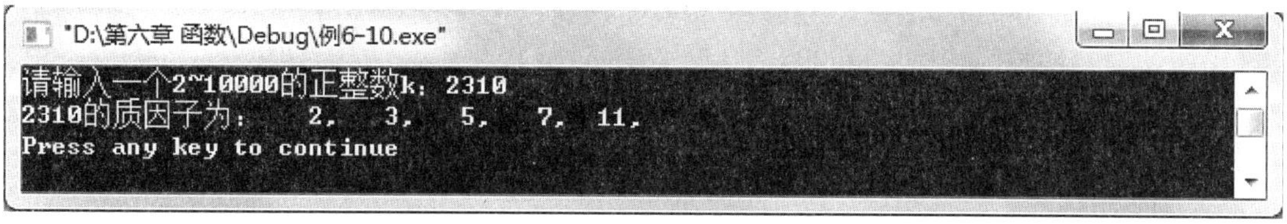

```
■ "D:\第六章 函数\Debug\例6-10.exe"
请输入一个2~10000的正整数k: 2310
2310的质因子为：   2,   3,   5,   7,  11,
Press any key to continue
```

图6-8　程序运行结果

【例6-11】　计算一个正整数的各位上的数字之积,例如252各位数字之积为20。

```
1 #include<stdio.h>
2 long  fun (long num)
3 {
4     long  k =1;   //变量k存放各位数字之积
5     int  t;       //变量t存放分离出的末位数字
6     do
7     {
8         t =num%10;      //分离出数num的末位数字
9         k =k *t;        //累乘分离出的末位数字
10        num =num / 10;  //去掉分离出的末位数字,得到剩余高位数
11    } while( num );
12      return  (k);      //返回累乘积
13 }
14 int main( )
15 {
16    long  n;
17    printf("请输入一个正整数 n:");
18    scanf("%ld" ,&n);
19    printf("%ld 的各位数字之积为:%ld\n" , n , fun(n));
20    return 0;
21 }
```

程序运行结果如图6-9所示。

图 6-9 程序运行结果

6.4 函数的嵌套调用

当一个函数在 C 语言程序里既是主调函数又是被调函数,此时就出现了函数的嵌套调用。即该函数既调用别的函数,又被其他函数所调用。

【例 6-12】 编写代码求 $s = 1! + 2! + 3! + 4! + \cdots + n!$,当 $n = 5$ 时,$s = 153$。要求用例 6-5 求阶乘的函数 Fact 来计算 n!。并定义一个函数 Sum 来计算 $1! + 2! + \cdots + n!$,函数 Sum 的返回值为算出的阶乘之和。

```
1   #include<stdio.h>
2   double Fact( int n );//对 Fact 进行函数原型声明
3   double Sum( int n );//对求和函数进行函数原型声明
4   int main()
5   {
6       int  n;
7       double  s;
8       printf("请输入一个正整数 n: ");
9       scanf( "%d" , &n );
10      s =Sum(n); //调用 Sum 函数,计算 1!+…+ n!之和,并赋值给变量 s
11      printf("前%d 项阶乘之和=%.1f\n", n , s );
12      return 0;
13  }
14  double Fact( int n )//求阶乘函数 Fact 定义在 main 函数之后
15  {
16      double  p =1;
17      int  i;
18      for(i =1; i <=n; i++)
19          p =p *i;
20      return p;        //用 return 语句返回阶乘值 p
21  }
22  double Sum( int n )
23  {
24      double  sum =0;
25      int  i;
26      for(i =1; i <=n; i++)
27          sum =sum + Fact(i);    // 调用 Fact(i),依次求出各阶乘值并累加
```

```
28      return sum;        //用 return 语句返回 1!到 n!的累加和
29 }
```

程序运行结果如图 6 - 10 所示。

图 6 - 10 程序运行结果

本例中,main 函数调用 Sum 函数实现了累加求和的功能,Sum 函数是 main 的被调函数。Sum 函数在被 main 函数调用、执行自身函数体的过程中,又多次调用了 Fact 函数,即 Sum 函数是 Fact 函数的主调函数,Fact 函数是 Sum 函数的被调函数。Sum 函数既是 main 函数的被调函数,又是 Fact 函数的主调函数,这种情况就叫函数的嵌套调用。

6.5 函数的递归调用与递归函数

递归调用是嵌套调用的特例,即函数在执行过程中直接或间接的自己调用自己。此类函数也把它称为递归函数,递归函数用于处理递归问题。

一个递归函数包含如下两部分:

(1) 基线情况:递归调用的最简形式,即能够终止递归调用过程的条件。

(2) 一般情况:递归循环继续的过程,是一个与原始问题类似的更小规模的子问题,它使递归过程持续进行。

【例 6 - 13】 编写函数 fun,用递归法求 n!,函数 fun 将返回 n 的阶乘值。

数学中对阶乘的递归定义如下:

$$n! = \begin{cases} 1, & n = 0, 1; \\ n \times (n-1)!, & n \geqslant 2. \end{cases}$$

```
1  #include<stdio.h>
2  double   Fact( int n )
3  {
4      if(n==1 || n==0) //基线情况,即递归终止条件
5          return 1;
6      else           //一般情况
7          return n * Fact(n - 1); //递归调用,利用(n - 1)!计算 n!
8  }
9  int main()
10 {
11     int  n;
12     scanf("%d" , &n);
```

```
13      printf("%d! =%.1f\n", n , Fact(n));
14      return 0;
15 }
```

以 5!的递归计算为例：

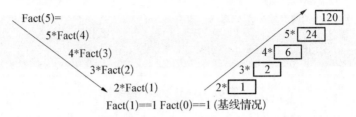

在调用函数 Fact(5)计算 5!的时候,执行了 else 分支的语句 return 5∗Fact(5−1);。即 Fact(5)函数在执行 else 分支的时候,自己直接调用了自己 Fact(4)。

Fact(4)函数在计算 4!的时候,执行了 else 分支的语句 return 4∗Fact(4−1);。即 Fact(4)函数在执行 else 分支的时候,自己直接调用了自己 Fact(3)。

Fact(3)函数在计算 3!的时候,执行了 else 分支的语句 return 3∗Fact(3−1);。即 Fact(3)函数在执行 else 分支的时候,自己直接调用了自己 Fact(2)。

Fact(2)函数在计算 2!的时候,执行了 else 分支的语句 return 2∗Fact(2−1);。即 Fact(2)函数在执行 else 分支的时候,自己直接调用了自己 Fact(1)。

Fact(1)函数在计算 1!的时候,由于形参 n 的值为 1,满足基线条件,将执行 if 分支的语句 return 1。此时函数 Fact(1)将返回基线条件的值 1,终止递归调用。

【例 6-14】 用递归法求 Fibonacci 数列的第 n 项。

$$\text{Fibonacci(n)} = \begin{cases} 1, n = 1, 2; \\ \text{Fibonacci}(n-1) + \text{Fibonacci}(n-2), n \geqslant 3. \end{cases}$$

```
1  #include < stdio.h >
2  long Fib( int  n )
3  {
4      if(n ==1||n ==2)
5          return 1;
6      else
7          return Fib(n - 1) + Fib(n - 2);
8  }
9  int main()
10 {
11     long  fib;
12     int  n;
13     printf("读入 n:  ");
14     scanf("%d" , &n);
15     fib =Fib(n);
16     printf("Fibonacci(%d) =%ld\n" , n , fib);
```

```
17      return 0;
18 }
```

程序运行结果如图 6-11 所示。

图 6-11 程序运行结果

从例 6-13 和例 6-14 可以看出,递归在解决某些问题时使得我们思考的方式得以简化,用递归编写程序更直观、更清晰、更逼近数学公式的表示。但是由于递归时要层层嵌套调用函数,增加了函数调用的时空成本,导致递归程序的时空效率偏低。

以计算 Fib(5)为例:

图 6-12 在计算 Fib(5)的过程中,Fib(1)计算了 2 次、Fib(2)计算了 3 次,Fib(3)计算了 2 次,本来只需要 5 次计算就可以完成的任务却计算了 9 次。随着问题规模的增加,函数 Fib 中的每一层递归有加倍增长函数调用次数的趋势。因此为了提高程序的执行效率,尽量用迭代形式替代递归形式,如例 6-5 就是用迭代法来计算阶乘的。

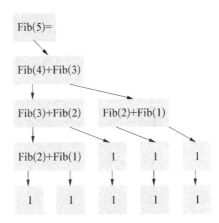

图 6-12 Fib(n)递归调用过程

6.6 变量的作用域和存储类型

6.6.1 变量的作用域

变量的作用域是指变量在 C 语言程序中起作用的范围,变量的作用域决定了程序中的哪些语句可以使用它。

变量的作用域分为块作用域和文件作用域两种。

1. 块作用域

程序中被大括号括起来的区域,叫作语句块(Block)。函数体就是语句块,分支语句和循环体通常也是语句块。在语句块内定义的变量叫作局部变量,其作用域称为块作用域,作用范围从定义行开始,到语句块的右大括号为止。引入块作用域的目的是为了解决标识符的同名问题。

分析下面变量的作用域:

```
int fun1( int a )    //形参变量 a 为局部变量,仅在 fun1 内有效
{
    int b , c;       //b、c 在 fun1 函数体内定义,为局部变量,仅在 fun1 内有效
    …                a、b、c 的作用域
}
char fun2( int a , int b )  //形参变量 a、b 为局部变量,仅在 fun2 内有效
{
    …  a、b 的作用域
}
main()
{
    int m , n;       //变量 m、n 在 main 函数体内定义,为局部变量,仅在 main 内有效
    …                m、n 的作用域
}
```

说明:

(1) 主函数中定义的变量(如 m,n)也只在主函数中有效,并不因为在主函数中定义而在整个文件或程序中有效。主函数也不能使用其他函数中定义的变量,如不能使用 fun1 中定义的变量 a、b、c。

(2) 不同函数体内定义的变量各自处于不同的作用域,因此可以同名。它们代表不同的对象,互不干扰。例如上文 fun1 函数中定义的变量 a、b 和 fun2 函数中定义的变量 a、b 虽然同名,但因处于不同的作用域,各自占用不同的内存单元,互不混淆。

(3) 形参变量也是局部变量,例如上面 fun1 函数中的形参变量 a,也只在 fun1 函数中有效。其他函数可以调用 fun1 函数,但不能直接引用 fun1 函数的形参变量 a。

(4) 在一个函数内部,可以在复合语句(语句块)内定义变量,这些变量只在本复合语句(语句块)内有效。

(5) 当在函数体语句块内出现复合语句(语句块)时,在复合语句(语句块)内出现的同名局部变量将被优先使用。

【例 6-15】 分析下列程序的执行结果。

```
1  #include<stdio.h>
2  int main()
3  {
4      int  i =100, j =200, k =300;
5      printf("%d%d%d\n", i , j , k );
6      {
7          int  i =500, j =600;
8          k =i + j;
9          printf("%d%d\n" , i , j );
10     }
11     printf("%d%d%d\n" , i , j , k );
12     return 0;
13 }
```

在 main 的函数体语句块内,第 4 行局部变量 i、j、k 的作用域从定义行开始到第 12 行结束。在第 7 行定义的局部变量 i、j 是在复合语句(语句块)内定义的,其作用域从定义行开始到第 10 行结束。第 7 行定义的局部变量 i、j 与第 4 行的局部变量 i、j 同名,此时,程序计算第 8 行时将优先引用复合语句(语句块)内定义的变量 i、j,即第 7 行定义的变量 i、j 来计算 k 的值,即 k = 500 + 600。程序第 9 行输出 i、j 的值时也将优先引用复合语句(语句块)内定义的变量 i、j,即第 7 行定义的变量 i、j 的值,第 9 行将输出"500 600"。当执行到第 11 行时,由于已经不是复合语句(语句块)内的局部变量 i、j 的作用域,故第 11 行将输出第 4 行定义的局部变量 i、j 的值,即第 11 行将输出"100 200 1100"。

程序运行结果如图 6 - 13 所示。

图 6 - 13 程序运行结果

2. 文件作用域

在函数体外部定义的变量叫作全局变量,也叫外部变量。其作用域从定义行开始到整个源程序最后一行结束,作用范围在整个源程序中都有效,即源程序中的所有函数都可以访问修改该变量的值。全局变量的作用域叫作文件作用域。

全局变量的说明:

(1) 在一个函数之前定义的全局变量,该函数可以直接使用它。

(2) 在一个函数之后定义的全局变量,由于全局变量的作用范围是从定义行开始到文件终,因此在定义点之前的函数想要引用该全局变量,则应该在引用之前用关键字 extern 对该变量做"外部变量声明",将其作用域扩展到"声明"处。有了此声明,才可以从"声明"处起,合法地使用该外部变量。

(3) 在同一个源文件中,当全局变量与局部变量同名时,将优先引用局部变量。在局部变量的作用范围内,全局变量被"屏蔽",即它不起作用。

【例 6 - 16】 分析下列程序的执行结果。

```
1   int C;//C 为全局变量,main 与 max 函数都可以直接访问
2   int main()
3   {
4       int  max( );
5       extern  A , B;//声明全局变量 A、B
6       scanf("%d%d" , &A , &B );
7       C =max(A,B);
8       printf("max =%d\n" , C );
9       return 0;
10  }
```

```
11 int   A，B;//A、B为全局变量,定义在main函数之后,max函数之前
12 int max( )
13 {
14      int   m;//局部变量m
15      m =A>B? A:B;
16      return(m);
17 }
```

程序的第1行定义了全局变量C,其作用域从第1行开始到最后一行17行结束。第11行定义了全局变量A、B,其作用域从第11行开始到最后一行17行结束。而main函数的第6行、7行引用了全局变量A、B的值,超出了A、B的作用域。因此需增加一行对全局变量A、B进行声明的代码,也就是程序的第5行,否则将无法通过编译。

程序运行结果如图6-14所示。

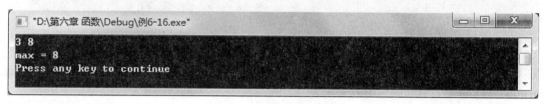

图 6-14   程序运行结果

在本例中,max函数与main函数均对全局变量A、B进行了访问。全局变量为不同函数间提供了数据交换的通道,但由于所有的函数都可以修改全局变量的值,所以很难确定是哪个函数在什么地方改写了它,这就给程序的调试和维护带来困难。也就是说全局变量破坏了函数的封装性,因此建议尽量不要使用全局变量,不得不使用时一定要严格限制,尽量不在多个地方随意修改其值。

【例 6-17】 全局变量与局部变量同名。

```
1  int   a =3，b =5;
2  int max(int a，int b)
3  {                          a,b 为形参变量,
4       return ( a >b ? a : b );    只在max函数内可用
5  }
                                                    a, b 为全局变量,
6  int main()                                       max 与 main 函数均
7  {                                                 可访问
8       int   a =8;
9       int   c;
10      c =max( a，b );          c 为局部变量,只在
11      printf("max =%d\n"，c );   main 函数内可用
12      return 0;
13 }
```

在main函数的第10行调用max函数时,将传递实参变量a和b的值。由于处在第8行的局部变量a的作用范围内,因此,全局变量a的值3将被屏蔽,优先引用主函数中的局

部变量 a 的值 8。实参变量 b 的值则是第 1 行定义的全局变量 b 的值 5,因此,第 10 行调用 max 函数时其实是调用了 max(8,5)。

程序运行结果如图 6-15 所示。

图 6-15　程序运行结果

6.6.2　变量的存储类型

变量的作用域是从空间的角度来观察的,反映了变量的作用范围。

变量的存储类型则是从时间的角度,即变量生存期的角度来观察,何时给变量分配内存空间、何时收回为变量分配的内存空间。

变量的存储类型分为 4 类,auto、register、static、extern。变量的存储类别不一样,其存储方式就不一样。auto 变量存储在动态存储区;static、extern 变量存储在静态存储区;register 变量存放在 CPU 的寄存器中。

1. auto 变量

auto 变量也叫自动变量,或动态局部变量。前面所有章节的例子中在函数体内定义的局部变量、函数的形参变量以及在复合语句中定义的变量,默认都是 auto 存储类型的变量。即 auto 类型是变量缺省的存储类型。

auto 变量的定义格式:

```
auto 数据类型名 变量名;
```

有关自动变量的说明:

(1)自动变量的“自动”体现在进入语句块时自动申请内存,退出语句块时自动释放内存。因此自动变量属于动态存储类别,在内存的动态存储区分配内存单元。

(2)由于每次进入语句块时,都需为动态局部变量重新分配内存空间,因此,如果不为自动变量赋初值,则它的值是一个不确定的值。

例如:

```
1  int fun( int a ) //形参变量 a 存储类型默认为 auto 类型
2  {
3      auto  int b , c =3;//显式定义局部变量 b、c 为 auto 类型
4      printf( "b =%d , c =%d\n" , b , c);
5  }
```

形参变量 a 没有明确指明存储类型,则其存储类型默认为 auto 型。fun 函数的函数体内定义的局部变量 b、c 明确定义其为 auto 存储类型。当 fun 函数被调用时,将为形参变量 a、局部变量 b、c 动态分配存储单元,当 fun 函数调用结束时,将自动释放 a、b、c 所占的存储单元。在本例中,动态局部变量 b 没有赋初值,则执行第 4 行语句时,b 的值将输出一个随机数。

2. static 变量

如果希望函数中局部变量的值在函数调用结束后不消失而保留原值,这时就应该指定局部变量的存储类型为 static 类型,static 类型的局部变量也叫"静态局部变量",用关键字static 进行声明。

static 变量的定义格式:

```
static 数据类型名 变量名;
```

有关静态局部变量的说明:

(1) 静态局部变量的生存期为整个程序运行期间,从程序运行起就占据内存,程序运行过程中可以随时访问,直到程序退出时才释放内存。静态局部变量属于静态存储类别,在内存的静态存储区内分配存储单元。

(2) 静态局部变量只赋初值一次,如果没有明确给静态局部变量赋初值,编译时系统会为其自动赋初值 0(对数值型变量)或空字符(对字符变量)。

(3) 静态局部变量在函数第一次调用结束后,将保留其结果。当第二次进入函数时,静态局部变量的值仍然保持上一次退出函数前所拥有的值。

【例 6-18】 考察静态局部变量的值。

```
1  #include<stdio.h>
2  void funca()
3  {
4      int a =5;//auto 变量 a
5      a +=5;
6      printf("a =%d\n" , a );
7  }
8  void funcb()
9  {
10     static int b =5; //静态局部变量 b
11     b +=5 ;
12     printf("b =%d\n" , b );
13  }
14 int main()
15 {
16     funca();
17     funca();
18     funcb();
19     funcb();
20 }
```

main 函数中调用 funca 函数两次,每调用一次 funca 函数,都要为动态局部变量 a 重新申请内存空间、重新初始化为 5,因此 funca()两次调用的输出结果一样,都是 a = 10。

funcb 函数中的局部变量 b 为 static 类型,因此只在 funcb 函数第一次被调用时初始化为 5,并输出 b = 10。当 funcb 函数第二次被调用时,静态局部变量 b 中的值将保持 funcb 函

数第一次调用结束时的值 10,不再重新初始化为 5,因此第二次调用 funcb()时,将输出
b = 15。

程序运行结果如图 6 - 16 所示。

图 6 - 16　程序运行结果

【例 6 - 19】　打印 1 到 5 的阶乘值。

```
1   #include<stdio.h>
2   int fac(int n)
3   {
4       static  int p =1;//定义静态局部变量p
5       p =p *n;
6       return ( f );
7   }
8   int main()
9   {
10      int  i;
11      for(i =1;i <=5;i++)
12          printf("%d! =%d\n", i , fac(i) );
13      return 0;
14  }
```

程序的运行结果如图 6 - 17 所示。

图 6 - 17　程序运行结果

由于 fac 函数体中使用了静态局部变量 p,当 fac(1)调用结束,再次调用 fac(2)的时候,
p 将保持 fac(1)结束时的值 1,并累乘 2,p 的值变为 2。当 fac(2)调用结束,再次调用 fac(3)
的时候,p 将保持 fac(2)结束时的值 2,并累乘 3,p 的值变为 6。当 fac(3)调用结束,再次调
用 fac(4)的时候,p 将保持 fac(3)结束时的值 6,并累乘 4,p 的值变为 24。依此类推,调用函
数 fac(n)时就计算出了 n!。

3. register 变量

为了提高效率,C 语言允许将局部变量的值放在 CPU 的寄存器中,这种变量叫"寄存器变量",用关键字 register 声明。

register 变量的定义格式:

```
register 数据类型名 变量名;
```

现代编译器能自动优化程序,自动把普通变量优化为寄存器变量,忽略用户的 register 指定,所以一般无需特别声明变量为 register。

有关寄存器变量的说明:

(1) 只有动态局部变量和形式参数可以定义为寄存器变量。

(2) 一个计算机系统中的寄存器数目有限,不能定义任意多个寄存器变量。

4. extern 变量

在函数体外部定义的变量,叫作全局变量,也叫外部变量。外部变量如果没有指明其存储类别,则默认为 extern 类型。

extern 变量的定义格式:

```
extern 数据类型名 变量名;
```

有关外部变量的说明:

(1) 外部变量的生存期为整个程序运行期间,从程序运行起就占据内存,程序运行过程中可以随时访问,直到程序退出时才释放内存。外部变量属于静态存储类别,在内存的静态存储区内分配存储单元。

(2) 如果没有明确给外部变量赋初值,编译时系统会为其自动赋初值 0(对数值型变量)或空字符(对字符变量)。

课后习题

一、选择题

1. 下面程序的输出是   (   )

```
1   #include<stdio.h>
2   int m=13;
3   int fun2(int x, int y)
4   {
5       int m=3;
6       return(x*y-m);
7   }
8   int main()
9   {
10      int a=7, b=5;
11      printf("%d\n",fun2(a,b)/m);
12      return 0;
```

```
13 }
```

A. 1 　　　　　　　B. 2 　　　　　　　C. 7 　　　　　　　D. 10

2. 对以下程序，正确的说法是 　　　　　　　　　　　　　　　　　( )

```
1  int sub (char x,char y)
2  { int z; z =x%y; return  z; }
3  int main( )
4  {
5      int g =5,h =3,k;
6      k =sub(g,h);
7      printf("%d\n",k);
8      return 0;
9  }
```

A. 实参与其对应的形参类型不一致，程序不能运行

B. 被调函数缺少数据类型说明，程序不能运行

C. 主函数中缺少对被调函数的说明语句，程序不能运行

D. 程序中没有错误，可以正常运行

3. 如果一个函数位于 C 程序文件的上部，在该函数体内说明语句后的复合语句中定义了一个变量，则该变量 　　　　　　　　　　　　　　　　　　　　　( )

A. 为全局变量，在本程序文件范围内有效

B. 为局部变量，只在该函数内有效

C. 为局部变量，只在该复合语句中有效

D. 定义无效，为非法变量

4. 以下叙述中，不正确的是 　　　　　　　　　　　　　　　　　　( )

A. 在同一 C 程序义件中，不同函数中可以使用同名变量

B. 在 main 函数体内定义的变量是全局变量

C. 形参是局部变量，函数调用完成即失去意义

D. 若同一文件中全局变量和局部变量同名，则全局变量在局部变量作用范围内不起作用

5. 若主调函数类型为 double，被调用函数定义中没有进行函数类型说明，而 return 语句中的表达式类型为 float 型，则被调函数返回值的类型是 　　　　　　　( )

A. int 型 　　　　　　　　　　　　B. float 型

C. double 型 　　　　　　　　　　D. 由系统当时的情况而定

6. 以下程序的输出结果是 　　　　　　　　　　　　　　　　　　( )

```
1  #include< stdio.h>
2  int a,b;
3  void fun()
4  { a =100;  b =200; }
5  int main()
6  {
```

```
7        int a = 5,b = 7;
8        fun();
9        printf("%d%d\n",a,b);
10       return 0;
11  }
```

    A. 100200   B. 57   C. 200100   D. 75

7. C语言规定,除主函数外,程序中各函数之间   (   )

    A. 既允许直接递归调用也允许间接递归调用

    B. 不允许直接递归调用也不允许间接递归调用

    C. 允许直接递归调用不允许间接递归调用

    D. 不允许直接递归调用允许间接递归调用

8. 下面程序的输出是   (   )

```
1   int fun3(int x)
2   {
3       static int a = 3;   a += x;
4       return(a);
5   }
6   int main()
7   {
8       int k = 2,m = 1,n;
9       n = fun3(k);
10      n = fun3(m);
11      printf("%d\n",n);
12      return 0;
13  }
```

    A. 3   B. 4   C. 6   D. 9

二、阅读程序

1. 下面程序的运行结果是_____。

```
1   #include < stdio.h >
2   int fun(int n)
3   {
4       int  i;   int s;   s = 1;
5       for (i = 1; i <= n; i++)
6           s = s*i;
7       return s;
8   }
9   int main()
10  {
11      int s, k;
12      s = 0;
```

```
13          for (k=0; k<=5; k++)
14              s = s + fun(k);
15          printf("%d\n", s);
16          return 0;
17      }
```

2. 下面程序的运行结果是_____。

```
1   #include<stdio.h>
2   int main()
3   {
4       int max( int x , int y );
5       int a =1 , b =2 , c;
6       c =max( a , b );
7       printf( "max is%d\n" , c );
8       return 0 ;
9   }
10  int max( int x , int y )
11  {  return ( ( x >y ) ? x : y);  }
```

3. 有以下函数

```
1   void prt(char ch,int n)
2   {
3       int i;
4       for( i =1; i <=n; i++)
5           printf(i%6 !=0 ? "%c":"%c\n",ch);
6   }
```

执行调用语句 prt('*' , 24); 后,函数共输出了_____行*号。

三、程序设计

1. 编写函数 fun,其功能是求整数 x 的 y 次方的低 3 位值。例如,整数 5 的 6 次方为 15625, 此值的低 3 位值为 625。

2. 编写函数 fun,其功能是根据如下公式求 π 的值(要求精度为 0.0005)。

$$\frac{\pi}{2} = 1 + \frac{1}{3} + \frac{1 \times 2}{3 \times 5} + \frac{1 \times 2 \times 3}{3 \times 5 \times 7} + \frac{1 \times 2 \times 3 \times 4}{3 \times 5 \times 7 \times 9} + \cdots + \frac{1 \times 2 \times \cdots \times n}{3 \times 5 \times \cdots \times (2n + 1)}$$

3. 编写函数 fun,其功能是求表达式 s = aa…aa −…− aaa − aa − a。这里的 aa…aa 表示 n 个 a,a 和 n 的值在 1~9 之间。例如,a = 3,n = 6,则以上表达式为 S = 333333 − 33333 − 3333 − 333 − 33 − 3,其值为 296298。a 和 n 是 fun 函数的形参,函数返回值为该表达式的值。

4. 编写函数 fun,其功能是求 $f(x) = 1 + x - \dfrac{x^2}{2!} + \dfrac{x^3}{3!} - \dfrac{x^4}{4!} + \cdots + (-1)^{n-1}\dfrac{x^n}{n!}$ 的前 n 项之和。若 $x = 2.5, n = 15$,函数值为 1.917914。

5. 编写函数 fun,其功能是将两个两位数的正整数 a、b 合并成一个新数放在 c 中。合并方式为:a 的十位和个位数依次放在 c 的千位和十位上,b 的十位和个位依次放在 c 的百位和个位上。例如,当 a = 45,b = 12 时,调用该函数后 c = 4152。

【微信扫码】
本章参考答案

第7章

数　组

数组是一组具有相同类型的数据的集合,它是由某种类型的数据按照一定的顺序组成的,用下标来指示数组中元素的序号。当处理大量同类型的数据时,利用数组很方便。数组按其维数可以分为一维数组与多维数组,而在多维数组中最常用到的是二维数组。本章将首先介绍一、二维数组的基础知识和数组的使用方法,然后使用实例讲解数组的应用以及数组作为函数的参数等问题。

7.1　一维数组

由于数组是一种复合的数据类型,与之前的简单数据类型在定义和引用等方面会有所不同。本节主要讲解如何定义、引用以及初始化一个一维数组。

7.1.1　一维数组的定义

一维数组的定义形式如下:

```
类型标识符　数组名 [常量或常量表达式];
```

其中,类型说明符可以是 int、char 和 float 等类型,它表明每个数组元素所具有的数据类型。数组名的命名规则与变量完全相同,即必须为一个合法的自定义标识符。常量表达式的值是数组的长度,即数组中所包含的元素个数。

例如,用于存放某班级 10 名学生成绩的一维数组可如下定义:

```
float　score[10];
```

其中,score 是数组的名字,常量 10 指明这个数组有 10 个元素,下标从 0 开始,这 10 个元素是:score[0]、score[1]、score[2]、score[3]、score [4]、score[5]、score[6]、score[7]、score[8]、score[9],注意该数组中是没有数组元素 score[10]的。在 score 数组中每个元素都是 float 型。

在定义数组时,需要注意如下几个问题:

① 表示数组长度的常量表达式,必须是正的整型或字符型常量表达式,通常是一个整

型常量。因此 c 语言中 int a[3＋5]、char c['A'＋1]是合法的。数组的长度也可以用符号常量来表示,如

```
#define  N  10
int  a[N];
```

这种表示在 C 语言中是常用的一种表达数组长度的方法。

② C 语言不允许定义动态数组。也就是说,定义数组的长度不能使用变量。下面这种数组定义方式是不允许的。

```
int  n;
scanf("%d",&n);
int a[n];
```

在上面这个例子中,n 是一个变量,在 C 语言中变量不能用来定义数组长度。

③ 相同类型的数组和变量可以在一个类型说明符下一起说明,互相之间用逗号隔开。如

```
char  a[10], f, b[20];
```

它定义 a 具有 10 个元素的字符型数组,f 是一个字符型变量,b 是具有 20 个元素的字符型数组。

7.1.2 一维数组的引用

定义了数组以后,就可以引用其中的每一个元素。一维数组元素的表示方法如下:

数组名[下标表达式]

其中,下标表达式只能为整型变量及整型表达式。如为小数时,C 编译将自动取整。

例如,定义数组 scorc:

```
float  score[10];
```

其引用方法可以是:

```
score[0]=score[5]+ score[7]- score[2*3];
```

需要注意的是,在这个数组中没有 score[10]这个元素,因此"score[10]=90"这种引用数组元素的方法是错的。

在 C 语言中只能逐个引用数组元素而不能一次引用整个数组。同时,由于每个数组元素的作用相当于一个同类型的简单变量,所以对基本数据类型的变量所能进行的各种运算(操作),也都适合于同类型的数组元素。

【例 7－1】 输入 10 个整数,找出其中的最大值并显示出来。

```
1  #include<stdio.h>
2  int main()
3  {
4      int  a[10], max, i;
5      printf("请输入 10 个整数:\n");
```

```
6        for(i = 0; i < 10; i ++)
7            scanf("%d",&a[i]);
8        max = a[0];
9        for(i = 1; i < 10; i ++)
10           if(max < a[i])
11               max = a[i];
12       printf("10 个数中最大值为:max =%d\n",max);
13       return  0;
14   }
```

程序的输出结果如图 7-1 所示。

图 7-1   程序运行结果

【分析】   该程序首先定义一个含有十个元素的数组,以及 max 和 i 这两个整型变量。然后从键盘上输入十个数放到数组里面。将 a[0]的值赋为数组里面第一个元素的值,然后使用循环语句将 a[1]到 a[9]的值与之比较,将大的值放入 max 里,最终求出数组里的最大值赋给 max 并将 max 输出。

这个程序中需要注意的是,首先数组的输入要用循环语句逐个输入,不能整体引用数组;其次,对 max 进行初始化时,不能将其初始化为 0,而应该是数组里面第一个元素的值。

7.1.3   一维数组的初始化

数组的初始化是在定义数组的时候赋初值的一种操作。可以用以下方法对数组进行初始化。

① 对数组中的每一个元素赋予初值。如

```
int a[5]={1,2,3,4,5};
```

将数组元素的初值依次放在一对花括号内,每个初值之间由逗号隔开。a 数组经过上面的初始化后,每个数组元素分别被赋予如下初值。

```
a[0]=1,a[1]=2,a[2]=3,a[3]=4,a[4]=5
```

② 可以只给一部分元素赋初值。例如:

```
int a[5]={5,4,3};
```

这表示只给前面的 3 个元素分别赋初值 5,4,3,后 2 个元素值为 0。

③ 若想使一个数组中全部元素值都为 0,则可写成:

```
int a[5]={0,0,0,0,0};
```

或

```
int a[5]={0};
```

④ 在对全部数组元素赋初值时,可以不指定数组长度。例如:

```
int a[5]={1,2,3,4,5};
```

就可以写成:

```
int a[ ]={1,2,3,4,5};
```

在第二种写法中,花括号中有 5 个数,系统就会据此自动定义 a 数组的长度为 5。但若被定义的数组长度与提供初值的个数不相同,则数组长度不能省略。

需要注意的是若不对数组进行初始化,并且数组的存储类型不是 static,则其初值为随机值。图 7 - 2 表示了如何定义、引用和初始化一个数组 a。

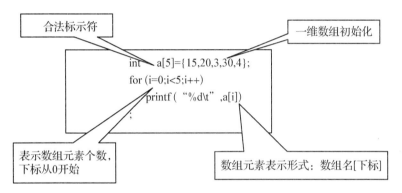

图 7 - 2 定义引用初始化数组示例

【例 7 - 2】 用数组来处理求 Fibonacci 数列的前 20 项。Fibonacci 数列有如下特点:前两项的值为 1,1,从第 3 项开始,取值是其前面两项取值之和。即

```
F 1 =1,(n =1)
F 2 =1,(n =2)
F n = F(n - 1)+ F (n - 2),(n >=3)
```

程序如下:

```
1   #include<stdio.h>
2   int main()
3   {
4      int i;
5      int f[20]={1,1};
6      for(i =2;i <20;i++)
7          f[i]=f[i - 2]+ f[i - 1];
8      for(i =0;i <20;i++)
9      {
10         if (i%5 ==0) printf("\n");      //控制每行输出 5 个数据
11         printf("%10d",f[i]);
```

```
12        }
13        printf("\n");
14        return 0;
15    }
```

运行结果如图7-3所示。

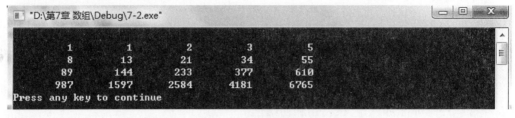

图7-3   程序运行结果

【分析】   该程序定义了整型数组f并对其前两项进行初始化为1,其他各项均为0,并使用循环语句将其余各项求出,然后再一次使用循环语句将数组里所有项输出。

7.2   二维数组

7.2.1   二维数组的定义

若数组元素有两个下标,则这样的数组称为二维数组。二维数组定义的一般形式:

类型说明符 数组名[常量表达式][常量表达式];

例如:

int a[3][4];

表示数组a是一个二维数组,共有3行4列共12个元素,每个元素都是int型。

二维数组的应用通常与矩阵有关,可以在逻辑上理解为排列成一个矩阵。其中,从左起第1个下标表示行数,第2个下标表示列数,与一维数组相似,二维数组的每个下标也是从0开始,数组a的元素如下表所示。

表7-1   二维数据元素表示

行＼列	第0列	第1列	第2列	第3列
第0行	a[0][0]	a[0][1]	a[0][2]	a[0][3]
第1行	a[1][0]	a[1][1]	a[1][2]	a[1][3]
第2行	a[2][0]	a[2][1]	a[2][2]	a[2][3]

数组中的每个元素都具有相同的数据类型,且占有连续的存储空间。一维数组的元素是按照下标递增的顺序连续存放的;二维数组元素的排列顺序是按行进行的,即在内存中,先按顺序排第0行的元素,然后再按顺序排第1行的元素,依此类推。上面定义的a数组中的元素在内存中的排列顺序为:

表 7－2 二维数据元素在内存中存放顺序

a[0][0]	a[0][1]	a[0][2]	a[0][3]	a[1][0]	a[1][1]	a[1][2]	a[1][3]	a[2][0]	a[2][1]	a[2][2]	a[2][3]

7.2.2 二维数组的引用

二维数组元素的表示形式为：

数组名[下标][下标]

其中,下标应为整型常量或整型表达式。如

b[2][3];

它表示 b 数组中第 2 行第 3 列的元素。

对基本数据类型的变量所能进行的各种操作,也都适合于同类型的二维数组元素。如

b[0][1]=10;
b[1][2]=b[0][1]*10;

需要注意的是,数组引用的下标不能为数组的维数。如定义数组 float f[2][3],若使用 f[2][3]引用数组里面的元素是不正确的。因为数组 f 中其行下标的范围是 0～1,列下标是 0～2。数组 f 中不存在 f[2][3]这个元素。

【例 7－3】 从键盘上为一个 3×3 整型数组赋值,找出其中的最小值以及所在行号和列号。

```
1    #include<stdio.h>
2    #define M 3
3    int main()
4    {
5        int a[M][M],i,j,row=0,colum=0,min;
6        printf("请输入数据\n");
7        for(i=0;i<M;i++)
8            for(j=0;j<M;j++)
9                scanf("%d",&a[i][j]);
10
11       min=a[0][0];
12       for(i=0;i<M;i++)
13           for(j=0;j<M;j++)
14               if(min>a[i][j])
15               {
16                   min=a[i][j];
17                   row=i;
18                   colum=j;
19               }
20       printf("min=%d,row=%d,colum=%d\n",min,row,colum);
21       return 0;
22   }
```

程序的输出结果如图 7 - 4 所示。

图 7 - 4   程序运行结果

【说明】   该程序首先定义了一个二维数组 a 以及 row、colum、min 用以存储数组中最小元素的行号列号以及最小值,i 与 j 为循环变量。首先使用二重循环语句从键盘上输入数据。语句 min = a[0][0],将第 0 个元素值设为当前的最小值,使用第二个循环语句将其后面的元素值依次与 min 做比较,若小于 min,则将该值赋予 min。直到比较至最后一个元素,比较结束后 min 中的数据即为数组中的最小值,并将最小元素值的行号列号赋值给 row 与 colum。

7.2.3   二维数组的初始化

可使用下面的方法对二维数组的元素初始化:

1. 分行给二维数组赋初值,每行的数据用一对花括号括起来,各行之间用逗号隔开。如

```
int a[3][4]={{1,2,3,4},{5,6,7,8},{9,10,11,12}};
```

a 数组经过上面的初始化后,每个数组元素分别被赋予如下初值:

```
a[0][0]=1,a[0][1]=2,a[0][2]=3,a[0][3]=4,a[1][0]=5,a[1][1]=6,a[1][2]=7,a[1][3]=8,
a[2][0]=9,a[2][1]=10,a[2][2]=11,a[2][3]=12
```

2. 可以像一维数组那样,将所有元素的初值写在一对花括号内,按数组元素存储顺序对各元素赋初值。如

```
int a[3][4]={1,2,3,4,5,6,7,8,9,10,11,12};
```

效果与第一种方法相同。但第一种方法较好,一行对一行,界限清楚。用该种方法赋值时,若数据多,写成一大片,容易遗漏,也不易检查。

3. 可以对部分元素赋初值。如

```
int a[3][4]={1,2,3};
```

则数组中各元素的值为:a[0][0]=1,a[0][1]=2,a[0][2]=3,其他元素的初值均为 0。

```
int a[3][4]={{1},{2},{3}};
```

则该数组为各行第 0 列元素赋初值:a[0][0]=1,a[1][0]=2,a[2][0]=3,其余元素的初值为 0。

```
int a[3][4]={{1},{0,6},{0,0,11}};
```

数组中各元素的值为：a[0][0]=1,a[1][0]=0,a[1][2]=6,a[2][0]=0,a[2][1]=0,
a[2][2]=11,其余元素的初值也为 0。

这种方法在非 0 元素少时比较方便,不必将所有的 0 都写出来。也可以只对某几行元素赋初值,如

```
int a[3][4]={{1},{5,6}};
```

即对下面的元素赋初值：a[0][0]=1,a[1][0]=5,a[1][1]=6,其余所有元素的初值均是 0。

4. 如果对全部元素都赋初值或按行为数组的部分元素赋初值,则定义数组时第一维的长度可以不指定,但第二维的长度不能省。如

```
int a[3][4]={1,2,3,4,5,6,7,8,9,10,11,12};
```

与下面的定义等价：

```
int a[][4]= {1,2,3,4,5,6,7,8,9,10,11,12};
```

而 int a[3][4]={{1},{0,6},{0,0,11}};与 int a[][4]={{1},{0,6},{0,0,11}};等价。

【例 7 - 4】 从键盘上输入年月日,计算该日是该年的第几天。

```
1    #include<stdio.h>
2    int main()
3    {
4        int year,month,day,days,i,leap=0;
5        int mtable[][13]={{0,31,28,31,30,31,30,31,31,30,31,30,31},{0,31,29,31,30,
6        31,30,31,31,30,31,30,31}};
7        printf("input year,month,day:");
8        scanf("%d,%d,%d",&year,&month,&day);
9        if(year%4==0&&year%100!=0||year%400==0)
10           leap=1;
11       days=day;
12       for(i=1;i<month;i++)
13           days+=mtable[leap][i];
14       printf("Days=%d\n",days);
15       return 0;
16   }
```

程序的输出结果如图 7-5 所示。

图 7 - 5　程序运行结果

【说明】 该程序定义了 year,month,day 用以存放年月日,leap 用以判断该年是平年还是闰年。由于闰年和平年的差别仅仅在于 2 月份的天数不同,所以,数组 mtable 中包含两

行数据,分别存放平年和闰年时每月的天数。程序中首先判断所给定的年份是否为闰年,当 leap = 1 时,是闰年,当 leap = 0 时,是平年。以 leap 作为行号,将 month 月份之前每个月的天数加到一起,再加上 month 月中的天数 day,即为所要求的结果。

7.3　应用举例

【**例 7 - 5**】　从键盘上输入 10 个正数,求此 10 个数的平均值;将此 10 个数中大于平均值的数放入一数组,并将这些数及其个数输出。

例如,若从键盘上敲入 10 个数:

46 30 32 40 6 17 45 15 48 26,其平均值为 30.5。

则输出 46 32 40 45 48,　　大于平均值的个数:5。

【**分析**】　该例首先要求出十个数的平均值,然后再将该数组里面的数字分别和该平均值做比较,若该数比平均值大,则将该数据存储到另外一个数组中。同时使用一个计数的变量用以统计符合条件数据的个数。其程序如下:

```c
1   #include < stdio.h >
2   int main()
3   {
4       float arr1[10],arr2[10],ave,sum = 0;
5       int i,count = 0;
6       for(i = 0;i < 10;i++)
7           scanf("%f",&arr1[i]);
8       for(i = 0;i < 10;i++)
9           sum = sum + arr1[i];
10      ave = sum/10;
11      for(i = 0;i < 10;i++)
12          if(arr1[i]>ave)
13              arr2[count++]=arr1[i];
14      printf("数组中大于平均值的数有%d 个,分别为:\n",count);
15      for(i = 0;i < count;i++)
16          printf("%.0f\t",arr2[i]);
17      printf("\n");
18      return 0;
19  }
```

程序的输出结果如图 7 - 6 所示。

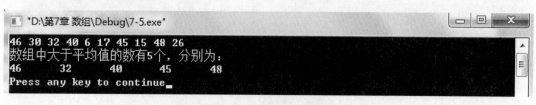

图 7 - 6　程序运行结果

【说明】 该程序使用了 4 个并列的 for 语句,第 1 个用以向数组输入数据,第 2 个用以求平均值,第 3 个用以比较将满足条件的数组元素求出并放入第 2 个数组,第 4 个循环语句用以输出满足条件的元素。该程序还需注意 count 的使用方法,它用以存储满足条件元素的个数。

【例 7 - 6】 编写一程序将十进制正整数转换成二进制。

【分析】 十进制整数转换为二进制整数采用"除 2 取余,逆序排列"法。具体做法是:用 2 去除十进制整数,可以得到一个商和余数;再用 2 去除商,又会得到一个商和余数,如此进行,直到商为零时为止,然后把先得到的余数作为二进制数的低位有效位,后得到的余数作为二进制数的高位有效位,依次排列起来。

例如,把 $(173)_{10}$ 转换为二进制数,其方法如图 7 - 7 所示。

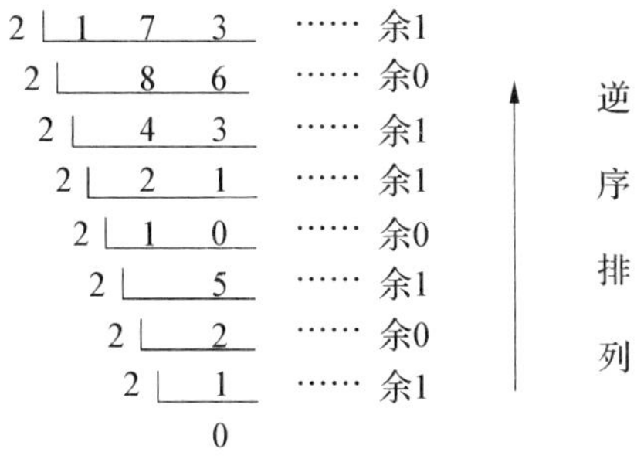

图 7 - 7　十进制转换二进制示例

因此 $(173)_{10} = (10101101)_2$。

将求出来的余数依次放入一个一维数组中,逆序输出,即可得到该十进制所对应的二进制数。其程序如下:

```
1  #include<stdio.h>
2  int main()
3  {
4      int num,bnum[100],count = 0;
5
6      printf("输入一个十进制的整数:");
7      scanf("%d",&num);
8      while( num!=0 ){
9          bnum[count] = num%2;        //取余后的数字存入数组
10         num /= 2;                    //num = num/2; 进行下一轮的判断
11         count++;                     //此变量用来指定数组下标
12     }
13     count--;                         //count 为数组的有效长度
14     while(count >=0)                 //逆序输出数组中的元素
15     {
16         printf("%d",bnum[count]);
17         count--;
18     }
19     printf("\n");
20     return 0;
21 }
```

程序的输出结果如图 7 - 8 所示。

图 7-8　程序运行结果

【说明】　该程序的主体是两个 while 语句,第一个 while 语句将一个十进制数求余后的值放入一数组中;第二个 while 语句将该数组中的数据逆序输出。需要注意 count 值的变化,最后一次循环后 count 的值为数组的有效长度。即数组中存放最后一个余数的下标加1,因此在第 2 个循环语句之前要将 count 的值减 1。

【例 7-7】　从键盘上输入 8 个整数,将该 8 个整数按照从小到大的顺序排列。

【分析】　该类问题是计算机程序设计中的典型问题:排序问题。排序的方法有很多种,如冒泡排序、选择排序、希尔排序等。本题采用冒泡排序的方法,对 8 个数从小到大进行排序。

冒泡排序的基本思想是:在要排序的一组数中,对当前还未排好序的数据从前向后将相邻的两个数依次进行比较和调整,让较大的数往下沉,较小的往上冒。即每当两相邻的数比较后发现它们的排序与排序要求相反时,就将它们互换。如对 49,38,65,97,76,13,27,50 这 8 个数进行冒泡排序,其排序的过程如图 7-9 所示。

49	38	38	38	38	13	13	13
38	49	49	49	13	27	27	27
65	65	65	13	27	38	38	38
97	76	13	27	49	49	49	49
76	13	27	50	50	50	50	50
13	27	50	65	65	65	65	65
27	50	76	76	76	76	76	76
50	97	97	97	97	97	97	97
初始数据	第1趟排序后	第2趟排序后	第3趟排序后	第4趟排序后	第5趟排序后	第6趟排序后	第7趟排序后

图 7-9　排序示例

从排序的过程可知,8 个数要进行 7 趟的排序(因为 C 语言中下标是从 0 开始,为了保持一致,可将这 7 趟排序设为第 0 趟到第 6 趟这 7 趟排序)。而在第 0 趟排序要进行 7 次,即 7-0 次的比较,同理第 2 趟排序要进行 7-1 次的排序,……那么第 i 趟排序比较的次数为 7-i 次。两两比较的过程中若前面的数据大于后面的数据,则需将这两个数进行交换,直至全部比较的趟数完成。冒泡排序的代码如下所示:

```
1   #include<stdio.h>
2   int main()
3   {
4       int num[8],i,j,t;
5       printf("请输入 8 个整数:\n");
6       for(i =0;i<8;i++)
7           scanf("%d",&num[i]);
8       for(i =0;i<7;i++)
9           for(j =0;j<7- i;j++)
10              if(num[j]>num[j +1])
11              {
12                  t =num[j];
13                  num[j]=num[j +1];
14                  num[j +1]=t;
15              }
16      printf("排序后的数为:\n");
17      for(i =0;i<8;i++)
18          printf("%d\t",num[i]);
19      printf("\n");
20      return 0;
21  }
```

程序的输出结果如图 7 - 10 所示。

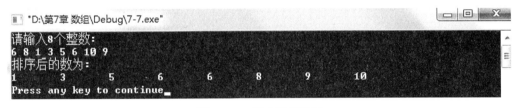

图 7 - 10　程序运行结果

【说明】　在该程序中首先定义了数组 num 用以存放待排序的数据。定义了两个循环变量 i、j 分别用以控制该排序中比较的趟数与次数,中间变量 t 用以交换两个数。该程序使用了二重循环用以控制比较的趟数与次数。若前一个数比后一个数大,即 num[j]>num[j +1],则需要交换这两个数,从而将较小的数排到较大数的前面。在该排序方法中每一趟的排序可以将该数组中待排序的最大值排出,这样经过多趟(本例中是经过 7 趟)排序,从而最终可以把整个数组中的数据按照从小到大排好。

【例 7 - 8】　编写程序求矩阵周边元素的平均值。

如对下面这个 4×4 矩阵周边的元素求和。

$$\begin{bmatrix} 5 & 6 & 7 & 8 \\ 1 & 7 & 2 & 9 \\ 4 & 2 & 3 & 7 \\ 5 & 3 & 7 & 0 \end{bmatrix}$$

【分析】 该题目与矩阵相关,在程序中需要使用二维数组实现。该程序首先要求出该矩阵中周边元素的和及其个数,用和与个数相除即可求出平均值。若是 N×N 矩阵,则周边元素之和应该是第 0 行、第 N−1 行、第 0 列、第 N−1 列所有元素之和并减去 4 个角的元素。因为 4 个角的元素累加了两次。元素的个数应该是 4*N 减去 4。代码如下:

```
1   #include<stdio.h>
2   #define N 4
3   int main()
4   {
5       int mat[N][N],i,j,count =0;
6       float sum =0,ave;
7       printf("请输入一矩阵数据\n");
8       for(i =0;i<N;i++)
9           for(j =0;j<N;j++)
10              scanf("%d",&mat[i][j]);
11          for(i =0;i<N;i++)
12          {
13              sum =sum + mat[0][i];
14              count++;
15          }
16          for(i =0;i<N;i++)
17          {
18              sum =sum + mat[3][i];
19              count++;
20          }
21          for(i =0;i<N;i++)
22          {
23              sum =sum + mat[i][0];
24              count++;
25          }
26          for(i =0;i<N;i++)
27          {
28              sum =sum + mat[i][3];
29              count++;
30          }
31      count =count - 4;
32      sum =sum - mat[0][0]- mat[0][N-1]- mat[N-1][0]- mat[N-1][N-1];
33      ave =sum/count;
34      printf("该矩阵周边元素的平均值为:%f\n",ave);
35      return 0;
36  }
```

程序的输出结果如图 7−11 所示。

图 7-11 程序运行结果

【说明】 该程序定义的二维数组 mat 用以存放矩阵中的数据。i、j 作为循环变量，count 用以计算矩阵周边元素的个数，sum 存放矩阵周边元素的和，ave 存放平均值。该程序使用了 4 个并列的循环语句用以求第 0 行、第 N-1 行、第 0 列、第 N-1 列元素的值。需要注意的是求元素之和时，4 个角的元素重复累加进去了，个数也多累加了一次，需要减去。最终可以求得周边元素之和与个数，将该元素之和与个数相除，即可得矩阵周边元素平均值。

【例 7-9】 编写程序，将矩阵的右上三角乘 2，左下三角的元素置为 0。如矩阵

$$\begin{bmatrix} 1 & 9 & 7 \\ 2 & 3 & 8 \\ 4 & 5 & 6 \end{bmatrix} \text{ 经处理后变为 } \begin{bmatrix} 2 & 18 & 14 \\ 0 & 6 & 16 \\ 0 & 0 & 12 \end{bmatrix}。$$

【分析】 可定义一个二维数组用以存放该矩阵数据，由题意可知，若该数组的行下标小于等于列下标，则将该元素的值置为原来数值的 2 倍，反之则将该数组中的元素置为 0。该程序的代码如下：

```
1   #include<stdio.h>
2   #define  N  3
3   int main()
4   {
5       int a[N][N]={1,9,7,2,3,8,4,5,6};
6       int i,j;
7       printf("原矩阵为:\n");
8       for(i=0;i< N; i++)
9       {
10          for(j=0;j< N; j++)
11              printf("%-5d",a[i][j]);
12          printf("\n");
13      }
14      for(i=0; i< N; i++)
15      {
16          for(j=i; j< N; j++)
17              a[i][j] = a[i][j]*2;
18          for(j=0; j< i; j++)
19              a[i][j] = 0;
```

```
20          }
21          printf("处理后的数据为:\n");
22          for(i = 0; i < N; i++)
23          {
24              for(j = 0; j < N; j++)
25                  printf("%d\t",a[i][j]);
26              printf("\n");
27          }
28
29          return 0;
30   }
```

程序的输出结果如图 7 - 12 所示。

图 7 - 12　程序运行结果

【说明】　该程序定义了数组 a 用以存放矩阵中的元素。定义了循环变量 i 与 j 用以控制矩阵的行与列。在二重循环语句中,当行与列的关系满足行下标小于列下标,即 j 的值大于等于 i 的值时,将这些元素置为原来的 2 倍,即 a[i][j] = 2 * a[i][j];反之当 j 的值小于 i 时,将这些元素置为 0,此时 a[i][j] = 0,最后用循环语句将数组中的元素全部输出。

7.4　数组用作函数的参数

数组作为函数参数有两种形式,一种是把数组元素作为参数使用;另一种是把数组名作为函数的参数使用。

7.4.1　数组元素作函数参数

由于数组的元素值和普通变量在本质上没有区别,因此数组元素作为函数参数使用与普通变量完全相同,在发生函数调用时,把作为实参的数组元素的值传送给形参,实现单向的值传送。

【例 7 - 10】　将一长度为 2 的数组中两数组元素进行互换(使用数组元素作为函数的参数,分析是否可以实现。)。

【分析】　定义一个数组 a,将其长度设为 2,分别将数组元素 a[0],a[1]作为函数的实参;由于数组元素和普通变量的含义一致。可以在形参中设置 x,y 分别接收实参 a[0]和

a[1]的值。其代码如下：

```
1   #include<stdio.h>
2   void swap(int x,int y)
3   {
4       int t;
5       t=x;
6       x=y;
7       y=t;
8   }
9   int main()
10  {
11      int a[2]={3,5};
12      printf("a[0]=%d\ta[1]=%d\n",a[0],a[1]);
13      swap(a[0],a[1]);
14      printf("a[0]=%d\ta[1]=%d\n",a[0],a[1]);
15      return 0;
16  }
```

程序的输出结果如图 7 - 13 所示。

图 7 - 13　程序运行结果

【说明】　从程序的输出结果可以看出数组 a[0]，a[1]中的元素值并没有发生交换。也就是说形参 x，y 值的改变并不会影响实参 a[0]，a[1]的值。因此，数组元素作为函数的参数和普通变量作为函数的参数是一样的，都是单向的值传送，形参和实参占用不同的内存单元。形参值的改变并不会影响到实参值。

7.4.2　数组名作为函数参数

在数组中，数组元素可以作为函数的参数，数组名也可以作为函数的参数。但是数组名作为函数的参数和数组元素作为函数的参数有很大的不同。

数组元素作实参时，由于数组元素和普通变量在本质上一样，因此只要数组类型和函数的形参变量的类型一致，并不要求函数的形参也是下标变量，可以是普通的变量，如例 7 - 10 所示，其实参是数组元素，而形参是两个普通的整型变量。而用数组名作函数参数时，则要求形参和相对应的实参都必须是类型相同的数组，且都有明确的数组说明。当形参和实参二者不一致时，则会发生错误。

当数组元素或者普通变量作为函数参数时，形参变量和实参变量是由编译系统分配的不同的内存单元。在函数调用时发生值传送，即把实参变量的值赋予形参变量。而在用数组名作函数参数时，不是进行值的传送，而是进行地址传送。数组名就是数组的首地址（也就是数组所在单元的编号),在数组名作函数参数时所进行的传送是地址的传送,即把实参数组的首地址赋予形参数组名。形参数组名取得该首地址后,形参的指针也指向了实参的数组。因此数组名作为函数的参数,形参数组和实参数组为同一数组,共同拥有一段内存空间。实际上形参数组并不存在,编译系统不为形参数组分配内存。

【例7-11】 将例7-10中的参数用数组名作为函数的参数,实现将数组中的两数交换。

【分析】 使用数组名作为函数参数,实现交换数组中元素的交换。其代码如下:

```c
1   #include<stdio.h>
2   void swap(int x[])
3   {
4       int t;
5       t =x[0];
6       x[0]=x[1];
7       x[1]=t;
8   }
9   int main()
10  {
11      int a[2]={3,5};
12      printf("a[0]=%d\ta[1]=%d\n",a[0],a[1]);
13      swap(a);
14      printf("a[0]=%d\ta[1]=%d\n",a[0],a[1]); return 0;
15  }
```

程序的输出结果如图7-14所示。

图7-14　程序运行结果

【说明】 从程序的运行结果可以看出,数组a中两个元素a[0],a[1]发生了变化。在该程序中,实参使用了数组a,而在形参中使用了数组x。但本质上数组a和数组x是同一个数组。在函数swap中交换了x[0]和x[1]这两个元素的值,同时也就交换了a[0]和a[1]这两个元素值。从例7-10和例7-11可以看出,数组元素和数组名作为函数的参数在本质上是不同的。前者会占用新的存储单元,后者则不会。

除了一维数组可以作为函数的参数,多维数组也可以作为函数的形参和实参。在被调函数中对形参数组定义时可以指定每一维的大小,也可以省略一维数组的大小,但是第二维或者其他高维不能省略。

例如实参可以定义为:

```c
int a[3][4];
```

而在形参中可以定义为:

```
int X[3][4];
```

也可以定义为：

```
int X[][4];
```

【例 7 - 12】 求出 4×3 整型数组的最大元素及其所在的行坐标和列坐标（如果最大元素不唯一，选择位置在最前面的一个），要求使用函数完成。

例如，输入的数组为：

$$
\begin{array}{ccc}
3 & 7 & 5 \\
4 & 15 & 6 \\
12 & 50 & 9 \\
10 & 11 & 2
\end{array}
$$

求出的最大数为 50，行坐标为 2，列坐标为 1。

【分析】 该程序可以定义一变量 max，并将其初始化为数组中的第一个元素。用数组中其他元素与之相比较，若比 max 大，则将该值赋予 max，并记录下该元素的行号和列号。由于该程序要求使用函数完成，而函数的返回值只能有一个。因此在本程序中定义了两个全局变量用以记录最大值的行号和列号。程序的代码如下：

```
1   #include<stdio.h>
2   int Row,Col;
3   int fun(int array[][3])
4   {
5       int max,i,j;
6       max=array[0][0];
7       Row=0;
8       Col=0;
9       for(i=0;i<4;i++)
10      {
11          for(j=0;j<3;j++)
12              if(max<array[i][j])
13              {
14               max=array[i][j];
15               Row=i;
16               Col=j;
17              }
18      }
19      return(max);
20  }
21
22  int main()
23  {
24      int a[4][3],i,j,max;
```

```
25      printf("input a array:\n");
26      for(i =0;i< 4;i++)
27          for(j =0;j< 3;j++)
28              scanf("%d",&a[i][j]);
29      for(i =0;i< 4;i++)
30      {
31        for(j =0;j< 3;j++)
32            printf("%d\t",a[i][j]);
33        printf("\n");
34      }
35      max =fun(a);
36      printf("max =%d,row =%d,col =%d\n",max,Row,Col);
37      return 0;
38  }
```

程序的输出结果如图 7 - 15 所示。

图 7 - 15　程序运行结果

【说明】　该程序使用数组名作为函数的参数,实参数组 a,形参数组 array。在实参中数组 a 定义为 a[4][3],而在形参中只需定义为 array[][3],省略了第一维。在该例中数组 a 和数组 array 本质上是同一个数组。在函数 fun 中处理 array 数组中的元素,其实就是处理数组 a 中的元素。由于对 C 语言而言,函数只能有一个返回值,但是本题却要通过函数求出三个值:数组中的最大值以及它的行和列的标号。因此在本题中定义了两个全局变量 Row,Col 用于记录最大值的行号和列号。

当程序需要处理大批量数据时,使用数组是相当必要的。本章主要介绍了一维数组和多维数组的定义、引用和初始化操作,以及数组作为函数的参数是如何使用的。

课后习题

一、选择题

1. 以下对一维数组 a 的定义中正确的是　　　　　　　　　　　　　　　　（　　）
   A. char　arr(10);　　　　　　　　　　B. int　arr[0...100];
   C. int　　arr[5];　　　　　　　　　　D. int　k =10;int arr[k];
2. 以下对二维数组的定义中,正确的是　　　　　　　　　　　　　　　　（　　）

A. int arr[4][]={1,2,3,4,5,6};　　　　　B. int arr[][3];

C. int arr[][3]= {1,2,3,4,5,6};　　　　D. int arr[][]={{1,2,3},{4,5,6}};

3. 假定一个 int 型变量占用 4 个字节,若有定义:int a[10]={0,2,4};,则数组 a 在内存中所占字节数是　　　　　　　　　　　　　　　　　　　　　　　　　　　　（　　）

A. 6　　　　　　　　B. 12　　　　　　　　C. 20　　　　　　　　D. 40

4. 以下程序的输出结果是　　　　　　　　　　　　　　　　　　　　　　　　（　　）

```
1  #include<stdio.h>
2  int main()
3  {
4      int a[4][4]={{1,3,5},{2,4,6},{3,5,7}};
5      printf("%d%d%d%d\n",a[0][3],a[1][2],a[2][1],a[3][0]);
6      return 0;
7  }
```

A. 0650　　　　　　　　　　　　　　　B. 1470

C. 5430　　　　　　　　　　　　　　　D. 输出值不定

5. 以下程序的输出结果是　　　　　　　　　　　　　　　　　　　　　　　　（　　）

```
1  #include<stdio.h>
2  int main()
3  {
4      int b[3][3]={0,1,2,0,1,2,0,1,2},i,j,t=0;
5      for(i=0;i<3;i++)
6          for(j=i;j<=i;j++)
7              t=t+b[i][b[j][j]];
8      printf("%d\n",t);
9      return 0;
10 }
```

A. 3　　　　　　　　B. 4　　　　　　　　C. 1　　　　　　　　D. 9

6. 若二维数组 a 有 m 列,则排在 a[i][j]前的元素个数为　　　　　　　　　　　（　　）

A. j*m+i　　　　B. i*m+j　　　　C. i*m+j-1　　　　D. i*m+j+1

7. 若有定义:int a[][3]={1,2,3,4,5,6,7,8};,则 a 数组的行数为　　　　　　　　（　　）

A. 3　　　　　　　　B. 2　　　　　　　　C. 无确定值　　　　D. 1

8. 以下能对一维数组 a 进行初始化的语句是　　　　　　　　　　　　　　　　（　　）

A. int a[5]=(0,1,2,3,4,)

B. int a(5)={}

C. int a[3]={0,1,2}

D. int a{5}={10*1}

二、阅读程序

1. 阅读下面程序,若输入 1 2 3 4 5 6 7 8 9 10,写出程序运行结果＿＿＿＿。

```c
1  #include<stdio.h>
2  #define  N  10
3  int main()
4  {
5      float f[N],x=0.0;int i;
6      for(i=0;i<N;i++)
7          scanf("%f",&f[i]);
8      for(i=1;i<=N;i++)
9      {
10         x=x+f[i-1];
11         printf("sum of NO%2d------%f\n",i,x);
12     }
13     return 0;
14 }
```

2. 阅读下面程序，写出程序的运行结果_____。

```c
1  #include<stdio.h>
2  #define N 4
3  int main()
4  {
5      int a[N][N]={1,2,3,4,2,2,5,6,3,5,3,7,4,6,7,4};
6      int i,j,found=0;
7      for(j=0;j<N-1; j++)
8        for(i=j;i<N; i++)
9          if(a[i][j]!=a[j][i])
10         {  found=1;
11            break;   }
12     if(found) printf("No");
13     else printf("Yes");
14     return 0;
15 }
```

3. 阅读下面程序，若从键盘输入数据 1 2 3 4 5 6 7 8 9 10，写出程序的运行结果_____。

```c
1  #include<stdio.h>
2  #define N   10
3  #define M   N/3+1
4  int main()
5  {
6      int   a[N],i,j,b[M]={0 };
7      for(i=0;i<N;i++)   scanf("%d",&a[i]);
8      for(i=0,j=0;i<N;i++)
9      {
10         b[j]+=a[i];
```

```
11        if((i + 1)%3 ==0)
12             j++;
13    }
14    for(i = 0;i <=j;i++)
15    {
16        printf("%d ",b[i]);
17        if((i + 1)%5 ==0) printf("\n");
18    }
19    return 0;
20 }
```

三、程序设计

1. 给定一维整型数组,输入数据并求第一个值为奇数元素之前的元素和。

2. 给定一维整型数组,输入数据并对前一半元素升序排序,对后一半元素降序排序。

3. 给定 N×N 矩阵,输入矩阵元素并互换主次对角线元素值。

4. 给定二维数组 a[M][N],输入数据并将元素按照行序存入到一维数组 b 中。

5. 已知数组 b 中存放 N 个人的年龄,编写程序,统计各年龄段的人数并存入数组 d。要求把 0 至 9 岁年龄段的人数放在 d[0]中,把 10 至 19 岁年龄段的人数放在 d[1]中,把 20 至 29 岁年龄段的人数放在 d[2]中,其余依此类推,把 100 岁(含 100)以上年龄的人数放在 d[10]中。

6. 编写程序,将一维数组 x 中大于平均值的数据移至数组的前部,小于等于平均值的数据移至数组的后部。

第8章

指　针

指针是 C 语言中一种重要的数据类型,是 C 语言的灵魂。正确而灵活地运用它,可以处理各种复杂的数据结构,能使程序简洁、紧凑、高效。每一位学习和使用 C 语言的人,都应当深入地学习和掌握指针。指针是 C 语言中的精粹,甚至可以说学好了指针基本就等于学好了 C 语言。

运用指针编程是 C 语言最主要的风格之一。利用指针变量可以表示各种数据结构,能很方便地使用数组和字符串,并能像汇编语言一样处理内存地址,从而编写出精练而高效的程序。指针的使用极大地丰富了 C 语言的功能。学习指针是 C 语言中重要的一环,能否正确理解和使用指针是我们是否掌握 C 语言的一个标志。同时,指针也是 C 语言中较为困难的一部分,在学习中除了要正确理解基本概念,还必须要多编程,多上机调试。本章将介绍指针的基础知识和指针的使用方法。

8.1　指针概念

要想理解指针的概念,必须搞清楚数据在计算机中是如何存储与读取的。计算机中所有的数据都必须存放在内存中,并且不同类型的数据占用的字节数不一样,例如,整型占用 4 个字节,字符型占用 1 个字节。为了正确地访问这些数据,必须为每个字节都编上号码。通过这些编号可以找到存放该数据的存储单元块,从而实现对该数据的读取。这些编号在计算机中被称为每个存储单元的地址,就像门牌号、身份证一样,每个字节的编号也是唯一的,根据编号可以准确地找到某个字节,我们将内存中存储单元的编号形象地称为指针(Pointer)。因此在计算机中地址即为指针,一个变量在内存中的存放地址即为该变量的指针。

8.1.1　变量名、指针和值

在深入理解这 3 个概念之前先做一个比喻。假如有一栋办公楼,该办公楼有多个房间,可以对该办公楼依次进行编号为 101、102、103、…、201、202、203 等。假如某家公司租用了该栋楼,将 201、202、203、204 这紧邻的 4 个房间分配给了销售部,将 205 这 1 个房间分配给了财务部。现在需要到该公司销售主管部门去办事,我们一般会问销售部在哪里而不会问201房间在哪里。因为我们不是该公司的员工,对该公司的情况不熟悉,并不一定知道销售部在201房间。

同样计算机内存是以字节为单位的一片连续的存储区域,每个字节都有唯一的一个编号,这些编号我们称为内存的地址。

如定义了一个整型的变量 int i = 10;,则该变量 i 在计算机的存储可以表示成如图 8 - 1 所示。

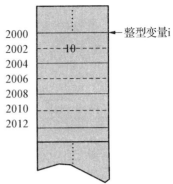

2000　　整型变量i
2002　　10
2004
2006
2008
2010
2012

图 8 - 1　数据在内存中存储示意图

在该例中,系统将变量 i 存放在编号为 2000～2003 的 4 个字节的存储单元块中。该存储单元块存储的数据为 10,即该存储单元块存储的内容为 10。

变量 i 类似于前面例子中的销售部,i 所占存储单元的起始地址 2000 类似于前面例子中的房间号 201,而变量 i 的值 10 即为要找的销售部主管部门。

因此,变量名实际上是一个符号地址,在对程序编译连接时,由系统给每一个变量名分配一个内存地址。在程序中从变量中取值,实际上是通过变量名找到相应的内存地址,从其存储单元中读取数据。将内存中字节的编号形象称为地址或指针(Pointer)。将变量名对应地址中存放的内容称为该变量的值。

在本质上 C 语言或者其他高级语言提出了变量名这一概念,主要是为了方便寻址变量,在编译过程中,每个变量都有一个变量名,并且每个变量名都对应一个地址,即变量的首字节地址。变量名与其地址具有一对一的映射关系,这些变量的名字在编译后也就不存在了。

8.1.2　内存的访问方式

对内存变量的存取有两种方式:直接访问和间接访问。

1. 直接访问

每个变量对应自己的地址,数据输出就是根据变量和地址的对应关系找到变量地址,然后从地址中取出数据。数据输入就是将值送到变量所在的存储单元中。

如有以下代码:

```
int  i =10;
i =5;
```

其读取和写入的数据状态如图 8 - 2(a) 和 8 - 2(b) 所示。当计算机需要读取变量 i 的值时,其过程是通过变量名 i 找到该存储单元的地址,该例中是找到存储变量 i 的起始地址 2000,读取以 2000 为起始地址的 4 个字节的内容 10。执行 i = 5 计算机同样是找 i 所在的地址 2000,将数字 5 存放在 2000～2003 这 4 个内存块中。实际上,计算机对变量值的存取过程都是通过地址来完成的,这种直接按变量地址存取变量的方式称为直接存取方式。

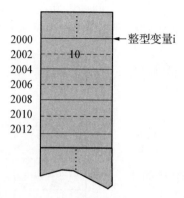 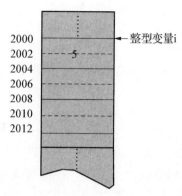

图 8-2　(a) 从内存中读取变量 i 的值　　图 8-2　(b) 将数据写入变量 i 所在的内存

2. 间接访问

将变量对应的地址放入另一个存储变量中,输出数据时先找到存放地址的存储单元地址,从中取出地址,然后到该地址所指单元取出数据。

如有以下代码段:

```
int   i,*i_pointer;
i_pointer =&i;
*i_pointer =20;
```

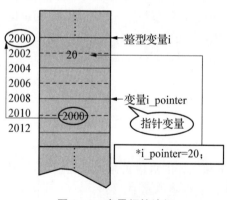

图 8-3　变量间接访问

该代码段定义了一个整型变量 i 与另一个指向整型存储单元的指针变量 i_pointer,使用 i_pointer = &i;语句将 i 的地址赋值给 i_pointer,即指针变量 i_pointer存放的是变量 i 的地址。语句 * i_pointer = 20;是将 i 的值赋值为 20。

间接访问的过程如图 8-3 所示,间接访问不是直接找到 i 变量的地址而是先找到 i_pointer 变量。i_pointer 中存放的是 i 变量的首地址 2000,通过该地址找到变量 i 存放的内存单元块 2000~2003,将值 20 放入该内存单元块中。此种访问变量内存的方法称为间接访问。

8.2　指针变量

一个变量的地址称为该变量的指针。例如,地址 2000 就是变量 i 的地址,也可以说,变量 i 的指针是 2000。存放地址的变量称为指针变量。换言之,指针变量就是存放变量地址的变量。上述的 i_pointer 是存放变量 i 地址的指针变量。这里,大家应注意区分"指针"和"指针变量"两个概念。指针是某一个量的地址,指针变量是一个变量,是用来存放地址的变量。指针可以指向不同类型的变量,因而我们说指针也是具有类型的,即根据它所指向变量类型的不同而具有不同的类型。本节主要讲解如何定义、初始化及引用一个指针变量。

8.2.1 指针变量的定义

对指针变量的定义包括三个内容:

1. 指针类型说明,即定义变量为一个指针变量;

2. 指针变量名;

3. 变量值(指针)所指向的变量的数据类型。

定义一般的普通变量形式为:

> [存储类型]　　数据类型　指针名;

与此类似,指针变量定义的一般形式为:

> [存储类型]　　数据类型　*指针名;

例如:

```
int a,b;        /*定义两个整型变量 a 和 b*/
int *p1,*p2;    /*定义两个指向整型变量的指针变量 p1 和 p2*/
float *p3;      /*定义一个指向实型变量的指针变量 p3*/
```

【说明】

1. 定义中的标识符就是变量名,"*"表示其后的变量为指针变量。因此上面定义的指针变量是 p1、p2、p3,而不是 *p1、*p2、*p3。

2. 一个指针变量只能指向相同类型的变量,即只能存放同一类型变量的地址。因此上述定义的指针变量 p1、p2 只能指向某个整型的变量,p3 只能指向某个浮点型的变量。

3. 指针变量定义后,变量值不确定,应用前必须先赋值。

一个指针变量定义后,就可以用来存放变量地址了。但刚刚定义的指针变量未经赋值时,并不指向任何变量,要想使它有确定的指向,必须将变量的地址赋给该指针变量。

例如:

```
int a =2;
int *p;
p =&a;
```

以上定义了一个指向整型变量的指针变量 p 和一个整型变量 a,且 a 的初值为 2。但此时 p 和 a 之间还无任何指向关系,只有执行了赋值语句"p =&a;"(指针变量 p 得到变量 a 的地址)后,指针变量 p 才指向变量 a,如图 8-4 所示。

8.2.2 指针变量初始化

在指针变量定义好了之后,如何来使用指针,它与普通变量有什么不同,这是我们下面将要讨论的问题。先看如下的指针变量的定义:

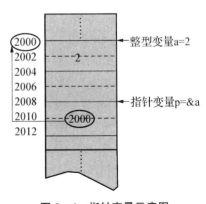

图 8-4 指针变量示意图

```
int *p1,*p2;
float *p3;
```

上面两行说明语句仅仅定义了指针变量 p1、p2、p3,但这些指针变量指向的变量(或内存单元)还不明确,因为这些指针变量还没被赋予确定的地址值,这时指针变量里的地址值是随机的。只有将某一具体变量的地址赋给指针变量后,指针变量才能指向确定的变量(内存单元)。

在定义指针变量时同时给指针一个初始值,称为指针变量初始化。其一般形式是:

[存储类型] 数据类型 *指针名=初始地址值;

例如:

```
int a = 2,b = 5;      /*定义两个整型变量 a,b 并初始化 */
int *pa = &a;          /*将变量 a 的地址赋给指针变量 pa */
float x,*px = &x;    /*定义实型变量 x,并将变量 x 的地址赋给指针变量 px */
```

【说明】
第 1 行先定义了两个整型变量 a,b 并为之分别分配 4 个字节的存储单元;第 2 行定义一个指向整型变量的指针变量 pa,在内存中就为指针变量分配了一个存储空间,同时通过取地址(&)运算符把变量 a 的地址赋给 pa,也就是放在程序为指针变量 pa 分配的存储空间中。这样,指针变量 pa 就指向了确定的变量 a。同理,px 存放了变量 x 的地址,即 px 指向变量 x。语句 int * pa = &a;和 float x, * px = &x;是在定义指针变量的同时将 a 和 x 的地址赋给 pa 与 px,使得 pa 和 px 这两个指针有了明确的指向,称为指针变量的初始化。

【例 8-1】 指针变量初始化演示。

```
1   #include<stdio.h>
2   int main( )
3   {
4       int a = 2,b = 5;
5       int *p1 = &a, *p2 = &b;
6       printf("%d,%d\n", a, b);
7       printf("%d,%d\n", *p1, *p2);
8       return 0;
9   }
```

程序的输出结果如图 8-5 所示。

图 8-5 程序运行结果

【说明】 该程序定义了两个变量 a,b 并分别初始化为 2,5;定义了两个指针变量 p1,p2 并分别初始化为 a 与 b 的地址。使得 p1,p2 分别指向 a 和 b。

该例中 a 与 * p1,b 与 * p2 输出的结果相同,说明指针变量 p1,p2 指向的目标就是整型变量 a 和 b。

8.2.3　指针变量的引用

指针变量定义后就可以对它进行赋值、输出、访问其所指向的变量等操作。需要注意的是指针变量只能存放地址，不能将非地址类型的数据赋值给一个指针变量。

1. 指针运算符

指针运算符有如下两个：

（1）&运算符：地址运算符，为单目运算符，&x 为变量 x 的地址。

（2）*运算符：指针运算符，或称间接运算符，为单目运算符，*p 为指针变量 p 所指向的变量。

【例 8‑2】　用两种不同的方法输出变量及地址的值。

```
1   #include<stdio.h>
2   int main()
3   {   short int a;
4       short int *pa =&a;
5       a =10;
6       printf("a:%d\n",a);
7       printf("*pa:%d\n",*pa);
8       printf("&a:%x\n",&a);
9       printf("pa:%x\n",pa);
10      printf("&pa:%x\n",&pa);
11      return 0;
12  }
```

【说明】

假设数据在计算机的存储如图 8‑6 所示。

则程序运行结果如下所示：

```
a:10
*pa:10
&a:f86
pa:f86
&pa:f88
```

该例中 a 与 *pa 两个输出语句输出的结果相同，说明指针变量 pa 所指向的目标就是整型变量 a，且&a 与 pa 的值也相同，都是表示变量 a 的地址。而&pa 则是指针变量 pa 存放的地址。

图 8‑6　例 8‑2 数据在内存中的存储示例图

（右图标注）
f86 — 整型变量a
f87 — 10
f88 — 指针变量pa
f89 — f86
f8a
f8b
f8c

2. 指针运算符的运算法则

（1）结合性：自右向左。

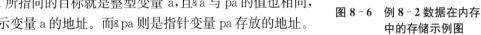

```
若 int a, b, *p1, *p2;
p1 =&a;
p2 =&b;
```

则"&*p1"相当于"&(*p1)",即&(*p1)=&(a)=&a=p1;

"*&a"相当于"*(&a)",即*(&a)就是 a。

(2) 优先级:二者优先级相同。

(3) 自增自减运算。

```
若 int a, *p;
p =&a; a =3;
```

则"(*p)++;"相当于"a++;",即语句执行的结果是 a 的值为 4,p 仍指向变量 a。

"*p++;"相当于"*(p++);",先执行*p,即取出 a 的值 3,然后 p 值增 1,即 p 不再指向变量 a,而是 a 的下一个存储单元。

【例 8-3】 使用指针实现从键盘上输入两个数,并使其从大到小输出。

【分析】 该程序的实现是交换两个指针变量的指向,而不是直接交换两个数。程序的代码如下:

```
1   #include<stdio.h>
2   int main()
3   {   int *p1,*p2,*p,a,b;
4       scanf("%d,%d",&a,&b);
5       p1 =&a;   p2 =&b;
6       if(a<b)
7       {   p =p1;   p1 =p2;   p2 =p;}
8       printf("a =%d,b =%d\n",a,b);
9       printf("max =%d,min =%d\n",*p1,*p2);
10      return 0;
11  }
```

程序运行结果如图 8-7 所示。

图 8-7 程序运行结果

【说明】 假设变量 p1,p2,p,a,b 在内存中存储如图 8-8 所示。

假设 a 的地址为 2012,b 的地址为 2016,存储的值分别为 5 和 9。当程序执行到语句 p1 =&a;p2 =&b;时,p1 和 p2 分别存储了 a 和 b 的地址值 2012 和 2016。使得 p1 和 p2 分别指向了 a 和 b,其存储情况如图 8-8(a)所示。当程序执行到 p = p1;p1 = p2;p2 = p;时,交换了 p1 和 p2 指向的内容。即 p1 的存放内容为 2016,p2 的存放内容为 2012,这样使得 p1 指向了 a,而 p2 指向了 b,其存储情况如图 8-8(b)所示。因此程序执行完以后 a 和 b 的值并没有交换,只是 p1 和 p2 所指向的值发生了变换。即 p1 指向了 a 所在的存储单元块,p2 指向了 b 所在的存储单元块。因此程序输出后,a 和 b 的值保持不变,依然是 5 和 9,但*p1 和*p2 的值发生了变换,分别变为 9 和 5。

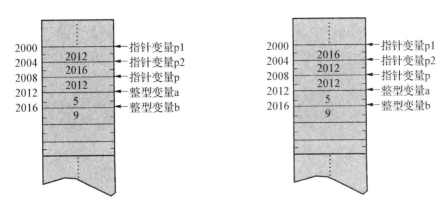

图 8 - 8 　（a）程序执行前数据在内存中的存储　　图 8 - 8 　（b）程序执行后数据在内存中的存储

需要注意的是，交换两个指针变量的指向需要借助于第三个指针变量作为临时变量，如本例中的 p 就是临时的指针变量，并且与要交换的指针变量 p1 和 p2 数据类型相同。

【例 8 - 4】　使用指针的方式交换两个数。

【分析】　该程序要求交换两个指针变量所指向变量的值，而不是通过交换两个指针值来实现交换两个数的功能。程序的代码如下：

```c
1  #include<stdio.h>
2  int main()
3  {
4      int *p1, *p2, a, b, t;
5      scanf("%d,%d", &a, &b);
6      p1 =&a; p2 =&b;
7      printf ("a=%d,b=%d\n", a, b);
8      if (a<b)
9      {   t =*p1;
10         *p1 =*p2;
11         *p2 =t;
12     }
13     printf("a =%d,b =%d\n", a, b);
14     return 0;
15 }
```

程序运行结果如图 8 - 9 所示。

图 8 - 9 　程序运行结果

程序运行的全程中指针变量 p1 和 p2 始终指向变量 a 和 b,程序 t = *p1; *p1 = *p2; *p2 =t;的作用是借助第三个变量 t 实现 *p1 和 *p2 值的交换,即交换 a 和 b 的值。

通过以上例题可以看出,交换指针变量的指向和交换两个指针变量所指向的变量的值有本质区别,使用时要根据具体的情况选择具体的方式进行处理。

8.3 指针作为函数参数

函数的参数除了可以是各种类型的变量,指针也可以作为参数在函数间传送,并且可以完成其他数据类型无法实现的功能,即将一个变量的地址传送到另一函数中。实参和形参均可使用指针。

用指针变量作函数参数可以将函数外部的地址传递到函数内部,使得在函数内部可以操作函数外部的数据,并且这些数据不会随着函数的结束而被销毁。

为了说明指针作为函数参数的特点,以下面的例子来讲解。

【例 8-5】 从键盘输入两个整数,然后将其交换输出。

【方法 1】 有些初学者如果没有学过指针,则可能会使用下面的方法来交换两个变量的值。

```c
1  #include<stdio.h>
2  void swap(int x, int y)
3  {
4      int t;
5      t = x;
6      x = y;
7      y = t;
8  }
9  int main()
10 {
11     int a,b;
12     scanf("%d%d",&a,&b);
13     swap(a, b);
14     printf("a =%d, b =%d\n", a, b);
15     return 0;
16 }
```

程序运行结果如图 8-10 所示。

图 8-10　程序运行结果

从结果可以看出,a、b 的值并没有发生改变,交换是没有成功的。这是因为 swap() 函

数内部的 x、y 和 main() 函数内部的 a、b 是不同的变量,占用不同的内存,swap() 交换的
是它内部 x、y 的值,不影响它外部(main() 内部) a、b 的值。图 8-11 描述了变量 a,b 和 x,
y 在内存中的存储情况。由于它们占用不同的内存单元块,x,y 值不管如何变化都不会影响
到 a 和 b 的值。

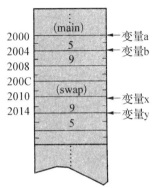

图 8-11　方法 1 程序执行后各变量的值

【方法 2】　改用指针变量作参数后就能解决上面的问题。

```
1   #include<stdio.h>
2   void swap(int  *p1, int  *p2)
3   {
4      int t;
5         t =*p1;
6       *p1 =*p2;
7       *p2 =t;
8   }
9   int main()
10  {
11     int a,b;
12     int *pointer_1,*pointer_2;
13     scanf("%d%d",&a,&b);
14     pointer_1 =&a;   pointer_2 =&b;
15     swap(pointer_1,pointer_2);
16     printf("a =%d, b = %d\n", a, b);
17     return 0;
18  }
```

程序运行结果如图 8-12 所示。

图 8-12　程序运行结果

从程序的输出结果可以看出，a 和 b 的值已经交换。在该程序中，变量的地址作实参，利用指针变量作形参接受实参传递过来的变量地址，使得形参 pointer_1 和 pointer_2 分别指向对象 a 和 b，函数 swap( )执行后，pointer_1 和 pointer_2 指向的对象的值被交换，也就是变量 a 和 b 的值被交换了，如下图所示。

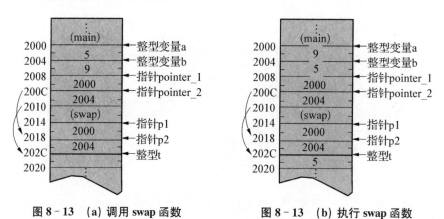

图 8-13 (a) 调用 swap 函数　　　图 8-13 (b) 执行 swap 函数

【方法 3】 使用指针所指向的值作为函数参数。

```
1   #include<stdio.h>
2   void swap(int x,int y)
3   {
4       int t;
5       t=x;
6       x=y;
7       y=t;
8   }
9   int main()
10  {   int a,b;
11      int *pointer_1,*pointer_2;
12      scanf("%d%d",&a,&b);
13      pointer_1=&a;   pointer_2=&b;
14      swap(*pointer_1,*pointer_2);
15      printf("a=%d, b=%d\n", a, b);
16      return 0;
17  }
```

程序运行结果如图 8-14 所示。

图 8-14　程序运行结果

从运行结果可知,该程序也没有实现交换两个数 a,b 的功能。其原因在于实参 *pointer_1 和 *pointer_2,在此例中 *pointer_1 和 *pointer_2 与 a 和 b 等价的都是指针变量所指向的内容。本质上讲 *pointer_1 与 *pointer_2 作为指针的参数和 a 与 b 作为函数的参数是等价的,都是单向的值传送。程序执行过程下图所示。

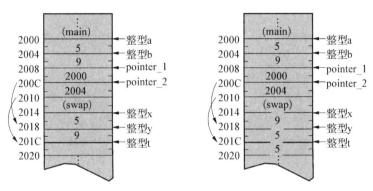

图 8‐15　(a) 调用 swap 函数　　　图 8‐15　(b) 执行 swap 函数

【方法4】　使用指针作为函数的指针,通过改变形参的指针来改变实参的值。程序的代码如下:

```
1   #include<stdio.h>
2   void swap(int *p1, int *p2)
3   {
4       int *p;
5       p =p1;
6       p1 =p2;
7       p2 =p;
8   }
9   int main()
10  {
11      int a,b;
12      int *pointer_1,*pointer_2;
13      scanf("%d%d",&a,&b);
14      pointer_1 =&a;  pointer_2 =&b;
15      swap(pointer_1,pointer_2);
16      printf("a =%d, b =%d\n", a, b);
17      return 0;
18  }
```

程序运行结果如图 8‐16 所示:

图 8‐16　程序运行结果

从程序的输出结果可知,该程序未能实现 a 与 b 的交换。其原因是交换指针变量作实参也是值传递,程序中交换了 p1,p2 这两个指针值,但 pointer_1 与 pointer_2 并未随着形参(p1,p2)的改变而改变,因此 pointer_1 与 pointer_2 所指向的值 a、b 也就没发生改变。程序执行中各变量的值的变化如下图所示。

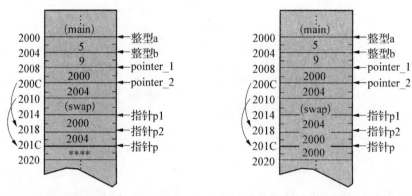

图 8-17 　(a) 调用 swap 函数　　　　　　图 8-17 　(b) 执行 swap 函数

以上 4 个程序只有第 2 个程序通过函数调用的方式改变了主函数 a、b 的值。其他都没有实现交换这两个数的功能。其根本原因在于函数的传递方式是单向的,只能将实参的值传给形参,而形参值的改变不会影响到实参的值。方法 2 之所以能够实现是因为采用了指针作为函数的参数,在被调函数 swap 中并没有交换形参的值,而是交换形参所指向的值,而形参的地址与实参的地址所指向的地址是相同的,因此可以在 swap 函数中改变主函数 a,b 的值。

调用 swap() 函数时,将变量 a、b 的地址分别赋值给 p1、p2,这样 * p1、* p2 代表的就是变量 a、b 本身,交换 * p1、* p2 的值也就是交换 a、b 的值。函数运行结束后虽然会将 p1、p2 销毁,但它对外部 a、b 造成的影响是"持久化"的,不会随着函数的结束而"恢复原样"。

通过以上分析可知,要想通过函数调用得到 n 个要改变的值,可以使用以下思想方法:
① 在主调用函数中设置 n 个变量,并且用 n 个指针变量指向它们;
② 然后将指针变量作实参,将这 n 个变量的地址传给所调用的函数的形参;
③ 通过形参指针变量改变该 n 个变量的值;
④ 主调用函数中就可以使用这些改变了值的变量。

8.4　应用举例

【例 8-6】　分析下面程序的输出结果。

```
1  #include<stdio.h>
2  void swap (int *p)
3  {
4      int b=9;
```

```
5        p = &b;
6  }
7  int main()
8  {
9      int *p;
10     int a = 5;
11     p = &a;
12     swap(p);
13     printf("*p = %d\n", *p);
14     return 0;
15 }
```

程序运行结果如图 8-18 所示。

图 8-18　程序运行结果

【分析】 该程序有两个指针变量 p，一个在 main 函数中，一个在 swap 函数中。此两个指针是两个不同的指针变量，占用不同的内存单元块。在主函数 main 中，将变量 a 的地址 2000 赋给指针变量 p，当函数调用时将地址值 2000 传递给 swap 函数中的指针 p，如图8-19(a)所示。在 swap 函数中将 swap 中 p 的地址改为变量 p 的地址 2014，如图 8-19 (b)所示。但主函数中的 p 指向的值依然是 2014，并没有发生改变，因此程序的输出结果还是 5。

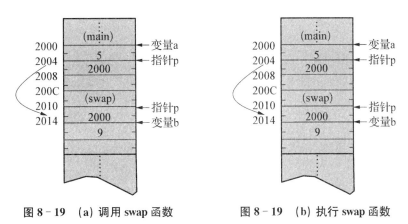

图 8-19　(a) 调用 swap 函数　　　　图 8-19　(b) 执行 swap 函数

通过指针传递参数，对于指针本身而言其实质仍然是值传递，即是传递指针本身的地址。或者说在 swap 函数中操作的形参不会改变实参的值，因此答案依然是 5。

可以这样理解，形参是进入一个参数的时候临时复制了实参的一个变量，这个变量继承了实参的所有值，然而它和实参却是两个不同的指针变量，即使它们的名字一模一样。swap 函数内所有发生的行为只和形参有关，当函数结束时形参就会消失，因而它所做的一切对实参没有影响。

【例 8-7】 从低位开始去除长整型变量 num 中奇数位上的数,以原来的顺序,即高位仍是高位,低位仍是低位构成一个新数放在 t 中。要求使用无返回值的函数完成。

【分析】 若设一个整数自右向左数分别为第 1 位,第 2 位,第 3 位……。则该题的解题思路是,分别将第 1,第 3……各奇数位的值取出并乘上其对应的权值。如有整数 12345,可分别取出对应的奇数值为 1,3,5,则乘上各自对应的权值并累加可得所求的新数为 5 + 3 * 10 + 1 * 100 = 135。

取出奇数位的方法是,先将该数对 10 求余数,得到的值即为该数第 1 位的值;然后将其除 100 后对 10 取余可取出第 3 位的值;依次类推,直至该数为 0,即可取出所有奇数位的值。

```
如   12345%10 = 5              取出第 1 位的值
     12345/100 = 123 123%10 = 3   取出第 3 位的值
     123/100 = 1      1%10 = 1     取出第 5 的值。
```

取出各奇数位的值后乘上对应的权值累加即是题目要求。其程序的代码如下:

```
1  #include < stdio.h >
2  void extract(long s,long *t)
3  {
4      long sl = 10;
5      *t = s%10;
6      while(s >0)
7      {
8          s = s/100;
9          *t = s%10*sl +*t;
10         sl = sl*10;
11     }
12 }
13 int main()
14 {
15     long num,result,*p;
16     p =&result;
17     printf("Please input a num:\n");
18     scanf("%d",&num);
19     extract(num,p);
20     printf("the result is%ld\n",result);
21     return 0;
22 }
```

程序的运行结果如图 8-20 所示。

【说明】 在该程序中,extract 函数的返回值为 void,该程序不能通过返回值的形式将求出的结果返回给主函数,因而采用了指针作为函数的参数的形式。在主函数中将指针 p 指向 result 函数,并将其作为实参传递给形参 t。这样 p 和 t 都指向了变量 result,即 p 和 t 都

图 8-20 程序运行结果

存储了变量 result 的地址。因此在 extract 函数中使用 *t =s％10 * sl + * t;语句将求出的值赋给 *t,也就是将该值赋给变量 result,从而实现了在 extract 函数中修改主函数变量 result 的值。

【例 8-8】 从键盘上输入 10 个学生的成绩,将这 10 个学生的最高分以及平均成绩求出。

【分析】 该程序将第 1 个学生初始化为成绩最高的学生,其他学生依次比较,若其他学生成绩比 max 大则将该值赋给 max,直至最后求出最大值。平均值的求法是将所有学生的成绩累加求和并除以学生总人数,程序代码如下:

```c
1   #include<stdio.h>
2   #define N 10
3   float fun(float st[],int n,float *pmax)
4   {
5       int i;
6       float sum =st[0],ave;
7       *pmax =st[0];
8       for(i =1;i<n;i++)
9       {
10          if(st[i]>*pmax) *pmax =st[i];
11          sum =sum + st[i];
12      }
13      ave =sum/n;
14      return ave;
15  }
16
17  int main()
18  {
19      float st[N],max,ave;
20      int i;
21      printf("请输入 10 个学生的成绩\n");
22      for(i =0;i<N;i++)
23          scanf("%f",&st[i]);
24      ave =fun(st,N,&max);
25      printf("The average is %f\nThe max is %f\n",ave,max);
26      return 0;
27  }
```

程序的运行结果如图 8-21 所示。

图 8-21 程序运行结果

【说明】 在 C 语言中函数的返回值最多只能有一个。但该程序需要求出两个值,即所有成绩的平均值和学生的最高成绩。该例中只用了一个函数 fun 就完成了这两个要求,就是使用了指针的功能。在函数 fun 中虽然返回值只有一个 ave 用以求出平均值,另外又有一个形参 *pmax,用以指向主函数 main 中的变量 max,也就使得 fun 函数中将学生中的最大值赋给 *pmax,即将该值赋给了 max,从而实现了通过函数调用得到多个要改变的值。

课后习题

一、选择题

1. 变量的指针,其含义是指该变量的 （   ）

   A. 值   B. 地址

   C. 名   D. 一个标志

2. 若有语句 int * point, a = 4; 和 point = &a;,下面均代表地址的一组选项是 （   ）

   A. a, point, *&a   B. &*a, &a, *point

   C. *&point, *point, &a   D. &a, &*point, point

3. 若有说明 int *p, m = 5, n;,以下正确的程序段是 （   ）

   A. p = &n;   B. p = &n;

      scanf("%d", &p);   scanf("%d", *p);

   C. scanf("%d", &n);   D. p = &n;

      *p = n;   *p = m;

4. 以下程序中调用 scanf 函数给变量 a 输入数值的方法是错误的,其错误原因是 （   ）

```
1  #include<stdio.h>
2  int main()
3  {
4      int *p,*q,a,b;
5      p =&a;
6      printf("input a:");
7      scanf("%d",*p);
8      ......
9  }
```

   A. *p 表示的是指针变量 p 的地址

B. ＊p 表示的是变量 a 的值,而不是变量 a 的地址

C. ＊p 表示的是指针变量 p 的值

D. ＊p 只能用来说明 p 是一个指针变量

5. 已有变量定义和函数调用语句:int a =25; print_value(&a);,下面函数的正确输出结果是 （ ）

```
void print_value(int *x)
{  printf("%d\n",++*x);}
```

A. 23 　　　　　 B. 24 　　　　　 C. 25 　　　　　 D. 26

6. 若有说明:long ＊p,a;,则不能通过 scanf 语句正确给输入项读入数据的程序段是 （ ）

A. ＊p =&a;　scanf("%ld",p);

B. p =(long ＊)malloc(8);　scanf("%ld",p);

C. scanf("%ld",p =&a);

D. scanf("%ld",&a);

7. 有以下程序

```
1  #include<stdio.h>
2  int main()
3  {
4      int a,k=4,m=4,*p1=&k,*p2=&m;
5      a=p1==&m;
6      printf("%d\n",a);
7      return 0;
8  }
```

程序运行后的输出结果是 （ ）

A. 4 　　　　　 B. 1 　　　　　 C. 0 　　　　　 D. 运行时出错,无定值

8. 已定义以下函数

```
fun (int *p)
{  return *p;  }
```

该函数的返回值是 （ ）

A. 不确定的值 　　　　　 B. 形参 p 中存放的值

C. 形参 p 所指存储单元中的值 　　　　　 D. 形参 p 的地址值

二、阅读程序

1. 阅读下面程序,写出程序的运行结果:_____。

```
1  #include<stdio.h>
2  int main()
3  {
4      int m=1,n=2,*p=&m,*q=&n,*r;
5      r=p;  p=q;  q=r;
6      printf("%d,%d,%d,%d\n",m,n,*p,*q);
```

```
7        return 0;
8   }
```

2. 阅读下面程序,写出程序的运行结果:_____。

```
1   #include<stdio.h>
2   int main()
3   {
4       int   a=1, b=3, c=5;
5       int   *p1=&a, *p2=&b, *p=&c;
6       *p=*p1*(*p2);
7       printf("%d\n",c);
8       return 0;
9   }
```

3. 阅读下面程序,写出程序的运行结果:_____。

```
1   #include<stdio.h>
2   void fun(char *c,int d)
3   {
4       *c=*c+1;
5       d=d+1;
6       printf("%c,%c,",*c,d);
7   }
8   int main()
9   {
10      char a='A',b='a';
11      fun(&b,a);
12      printf("%c,%c\n",a,b);
13      return 0;
14  }
```

三、程序设计

1. 用指针方法编写一个程序,输入 3 个整数,将它们按从小到大的顺序输出。

2. 编程实现将两个 10~99 之间的正整数 a、b 合并形成一个整数放在 c 中。合并的方式将 a 数的十位数字和个位数字依次放在 c 数的千位和个位上,b 数的十位数字和个位数字依次放在 c 数的百位和十位上。请使用指针作为函数的参数编写程序。

3. 编写程序实现将一个整数 s 中每一位上为奇数的数依次取出,构成一个新数放在 t 中。高位仍在高位,低位仍在低位,如该数的值为 35794,经过处理后的值为 359。程序要求使用指针作为函数的参数实现,请编写程序。

【微信扫码】
本章参考答案

第9章

指针和数组

一个变量有地址,一个数组包含若干元素,每个元素在内存中都占有存储单元,它们都有相应的地址,根据数组元素类型的不同,每个元素占据的内存单元的字节数也不同。指针变量可以存放变量的地址,当然也可以存放数组元素的地址。本章主要内容如下:

1. 指针和一维数组的关系;
2. 指针和二维数组的关系;
3. 带参数的 main 函数;
4. 动态分配内存。

9.1 指针和一维数组的关系

9.1.1 一维数组的地址

如图 9-1 所示,数组元素在内存中连续存放,占有一段连续的存储单元,确定了数组的首地址,就可以找到其他所有元素的地址以及值。

a 内存地址	值	变量名
0012FF34	1	a[0]
0012FF38	23	a[1]
0012FF3C	12	a[2]
0012FF40	234	a[3]
0012FF44	345	a[4]

图 9-1 数组的内存表示

【例 9-1】 一维数组地址和数组名之间的关系。

```
1  #include<stdio.h>
2  int main()
3  {
4      int a[5]={1,23,12,234,345};
5      printf("%p%p\n",&a[0],a);
6      printf("%p%p\n",&a[1],a + 1);
7      printf("%d%d\n",a[0],*a);
8      printf("%d%d\n",a[1],*(a + 1));
9      return 0;
10 }
```

程序运行结果如图 9-2 所示。

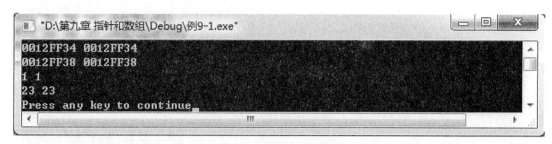

图 9-2 程序运行结果

例 9-1 的运行结果说明数组名 a 是元素 a[0]的地址，a+1 是元素 a[1]的地址，a[0]和 *a 相同，都表示 a[0]的值。

C 语言规定数组名（不包括形参数组名，形参数组名不占据实际的内存单元）代表数组首元素的地址，是个常量，不能修改其值。

a+1 不是数学意义上的在 a 的基础上增加数值 1，在 C 语言中，a+1 和 a 相差的是一个存储单元的字节数，所以例 9-1 中 a 和 a+1 在数值上相差 4，因为一个 int 类型的数据在 C++编译环境中占 4 个字节。

p	0012FF34	0012FF34	1	a[0]
		0012FF38	23	a[1]
		0012FF3C	12	a[2]
		0012FF40	234	a[3]
		0012FF44	345	a[4]

图 9-3 数组和指针的内存表示

9.1.2 一维数组的指针

数组名是常量，不能修改其值。指针是变量，存储变量的地址，只要将数组的地址赋值给指针类型变量，指针变量就可以像数组名字一样使用，而且可以随时修改其指向。

【例 9-2】 指针和数组的关系。

```
1   #include<stdio.h>
2   int main()
3   {
4       int a[5]={1,23,12,234,345};
5       int *p=a;
6       printf("%p%p\n",&p[0],p);
7       printf("%p%p\n",&p[1],p+1);
8       printf("%d%d\n",p[0],*p);
9       printf("%d%d\n",p[1],*(p+1));
10      return 0;
11  }
```

程序运行结果如图 9-4 所示。

例 9-1 和例 9-2 程序运行的结果相同，即 p 和 p+1 都代表地址，分别代表的是 a[0]和 a[1]元素的地址，*p 和 *(p+1)分别与 a[0]和 a[1]相同。变量 p 中存储的是 a 数组的首地址。

图 9 - 4 程序运行结果

在对指针和数组的操作中,使用 * 运算符进行操作,对数组和指向数组的指针变量 p 的理解中, * a 和 a[0], * (a + i)和 a[i], * p 和 p[0], * (p + i)和 p[i]等价。 * p 只有在 p = a 的情况下与 * a 和 a[0]等价。

如有以下定义:int a[10], * p;p = a + 3; * p 和元素 a[3]等价。

对 int a[10], * p,i = 5;p = &a[0];的分析如下:

(1) p + i 和 a + i 等价,表示 a[i]的地址,或者说它们指向 a 数组的第 i 个元素,如图 9 - 5 所示。

(2) * (p + i)和 * (a + i)等价,即 a[i]。

(3) 指向数组的指针变量也可以带下标,如 p[i]与 * (p + i)等价。

根据以上叙述,引用一维数组元素可以用以下两种方法:

(1) 下标法:即用 a[i]形式访问数组元素。在前面介绍数组时都是采用这种方法。

(2) 指针法:即采用 * (a + i)或 * (p + i)形式,用间接访问的方法来访问数组元素,其中 a 是数组名,p 是指向数组的指针变量,其初值 p = a。

阅读以下程序,分析程序运行结果。

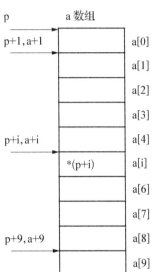

图 9 - 5 数组和指针的表示

```
1   #include<stdio.h>
2   int main()
3   {
4       int a[8]={10,23,15,60,41,49,13,39};
5       int *p,*q;
6       p = &a[0];
7       p = p + 4;
8       printf("%d\n",*p);
9       q = &a[5];
10      q = q - 2;
11      printf("%d\n",*q);
12      return 0;
13  }
```

9.1.3　一维数组的应用

【例 9 - 3】　以数组的方式引用数组元素。

```
1   #include<stdio.h>
2   int main()
3   {
4       int  a[5], i;
5       printf("Input five numbers:");
6       for (i = 0; i < 5; i++)
7           scanf("%d", &a[i]);   // 用下标法引用数组元素,等价于 scanf("%d", a + i);
8       for (i = 0; i < 5; i++)
9           printf("%4d", a[i]); //用下标法引用数组元素,等价于 printf("%4d",*(a + i));
10      printf("\n");
11      return 0;
12  }
```

程序运行结果如图 9 - 6 所示。

图 9 - 6　程序运行结果

注意：当输入数据超过循环的执行次数时,多余的数据会自动舍弃。

【例 9 - 4】　用指针变量引用数组元素。

```
1   #include<stdio.h>
2   int main()
3   {
4       int  a[5], *p = NULL, i;     //NULL 是空值
5       printf("Input five numbers:");
6       p = a;                        // p = a 等价于 p = &a[0]
7       for (i = 0; i < 5; i++)
8       {
9           scanf("%d", &p[i]);      // &p[i]等价于 p + i
10      }
11      p = a;                        // 在再次循环开始前,确保指针 p 指向数组首地址
12      for (i = 0; i < 5; i++)
13      {
14          printf("%4d", p[i]);     // p[i]等价于*(p + i)
15      }
16      printf("\n");
```

```
17      return 0;
18 }
```

【例 9-5】 对指针使用 ++ 和 -- 运算。

```
1  #include<stdio.h>
2  int main()
3  {
4      int  a[5], *p;
5      printf("Input five numbers:");
6      for (p = a; p<a + 5; p++)
7      {
8          scanf("%d", p);          //用指针法引用数组元素
9      }
10     for (p = a; p<a + 5; p++)
11     {
12         printf("%4d", *p);        //用指针法引用数组元素
13     }
14     printf("\n");
15     return 0;
16 }
```

例 9-4 和例 9-5 的运行结果如图 9-6 所示。

在例 9-5 中的 for (p = a；p<a + 5；p++)循环语句执行结束后，指针 p 指到了数组以后的内存单元，系统并不认为这样非法，因此 p 中可以存储任意一个合法的地址值。

在使用指针和 ++、-- 运算时，应注意以下问题：

1. 由于 ++ 和 * 优先级相同，结合方向自右向左，因此 * p++ 等价十 * (p++)。

2. * (p++) 与 * (++p) 作用不同。若 p 的初值为数组 a 的首地址，则 * (p++) 等价于 a[0]，* (++p) 等价于 a[1]。

3. (* p)++ 表示 p 所指向的元素值加 1。

4. 如果 p 指向数组 a 中的下标为 i 的元素，则

```
*(p--) 相当于 a[i--];
*(++p) 相当于 a[++i];
*(-- p) 相当于 a[-- i];
```

p + 1 和 p++ 本质上不同，p + 1 是一个加法表达式，是把 p 中的地址取出后加 1，其结果是下一个地址值，p 不变，而 p++ 等价于 p = p + 1，是修改了 p 中的值，使其指向了下一个地址。

9.2 将指针传递给函数

当用数组名作参数时，如果形参数组中元素的值发生变化，实参数组的值也随之变化。

C 语言调用函数时一般采用"值传递"方式，当用变量名作为函数参数时，传递的是变量

的值,当用数组名作为函数参数时,传递的是数组首地址,对应的形参应为指针变量。且C语言中规定:下标法和指针法都可访问一个数组。但用下标法表示比较直观,便于理解,故许多人使用数组名作形参。

实参数组名为地址常量,而形参数组并不是一个固定的地址值,而是指针变量,因此在函数调用开始时,它的值等于实参数组起始地址,但在函数执行期间,它可以再被赋值。

【例9-6】 将数组 a 中的 n 个整数按相反顺序存放。

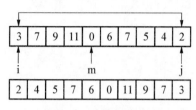

图9-7 数组元素交换

算法分析:将 a[0] 与 a[n-1] 对换,再将 a[1] 与 a[n-2] 对换……,直到将 a[(n-1)/2)] 与 a[n-(n-1)/2-1] 对换。用循环处理此问题,设两个位置指示变量 i 和 j,i 的初值为 0,j 的初值为 n-1。将 a[i] 与 a[j] 交换,然后使 i 的值加 1,j 的值减 1,再将 a[i] 与 a[j] 交换,直到 i=(n-1)/2 为止,如图 9-7 所示。

程序如下:

```
1   #include<stdio.h>
2   void inv(int x[],int n)    //形参 x 是数组名
3   {
4       int temp,i,j,m;
5       m=(n-1)/2;
6       for(i=0;i<=m;i++)
7       {
8           j=n-1-i;
9           temp=x[i];
10          x[i]=x[j];
11          x[j]=temp;//实现数组中两个元素的交换
12      }
13  }
14  int main()
15  {
16      int i,a[10]={3,7,9,11,0,6,7,5,4,2};
17      printf("The original array:\n");
18      for(i=0;i<10;i++)            //输出原数组中的元素
19          printf("%d,",a[i]);
20      printf("\n");
21      inv(a,10);                          //函数调用,实现数组的反序存放
22      printf("The array has been inverted:\n");
23      for(i=0;i<10;i++)            //输出反序后的数组中的元素
24          printf("%d,",a[i]);
25      printf("\n");
26      return 0;
27  }
```

总结:对于数组的处理,重要的是控制好数组元素的下标。

程序运行结果如图 9－8 所示。

图 9－8　程序运行结果

【例 9－7】　用指针变量实现数组 a 中的 n 个整数反序存放。

```
1   #include<stdio.h>
2   void inv(int *x,int n)                    //形参 x 为指针变量
3   {
4       int *p,temp,*i,*j,m=(n-1)/2;
5       i=x;j=x+n-1;p=x+m;
6       for(;i<=p;i++,j--)
7       {                                      //用指针实现数组中两个位置元素的交换
8               temp=*i;
9               *i=*j;
10              *j=temp;
11      }
12  }
13  int main()
14  {
15      int i,a[10]={3,7,9,11,0,6,7,5,4,2};
16      printf("The original array:\n");
17      for(i=0;i<10;i++)
18          printf("%d,",a[i]);
19      printf("\n");
20      inv(a,10);
21      printf("The array has benn inverted:\n");
22      for(i=0;i<10;i++)
23          printf("%d,",a[i]);
24      printf("\n");
25      return 0;
26  }
```

例 9－6 和例 9－7 的 main 函数相同,运行结果如图 9－8 所示,两者主要的区别在于:

(1) 形参的定义形式不同;

(2) 对数组的引用方式不同。在例 9－7 中,*i 和*j 不容易理解,i 存储的是 x 的首地址,j 存储的是 x 的尾地址,i++指向的是 x 的下一个元素的地址,j--指向的是 x 的前一个元素的地址,*i 和*j 都代表所指向的 x 元素的值。

【例 9 - 8】 从 n 个数中找出最大值和最小值。

调用一个函数时,return 只能返回一个值,所以为了将多个变量值带回到调用程序中,可以通过传地址和全局变量的方式实现,此例子是通过全局变量的形式进行数据的传递。程序如下:

```c
1  #include<stdio.h>
2  int max,min;          /*全局变量*/
3  void max_min_value(int array[],int n)     //也可以将 int array[]写成 int *array
4  {
5      int *p,*array_end;
6      array_end =array + n;
7      max =min =*array;
8      for(p =array + 1;p<array_end;p++)
9          if(*p>max)
10             max =*p;                //*p 代表 p 所指向数组对应的元素值
11                                      //p 指向的地址不同,所代表的值也不同
12         else if (*p<min)
13             min =*p;
14  }
15  int main()
16  {
17     int i,number[10];
18     printf("enter 10 integer numbers:\n");
19     for(i =0;i<10;i++)                //动态随机输入数组中的 10 个元素
20         scanf("%d",&number[i]);
21     max_min_value(number,10);        //函数的调用
22     printf("max =%d,min =%d\n",max,min);
23     return 0;
24  }
```

程序运行结果如图 9 - 9 所示。

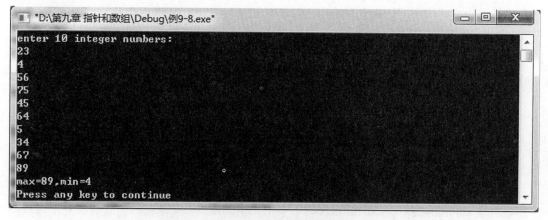

图 9 - 9　程序运行结果

对于输入的 10 个数,中间也可以用空格隔开,写在 1 行中,如图 9‐10 所示。二者区别在于,用空格隔开相应数据时,输入数据超过循环执行次数时,程序不会主动结束,直到遇到回车才代表输入结束,而每次都使用回车输入数据时,会根据程序的循环次数,自动结束数据的输入,不会出现输入无效数据的情况。

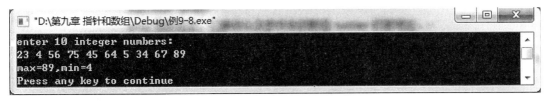

图 9‐10 程序运行结果

1. 在函数 max_min_value 中求出的最大值和最小值放在 max 和 min 中。由于它们是全局变量,因此在主函数中可以直接使用。

2. 函数 max_min_value 中的语句:

```
max =min =*array;
```

array 是数组名,它接收从实参传来的数组 number 的首地址。

array 相当于(&array[0]),上述语句与 max =min =array[0];等价。

3. for 循环时,p 的初值为 array +1,也就是使 p 指向 array[1]。以后每次执行 p++,都使 p 指向下一个元素。每次将*p 与 max 和 min 比较,都是将大者放入 max,小者放 min。

4. 函数 max_min_value 的形参 array 可以改为指针类型变量。实参也可以不用数组名,而用指针变量传递地址。

如果有一个实参数组,想在函数中改变此数组的元素的值,实参与形参的表示形式有以下 4 种:

(1)形参和实参都用数组名,如

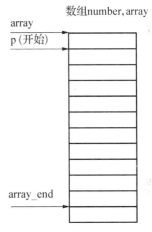

图 9‐11 数组指针地址

```
int main( )                     void f(int x[ ],int n)
{                               {
    int a[10];
    f(a,10);
}                               }
```

(2)实参用数组名,形参用指针变量。如

```
int main( )                     void f(int *x,int n)
{                               {
    int a[10];
    f(a,10);
}                               }
```

(3)实参形参都用指针变量。如

```
int main( )                          void f(int *x,int n)
{                                    {
    int a[10],*p;
    p=a;                             }
    f(p,10);
}
```

(4) 实参为指针变量,形参为数组名。如

```
int main( )                          void f(int x[ ],int n)
{                                    {
    int a[10],*p;
    p=a;                             }
    f(p,10);
}
```

此题也可以不用全局变量 max 和 min,可以通过指针变量从函数中返回最大值和最小值。

【例 9-9】 用选择法对 10 个整数排序。

```
1   #include<stdio.h>
2   sort(int x[ ],int n);                 //函数原型声明
3   int main( )
4   {
5       int *p,i,a[10];
6       p=a;
7       printf("Please input 10 numbers:\n");
8       for (i=0;i<10;i++)
9           scanf("%d",p++);
10      p=a;
11      sort(p,10);                       //函数调用
12      printf("After sort:\n");
13      for(p=a,i=0;i<10;i++)
14      {
15          printf("%d",*p);
16          p++;
17      }
18      return 0;
19  }
20  void sort(int x[ ],int n)             //函数定义
21  {
22      int i,j,min,t;
23      for(i=0;i<n-1;i++)
24      {
```

```
25              min = i;
26              for(j = i + 1;j < n;j++)
27                  if(x[j]>x[min])
28                      min = j;
29              if(min!= i)              //数组里的两个数进行交换
30              {
31                  t = x[i];
32                  x[i]= x[min];
33                  x[min]= t;
34              }
35          }
36  }
```

用指针实现选择法排序,上述函数可改写为:

```
1   void sort(int *x,int n)
2   {
3       int i,j,min,t;
4       for(i = 0;i < n - 1;i++)
5       {
6           min = i;
7           for(j = i + 1;j < n;j++)
8           if(*(x + j)>*(x + min))
9               min = j;
10          if(min!= i)
11          {t = *(x + i);*(x + i)= *(x + min);*(x + min)= t;}
12      }
13  }
```

程序运行结果如图 9 - 12 所示。

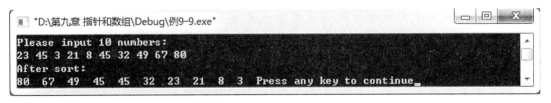

图 9 - 12 程序运行结果

9.3 指针和二维数组的关系

二维数组在概念上是二维的,有行和列,但在内存中所有的数组元素都是连续排列的,它们之间没有"缝隙",是一维数组的形式。

9.3.1 二维数组的行地址和列地址

【例 9-10】 二维数组中数组和指针的关系。

```
1   #include<stdio.h>
2   int main()
3   {
4       int a[3][4]={1,2,3,4,11,22,33,44,111,222,333,444};
5       printf("%p%p%d\n",a,a[0],*a);
6       printf("%p%p%d\n",a + 1,a[1],*(a + 1));
7       printf("%p%p%d\n",a + 1,a[0]+ 1,*a + 1);
8       printf("%p%p\n",*(a + 1)+ 1,a[1]+ 1);
9       printf("%d%d%d\n",a[1][1],*(a[1]+ 1),*(*(a + 1)+ 1));
10      return 0;
11  }
```

程序运行结果如图 9-13 所示。

图 9-13 程序运行输出结果

二维数组元素存放的逻辑示意图如图 9-14 所示。

	第0列	第1列	第2列	第3列
第0行	a[0][0]	a[0][1]	a[0][2]	a[0][3]
第1行	a[1][0]	a[1][1]	a[1][2]	a[1][3]
第2行	a[2][0]	a[2][1]	a[2][2]	a[2][3]

图 9-14 二维数组存放逻辑示意图

设数组 a 的首地址为 0018FF18,各元素的首地址及其值如图 9-15 所示。

	第0列	第1列	第2列	第3列
第0行	0018FF18 1	0018FF1C 2	0018FF20 3	0018FF24 4
第1行	0018FF28 11	0018FF2C 22	0018FF30 33	0018FF34 44
第2行	0018FF38 111	0018FF3C 222	0018FF40 333	0018FF44 444

图 9-15 二维数组地址和值的关系

前面介绍过,C语言允许把一个二维数组分解为多个一维数组来处理。因此数组 a 可分解为三个一维数组,即 a[0],a[1],a[2]。每个一维数组又含有四个元素,如图 9-16 所示。

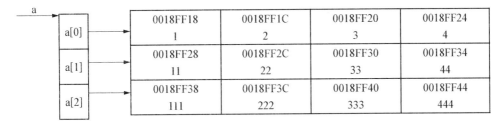

图 9‐16 二维数组和地址的关系

a[0]数组含有 a[0][0],a[0][1],a[0][2],a[0][3]四个元素。

从二维数组的角度来看,a 是二维数组名,表示整个二维数组的首地址,也是二维数组第 0 行的首地址(0018FF18),a+1 表示第 1 行的首地址(0018FF28),如图 9‐17 所示。

a 0018FF18 a+1			
0018FF28 a+2 0018FF38			

图 9‐17 二维数组名和地址的关系

a[0]是第一个一维数组的数组名,首地址为 0018FF18。 ∗(a+0)或∗a 与 a[0]等价,表示一维数组 a[0][0]元素的首地址 0018FF18。&a[0][0]是二维数组 a 第 0 行第 0 列元素首地址,同样是 0018FF18。因此,a,a[0],∗(a+0),∗a,&a[0][0]在数值上相等。

同理,a+1 是二维数组第 1 行的首地址(0018FF28)。a[1]是第_个一维数组的数组名和首地址,因此也为 0018FF28。&a[1][0]是二维数组 a 的第 1 行第 0 列元素地址,也是 0018FF28。因此 a+1,a[1],∗(a+1),&a[1][0]在数值上相等。

由此可得出:a+i,a[i],∗(a+i),&a[i][0]在数值上相等,都代表地址。

此外,&a[i]和 a[i]等同。因为在二维数组中不能把&a[i]理解为元素 a[i]的地址,不存在元素 a[i]。a[i],&a[i],∗(a+i)和 a+i 也都等同。

另外,a[0]也可以看成 a[0]+0,是一维数组 a[0]的 0 号元素的首地址,而 a[0]+1 则是 a[0]的 1 号元素首地址,由此可得出 a[i]+j 是一维数组 a[i]的 j 号元素首地址,等价于&a[i][j]。

a 0018FF18 a+1	a[0] 0018FF18 1	a[0]+1 0018FF1C 2	a[0]+2 0018FF20 3	a[0]+3 0018FF24 4
0018FF28 a+2	0018FF28 11	0018FF2C 22	0018FF30 33	0018FF34 44
0018FF38	0018FF38 111	0018FF3C 222	0018FF40 333	0018FF44 444

图 9‐18 二维数组名和行列地址的关系

由 a[i]=＊(a＋i)得 a[i]+j=＊(a＋i)+j。由于＊(a＋i)+j 是二维数组 a 的 i 行 j 列元素的首地址,所以,该元素的值等于＊(＊(a＋i)+j)。

在二维数组中 a 和 a＋1 与一维数组中 a 和 a＋1 不同,二维数组中的 a 指的是行地址,所以 a＋1 指向的是第 1 行的地址,a＋i 指向的是第 i 行的地址;同时 a 与＊a 以及 a[0]在二维数组中表示的地址值相同,含义不同,但都表示地址。

在二维数组中,表示元素 a[i][j]的值的形式如下:

```
a[i][j]
*(a[i]+j)
(*(a+i))[j]
*(*(a+i)+j)
```

其他形式都表示地址。

【例 9－11】 通过指针运算符输出一个二维数组所有元素。

```
1   #include<stdio.h>
2   #define N 4
3   void InputArray(int (*p)[N], int m, int n);
4   void OutputArray(int (*p)[N], int m, int n);
5   int main()
6   {
7       int  a[3][4];
8       printf("Input 3*4 numbers:\n");
9       InputArray(a, 3, 4);   //向函数传递二维数组的第 0 行的地址
10      printf("Output 3*4 numbers:\n");
11      OutputArray(a, 3, 4);   //向函数传递二维数组的第 0 行的地址
12      return 0;
13  }
14  void InputArray(int p[][N], int m, int n)
15  {
16      int i, j;
17      for(i = 0; i<m; i++)
18      {
19          for(j = 0; j<n; j++)
20          {
21              scanf("%d", *(p + i) + j);   //*(p + i) + j 代表的是第 i 行第 j 列的地址
22          }
23      }
24  }
25  void OutputArray(int p[][N], int m, int n)
26  {
27      int i, j;
28      for(i = 0; i<m; i++)
29      {
```

```
30          for(j = 0; j < n; j++)
31          {
32              printf("%4d", *(*(p + i) + j)); //*(*(p + i) + j)代表的第 i 行第 j 列的值
33          }
34          printf("\n");
35      }
36 }
```

程序的运行结果如图 9－19 所示。

图 9－19　程序运行结果

9.3.2　二维数组的行指针和列指针引用二维数组元素

1. 行指针

C 语言允许把一个二维数组 int a[3][4];分解成多个一维数组来处理。对于数组 a,它可以分解成三个一维数组,即 a[0]、a[1]、a[2]。每一个一维数组又包含了 4 个元素,例如 a[0] 包含 a[0][0]、a[0][1]、a[0][2]、a[0][3]。

把二维数组 a 分解为一维数组 a[0]、a[1]、a[2] 之后,设 p 为指向二维数组的指针变量。可定义为:

```
int (*p)[4];
```

它表示 p 是一个指针变量,指向包含 4 个元素的一维数组。若指向第一个一维数组 a[0],其值等于 a、a[0] 或 &a[0][0],而 p + i 则指向一维数组 a[i]。从前面的分析可得出 *(p + i)+j 是二维数组 i 行 j 列的元素的地址,*(*(p + i)+j)则是 i 行 j 列元素的值。

行指针变量声明的一般形式为:

```
类型说明符　(*指针变量名)[长度];
```

其中"类型说明符"为所指数组的数据类型。"*"表示其后的变量是指针类型。"长度"

表示二维数组分解为多个一维数组时,一维数组的长度,也就是二维数组的列数。应注意
"(＊指针变量名)"两边的括号不可少,如缺少括号则表示是指针数组(本章后面介绍),意义
就完全不同了。

例如,已知定义

```
int a[3][4]; int (*p)[4];
```

对指向二维数组的行指针 p 进行初始化的方法是:

```
p = a
或者
p = &a[0];
```

此时,p 指针指向了二维数组的第 0 行的地址,p 中存储的就是 a 的地址,所以用行指针
表示二维数组元素 a[i][j]的值的等价形式如下:

```
p[i][j]
*(p[i]+ j)
(*(p + i))[j]
*(*(p + i)+ j)
```

注意:如果 p = a + 1;, p[i][j]和 a[i][j]不等价。

【例 9 – 12】 用行指针输出一个二维数组的所有元素。

```
1   #include < stdio.h >
2   #define N 4
3   void InputArray(int (*p)[N], int m, int n);
4   void OutputArray(int (*p)[N], int m, int n);
5   int main()
6   {
7       int  a[3][4];
8       printf("Input 3*4 numbers:\n");
9       InputArray(a, 3, 4);   //向函数传递二维数组的第 0 行的地址
10      printf("Output 3*4 numbers:\n");
11      OutputArray(a, 3, 4);   //向函数传递二维数组的第 0 行的地址
12      return 0;
13  }
14  /*形参声明为指向列数已知的二维数组的行指针,输入数组元素值 */
15  void InputArray(int (*p)[N], int m, int n)
16  {
17      int i, j;
18      for(i = 0; i < m; i++)
19      {
20          for(j = 0; j < n; j++)
21          {
22              scanf("%d", *(p + i)+ j);   //实参是将 a 的值传给了 p,即 p = a,
23  //所以*(p + i)+ j 表示的就是&a[i][j]
```

```
24               }
25          }
26 }
27 /*形参声明为指向列数已知的二维数组的行指针,输出数组元素值 */
28 void OutputArray(int (*p)[N], int m, int n)
29 {
30      int i, j;
31      for(i = 0; i < m; i++)
32      {
33          for(j = 0; j < n; j++)
34          {
35              printf("%4d", *(*(p + i) + j)); //实参是将 a 的值传给了 p,即 p = a
36 //所以*(*(p + i) + j)表示的就是 a[i][j]
37          }
38          printf("\n");
39      }
40 }
```

程序运行结果如图 9-19 所示。

2. 列指针

在计算机中,进行数据的物理存储时,只有一个地址值代表存储的位置,也就是逻辑上说的一维数组。所以,计算机表示二维数组时,都是将二维数组转换为对应的一维数组进行存放。C 语言规定,在存储二维数组元素时,先存完第一行,再存第二行,接着存第三行,以此类推。所以如图 9-20 所示的 3 行 4 列的 a 数组,存储的形式如图 9-21 所示。

	第0列	第1列	第2列	第3列
第0行	a[0][0]	a[0][1]	a[0][2]	a[0][3]
第1行	a[1][0]	a[1][1]	a[1][2]	a[1][3]
第2行	a[2][0]	a[2][1]	a[2][2]	a[2][3]

图 9-20　二维数组的逻辑表示

也就是说二维数组元素 a[1][2],在一维数组中存储位置的下标为 6。在进行下标转换的过程中,存储第 1 行元素时,前面已经存放了第 0 行的四个元素,在存储 a[1][2]元素时,这一行前面已存储了 2 个元素,所以,将二维降为一维存储时所对应的下标为 1*4+2。1 和 2 分别是 a[1][2]这个元素的行列所对应的数字,4 代表每一行的元素的个数,即二维数组的列数。所以,对于一个 M 行 N 列的二维数组中的任意一个元素 a[i][j],转换为一维数组时,所对应的下标为 i*N+j。

列指针的定义和赋值如下:

对应的一维数组	元素值	二维数组对应
0		a[0][0]
1		a[0][1]
2		a[0][2]
3		a[0][3]
4		a[1][0]
5		a[1][1]
6		a[1][2]
7		a[1][3]
8		a[2][0]
9		a[2][1]
10		a[2][2]
11		a[2][3]

图 9-21　二维数组的一维表示

```
int *p;
int a[3][4];
```

可用以下 3 种等价的方式实现二维数组到一维数组的转换：

```
p = a[0];
p = *a;
p = &a[0][0];
```

此时，a[i][j]的值用列指针表示的形式为：p[i*4 + j]，4 为二维数组的列数。
列指针在+1 以后指向的元素不同。
【例 9-13】 用列指针输出一个二维数组的所有元素。

```
1  #include<stdio.h>
2  void InputArray(int *p, int m, int n);
3  void OutputArray(int *p, int m, int n);
4  int main()
5  {
6      int  a[3][4];
7      printf("Input 3*4 numbers:\n");
8      InputArray(*a, 3, 4);//向函数传递二维数组的第 0 行第 0 列的地址
9  //等价于 InputArray(a[0], 3, 4);和 InputArray(&a[0][0], 3, 4);
10     printf("Output 3*4 numbers:\n");
11     OutputArray(*a, 3, 4);   //向函数传递二维数组的第 0 行第 0 列的地址
12     return 0;
13 }
14 /*形参声明为指向二维数组的列指针,输入数组元素值 */
15 void InputArray(int *p, int m, int n) //形参中,p 代表指向一个一维数组的首地址
16 //m 是行数,n 是列数
17 {
18     int i, j;
19     for(i = 0; i<m; i++)
20     {
21         for(j = 0; j<n; j++)
22         {
23             scanf("%d", &p[i*n + j]);   //&p[i*n + j]代表二维数组中 a[i][j]的地址
24         }
25     }
26 }
27 /*形参声明为指向二维数组的列指针,输出数组元素值 */
28 void OutputArray(int *p, int m, int n)
29 {
30     int i, j;
31     for(i = 0; i<m; i++)
```

```
32        {
33            for(j = 0; j < n; j++)
34            {
35                printf("%4d", p[i*n + j]); //p[i*n + j]代表二维数组中 a[i][j]的值
36            }
37            printf("\n");
38        }
39  }
```

程序运行结果如图 9 - 19 所示。

9.4 动态数组

9.4.1 内存动态分配的概念

任何一个变量在使用前,都必须先完成在内存中的存储安排,如存放位置、占据多少内存单元等。通过前面的学习,我们知道全局变量分配在内存中静态存储区域,非静态的局部变量分配在内存中的动态存储区域,这个存储区域被称为栈区域。除此之外,C 语言允许建立内存动态分配区域,以存放一些临时数据,这些数据不必在程序声明部分定义,也不必等到函数执行结束时再释放,而是在需要时开辟空间,在不需要时释放空间。这些数据临时存放在一个特别自由的存储区域——堆区域。可以根据需要,随时向系统申请所需大小的空间。由于没有在声明部分定义它们为变量或数组,所以只能通过指针来引用这些空间。

9.4.2 动态内存分配函数

1. malloc 函数

malloc() 函数用来动态分配内存空间。

【函数原型】 void ∗ malloc (unsigned size);

【功能】 malloc() 在堆区分配一块长度为 size 字节的内存空间,用来存放数据。这块内存空间在函数执行完成后不会被初始化,它们的值未知。如果希望在分配内存的同时进行初始化,使用 calloc() 函数。

函数的返回值类型是 void ∗ ,void 并不是说没有返回值或者返回空指针,而是返回的指针类型未知,所以在使用 malloc() 时通常需要进行强制类型转换,将 void 指针转换成需要的类型。

malloc 函数的实质体现在,它有一个将可用内存块连接为一个长列表的所谓空闲链表。调用 malloc 函数时,它沿连接表寻找一个大到足以满足用户请求所需要的内存块。然后,将该内存块一分为二(一块的大小与用户请求的大小相等,另一块的大小就是剩下的字节)。接下来,将分配给用户的那块内存传给用户,并将剩下的那块(如果有的话)返回到连接表上。调用 free 函数时,它将用户释放的内存块连接到空闲链上。最后,空闲链会被切成很多的小内存片段,如果这时用户申请一个大的内存片段,那么空闲链上可能没有满足用户要求的片段。于是,malloc 函数请求延时,并开始在空闲链上检查各内存片段,对它们进行整理,

将相邻的小空闲块合并成较大的内存块。如果无法获得符合要求的内存块,malloc 函数会返回 NULL 指针,因此在调用 malloc 动态申请内存块时,一定要进行返回值的判断。

例如,申请 10 个动态的整型存储空间:

```
int *p;
p=(int *)malloc(10*sizeof(int));
```

2. calloc 函数

【函数原型】 void *calloc(unsigned n,unsigned size);

【功能】 在内存的动态存储区中分配 n 个长度为 size 的连续空间,函数返回一个指向分配起始地址的指针;分配不成功,返回 NULL。

跟 malloc 的区别:calloc 在动态分配完内存后,自动初始化该内存空间为零,而 malloc 不初始化,其中的数据是随机的。

例如,申请 10 个长度的整型存储空间:

```
int *p;
p=(int *)calloc(10,sizeof(int));
```

3. realloc 函数

【函数原型】 extern void *realloc(void *mem_address, unsigned int newsize);

【功能】 先判断当前的指针是否有足够的连续空间,如果有,扩大 mem_address 指向的地址,并且将 mem_address 返回,如果空间不够,先按照 newsize 指定的大小分配空间,将原有数据从头到尾拷贝到新分配的内存区域,而后释放原来 mem_address 所指的内存区域,同时返回新分配的内存区域的首地址,即重新分配存储器块的地址。

如果重新分配成功,则返回指向被分配内存的指针,否则返回空指针 NULL。

realloc 不能保证重新分配后的内存空间和原来的内存空间在同一内存地址,它返回的指针很可能指向一个新的地址。所以,在代码中,必须把 realloc 返回的值重新赋给 p,如

```
p = (char *) realloc (p, old_size + new_size);
```

甚至可以传一个空指针(0)给 realloc,则此时 realloc 作用完全相当于 malloc。如

```
int*p = (char *) realloc (0,old_size + new_size);
```

全新分配一个内存空间,作用完全等同于下面代码:

```
int*p = (char *) malloc(old_size + new_size);
```

4. free 函数

【函数原型】 void free(void *p);

【功能】 释放指针变量 p 所指向的动态内存空间,使此空间成为再分配的可用内存。指针变量 p 应是最近一次调用 malloc 或 calloc 函数时得到的返回值。

这里原始内存中的数据保持不变。当内存不再使用时,使用 free()函数将内存块释放。

9.4.3 动态数组的实现

【例9-14】 编程输入某班学生的某门课成绩,计算输出平均分。学生人数由键盘输入。

```
1  #include<stdio.h>
2  #include<stdlib.h>
3  void InputArray(int *p, int n);
4  double Average(int *p, int n);
5  int main()
6  {
7      int   *p = NULL, n;
8      double aver;
9      printf("Please input student\' s numbers:");
10     scanf("%d", &n);                   // 键盘输入学生人数
11     p = (int *) malloc(n * sizeof(int));        //向系统申请了 n 个空间
12     if (p ==NULL)       //确保指针使用前是非空指针,当 p 为空指针时结束程序运行
13     {
14         printf("No enough memory!\n");
15         exit(1);
16     }
17     printf("Input %d score:", n);
18     InputArray(p, n);          //输入学生成绩
19     aver = Average(p, n);          //计算平均分
20     printf("aver =%.1f\n", aver);          //输出平均分
21     free(p);          //释放向系统申请的内存
22     return 0;
23 }
24 /*形参声明为指针变量,输入数组元素值 */
25 void InputArray(int *p, int n)
26 {
27     int i;
28     for (i =0; i< n; i++)
29     {
30         scanf("%d", &p[i]);
31     }
32 }
33 /*形参声明为指针变量,计算数组元素的平均值 */
34 double Average(int *p, int n)
35 {
36     int i, sum = 0;
37     for (i =0; i< n; i++)
```

```
38      {
39          sum = sum + p[i];
40      }
41      return (double) sum / n;
42  }
```

程序运行结果如图 9-22 所示。

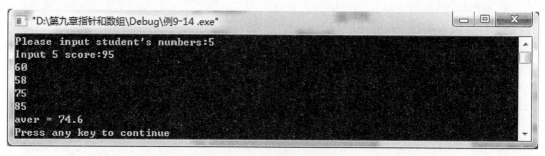

图 9-22 程序运行结果

【例 9-15】 编程输入 m 个班学生(每班 n 个学生)的某门课的成绩,计算输出平均分。班级数和每班学生人数由键盘输入。

```
1   #include<stdio.h>
2   #include<stdlib.h>
3   void InputArray(int *p, int m, int n);
4   double Average(int *p, int m, int n);
5   int main()
6   {
7       int  *p = NULL, m, n;
8       double aver;
9       printf("Please input class \'s number:");
10      scanf("%d", &m);                        //输入班级数
11      printf("Please input student\'s number:");
12      scanf("%d", &n);                        //输入每班学生人数
13      p = (int *) calloc(m*n, sizeof(int));      //向系统申请了 m*n 个空间
14      if (p ==NULL)     // 确保指针使用前是非空指针,当 p 为空指针时结束程序运行
15      {
16          printf("No enough memory!\n");
17          exit(1);
18      }
19      InputArray(p, m, n);                    //输入学生成绩
20      aver = Average(p, m, n);                // 计算平均分
21      printf("aver =%.1f\n", aver);           // 输出平均分
22      free(p);                                // 释放向系统申请的内存
23      return 0;
```

```
24 }
25 /*形参声明为指向二维数组的列指针,输入数组元素值 */
26 void InputArray(int *p, int m, int n)
27 {
28      int i, j;
29      for(i = 0; i < m; i++)              //m个班
30      {
31          printf("Please enter scores of class%d:\n", i + 1);
32          for(j = 0; j < n; j++)          // 每班 n 个学生
33          {
34              scanf("%d", &p[i*n + j]);
35          }
36      }
37 }
38 /*形参声明为指针变量,计算数组元素的平均值 */
39 double Average(int *p, int m, int n)
40 {
41      int i, j, sum = 0;
42      for(i = 0; i < m; i++)              //m个班
43      {
44          for(j = 0; j < n; j++)          // 每班 n 个学生
45          {
46              sum = sum + p[i*n + j];
47          }
48      }
49      return (double) sum / (m*n);
50 }
```

程序运行结果如图 9 - 23 所示。

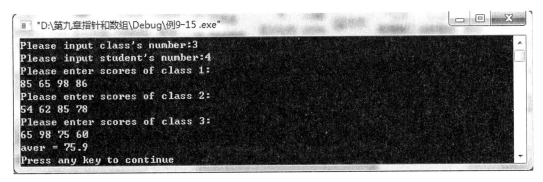

图 9 - 23　程序运行结果

此例也可以用 malloc 函数来实现,请读者自行完成。

以上两个例子都是向内存动态申请空间,两者的区别在于申请空间的个数不同,函数的参数个数也不同。

```
p = (int *) malloc(n *sizeof(int));          //向系统申请了 n 个空间
p = (int *)calloc(m*n, sizeof(int));         //向系统申请了 m*n 个空间
```

结果都是向内存申请所需数量的一维空间的个数,都是一个一维数组,两个例子在进行函数定义时,数组的形参都是 int *p。

```
if (p ==NULL)      // 确保指针使用前是非空指针,当 p 为空指针时结束程序运行
{
    printf("No enough memory!\n");
    exit(1);
}
```

9.5   重要概念讨论

9.5.1   二级指针

指针变量可以存放普通变量的地址,也可以存放指针变量的地址。如果一个指针变量中存放的是另一个指针变量的地址,即一个指针变量指向的对象是另一个指针变量,我们把这样的指针称为指向指针的指针,又叫二级指针。当然,可以使用一个指针指向二级指针,称为多级指针。

二级指针的定义形式如下:

数据类型**指针变量名;

与其他任何的指针变量一样,二级指针变量定义后,在使用前需要先赋值,确定其具体的指向。二级指针赋值的一般形式如下:

二级指针变量=& (一级指针变量);

一级指针变量指的是存放具体被处理数据的地址的变量。

例如:

```
int k =5,*pk,**p;
pk =&k;
p =&pk;
```

以上对变量的申请和赋值在内存中的描述形式如图 9-24 所示,**p 等价于 *pk 等价于 k。

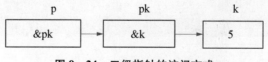

图 9-24   二级指针的访问方式

9.5.2 指针数组和数组指针

1. 指针数组

一个数组,其元素均为指针,称为指针数组,也就是说指针数组中的每一个元素都相当于一个指针变量。一维指针数组的定义形式为:

> 类型名 *数组名[数组长度]

例如,int *pa[3]表示 pa 是一个指针数组,它有三个数组元素,每个元素值都是一个指针,指向整型变量。通常可用一个指针数组来指向一个二维数组。指针数组中的每个元素被赋予二维数组每一行的首地址,因此也可理解为指向一个一维数组。

【例 9-16】 用指针数组输出二维数组的值。

```
1   #include<stdio.h>
2   int main()
3   {
4       int a[3][3]={1,2,3,4,5,6,7,8,9};
5       int *pa[3]={a[0],a[1],a[2]};
6       int *p=a[0];
7       int i;
8       printf("用二维数组名输出的结果:\n");
9       for(i=0;i<3;i++)
10          printf("%4d %4d %4d\n",a[i][2-i],*a[i],*(*(a+i)+i));
11      printf("用指针数组和行指针输出的结果:\n");
12      for(i=0;i<3;i++)
13          printf("%6d%6d\n",*pa[i],*(p+i));
14      return 0;
15  }
```

程序运行结果如图 9-25 所示。

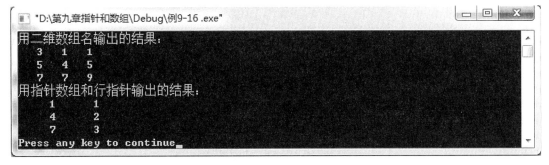

图 9-25 程序运行结果

本程序中,pa 是一个指针数组,三个元素分别指向二维数组 a 的各行。然后用循环语句输出指定的数组元素。其中 *a[i]是 a[i][0]; *(*(a+i)+i)是 a[i][i]; *pa[i]是 a[i][0];由于 p 与 a[0]相同,故 p[i]和 *(p+i)都表示 a[0][i]。

指针数组也常用来存储一组字符串,这时指针数组的每个元素被赋予一个字符串的首地址。指向字符串的指针数组的初始化更为简单,例如:

```
char *name[]={"Illegal day","Monday","Tuesday","Wednesday",
"Thursday","Friday","Saturday","Sunday"};
```

完成这个初始化赋值后,name[0]指向字符串"Illegal day",name[1]指向"Monday"……。有关指针数组指向字符串的示例将在第 10 章中给大家重点讲解。

指针数组也可以用作函数参数。

2. 数组指针

前面讲的二维数组的行指针就是数组指针,定义形式如下所示:

```
int a[4][5];
int (*p)[5]=a;
```

这里 a 是二维数组的数组名,相当于一个二级指针常量;

p 是一个指针变量,它指向包含 5 个 int 元素的一维数组,此时 p 的增量以它所指向的一维数组长度为单位;

*(p+i)是二维数组中 a[i][0]的地址;

(p+2)+3 表示 a[2][3]的地址,(*(p+2)+3)就是 a[2][3]的元素。

指针数组和二维数组指针变量虽然都可用来表示二维数组,但是其表示方法和意义不同:

二维数组指针是单个变量,其定义形式中圆括号必不可少。而指针数组类型表示的是多个指针,在定义形式中"*指针数组名"两边不能有括号。

例如:

```
int (*p)[3];
```

表示一个指向二维数组的指针变量。该二维数组的列数为 3 或分解为一维数组的长度为 3。

int *p[3] 表示 p 是一个指针数组,三个元素 p[0],p[1],p[2]为指针变量。

9.5.3　函数指针和指针函数(选学内容)

1. 函数指针

在 C 语言中规定,一个函数总是占用一段连续的内存区,其中函数名就是该函数所占内存区的首地址。把函数的首地址(或称入口地址)赋予一个指针变量,使该指针变量指向该函数,然后通过指针变量找到并调用该函数,我们把这种指向函数的指针变量称为"函数指针变量"。

函数指针变量定义的一般形式为:

类型说明符 (*指针变量名)(参数类型表);

其中"类型说明符"表示被指函数的返回值的类型。"(*指针变量名)"表示"*"后面的变量是定义的指针变量。最后的空括号表示指针变量所指的是一个函数。

例如,int (*pf)(int,int)。

pf 是一个函数指针,可以指向有两个整型参数且返回值类型为 int 的函数。

下面通过例子来说明如何使用函数指针。

【例 9 - 17】 输出两个数的最大值(本例要求使用函数指针实现对函数的调用)。

```
1   #include<stdio.h>
2   int max(int a,int b)
3   {
4       if(a>b)
5           return a;
6       else
7           return b;
8   }
9   int main()
10  {
11      int(*pmax)(int,int);        //定义一个函数指针
12      int x,y,z;
13      pmax =max;                  //把函数名赋值给函数指针变量
14      printf("input two numbers:\n");
15      scanf("%d%d",&x,&y);
16      z =(*pmax)(x,y);    //调用函数指针变量指向的函数,注意*号不能省略
17      printf("maxnum =%d\n",z);
18      return 0;
19  }
```

程序运行结果如图 9 - 26 所示。

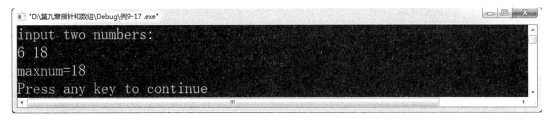

图 9 - 26 程序运行结果

从上面程序可以看出,用函数指针变量形式调用函数的步骤如下:

(1) 先定义函数指针变量 pmax,如 int (*pmax)(int,int);

(2) 把被调函数的入口地址(函数名)赋予该函数指针变量,如 pmax =max;

(3) 用函数指针变量形式调用函数,如 z =(*pmax)(x,y);

(4) 函数的调用可以通过函数名调用,也可以通过函数指针调用(即用指向函数的指针变量调用)。

使用函数指针变量还应注意以下两点:

(1) 函数指针变量不能进行算术运算,这与数组指针变量不同。数组指针变量加减一个整数可使指针移动指向后面或前面的数组元素,而函数指针的移动毫无意义。

(2) 函数调用中"(*指针变量名)"两边的括号不可少,其中的 * 不应该理解为求值运算,在此处它只是一种表示符号。

2. 指针函数

在 C 语言中,函数返回值除了整型、字符型、浮点型等基本数据类型外,也可以是指针类型,即函数可以返回一个地址。

【例 9 - 18】 通过指针函数,输入一个 1～7 之间的整数,输出对应的星期名。

```
1   #include<stdio.h>
2   #include<stdlib.h>
3   char *day_name(int n);
4   int main()
5   {
6       int i;
7       char *day_name(int n);
8       printf("input Day No:\n");
9       scanf("%d",&i);
10      if(i<0) exit(1);
11      printf("Day No:%2d-->%s\n",i,day_name(i));
12      return 0;
13  }
14  char *day_name(int n)
15  {
16      char *name[]={ "Illegal day","Monday","Tuesday","Wednesday",
17  "Thursday","Friday","Saturday","Sunday"};
18      return((n<1||n>7) ? name[0] : name[n]);
19  }
```

程序运行结果如图 9 - 27 所示。

图 9 - 27　程序运行结果

本例中定义了一个指针型函数 day_name,它的返回值指向一个字符串。该函数中定义指针数组 name,被初始化为八个字符串,分别表示各个星期名及出错提示。形参 n 表示与星期名所对应的整数。在主函数中,把输入的整数 i 作为实参,在 printf 语句中调用 day_name 函数并把 i 值传送给形参 n。day_name 函数中的 return 语句包含一个条件表达式,n 值若大于 7 或小于 1,则把 name[0]指针返回主函数,输出提示字符串"Illegal day",否则返回主函数对应的星期名。主函数中的第 10 行是条件语句,其语义是,如果输入负数(i<0),则中止程序运行退出程序。exit 是一个库函数,使用时需要"#inlcude<stdlib.h>"这个头文件,exit(1)表示发生错误后退出程序,exit(0)表示正常退出。

int(＊p)()和 int ＊p()完全不同,应特别注意函数指针变量和指针型函数这两者在写

法和意义上的区别,现总结如下:

(1) int(∗p)()是一个变量说明,说明 p 是一个指向函数入口的指针变量,该函数的返回值是整型量,(∗p)两边的括号不能少。

(2) int ∗p()不是变量说明而是函数说明,说明 p 是一个指针型函数,其返回值是一个指向整型量的指针,∗p 两边没有括号。作为函数说明,在括号内最好写入形式参数,这样方便与变量说明区别。对于指针型函数定义,int ∗p()只是函数头部的声明,一般还应该有函数体部分。

9.5.4　指针小结

有关指针的一些概念总结如表 9-1 所示。

表 9-1　概念比较

定　义	含　　义
int i;	定义整型变量 i
int ∗p;	p 为指向整型数据的指针变量
int a[5];	定义整型数组 a,它有 5 个元素
int ∗p[5];	定义指针数组 p,它由 5 个指向整型数据的指针元素组成
int (∗p)[5];	p 为指向含 5 个元素的一维数组的指针变量
int f();	f 为返回整型函数值的函数
int ∗p();	p 为返回一个指针的函数,该指针指向整型数据
int (∗p)();	p 为指向函数的指针,该函数返回一个整型值
int ∗ ∗p;	p 是二级指针变量,它指向一个整型数据的指针变量

指针和一维数组的关系如表 9-2 所示。

表 9-2　指针和一维数组

定　义	a[i]变量名	a[i]变量地址
int a[10];	a[i]	&a[i]
int ∗q; q =a;	∗(a + i) q[i] ∗(q + i)	a + i &q[i] q + i

指针和二维数组的关系如表 9-3 所示。

表 9-3　指针和二维数组

定　义	a[i][j]变量名	a[i][j]变量地址
int a[3][5];	a[i][j] ∗(a [i]+ j) ∗(∗(a + i)+ j) (∗(a + i))[j]	&a[i][j] a[i]+ j ∗(a + i)+ j &(∗(a + i))[j]

续 表

定义	a[i][j]变量名	a[i][j]变量地址

int (* p)[5];//行指针
p = a; //二维的
	p[i][j]
	* (p [i]+ j)
	* (* (p + i)+ j)
	(* (p+i))[j]
		&p[i][j]
		p[i]+ j
		* (p + i)+ j
		&(* (p + i))[j]

int * q;//列指针
q = * a;//一维的,等价于 q =a[0];
	* (q + i * 5 + j)	q + i * 5 + j

说明:在表示值和地址时,由于 p = a,所以在表示 a[i][j]值和地址的描述中都可以将 a 换成 p,二者是等价的。

9.6 带参数的 main( )函数

前面程序中的 main 函数都不带参数,实际上,main 函数可以带参数,这个参数可以认为是 main 函数的形式参数。C语言规定 main 函数的参数只能有两个,习惯上将这两个参数写为 argc 和 argv。argc(第一个形参)必须是整型变量,argv(第二个形参)必须是指向字符串的指针数组。所以 main 函数的函数头应写为:

```
main (int argc,char *argv[])
```

其中 argc 和 argv 也可以换作别的变量名。main 函数不能被其他函数调用,main 函数的参数值从操作系统命令行上获得。当我们要运行一个可执行文件时,在 DOS 提示符下键入文件名,再输入实际参数即可把这些实参传送到 main 的形参中去。

DOS 提示符下命令行的一般形式为:

```
C:\Users\mj >可执行文件名  参数  参数……
```

说明:"C:\ Users \ mj>"代表当前路径,不用输入。

但是应特别注意的是,main 的两个形参和命令行中的参数在位置上不是一一对应的。因为,main 的形参只有两个,而命令行中的参数个数原则上未加限制。argc 参数表示了命令行中参数的个数(注意:文件名本身也算一个参数),argv 的值是在输入命令行时由系统按实际参数的个数自动赋予的。

例如,有命令行为:

```
C:\Users\mj >E24  BASIC  foxpro  FORTRAN
```

由于文件名 E24 本身也是一个参数,所以共有 4 个参数,因此 argc 取得的值为 4。argv 参数是字符串指针数组,其各元素值为命令行中各字符串(参数均按字符串处理)的首地址。指针数组的长度即为参数个数,数组元素初值由系统自动赋予。其表示如图 9-27 所示。

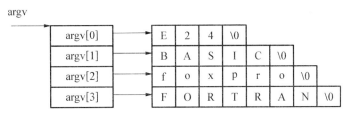

图 9 - 27 argv 指针数组

【例 9 - 19】 测试带有参数的 main 函数。文件名为 test.c,保存路径为 d:\ test 文件夹下。

```
1  #include<stdio.h>
2  int main(int argc,char *argv[])
3  {
4      while(argc>1)
5      {
6          ++argv;
7          printf("%s\n",*argv);
8          -- argc;
9      }
10     return 0;
11 }
```

程序编译运行成功后,在 d:\ test \ debug 文件夹下会生成 test.exe 可执行文件,依次单击"开始"→"所有程序"→"附件"→"命令提示符",在打开的对话框中输入以下内容:

d:\ test \ debug \ test.exe basic forxpro fortran

程序运行结果如图 9 - 28 所示。

图 9 - 28 程序运行结果

该行共有 4 个参数,执行 main 时,argc 的初值为 4。argv 的 4 个元素分别为 4 个字符串的首地址。执行 while 语句,每循环一次 argc 值减 1,当 argc 等于 1 时停止循环,共循环三次,因此共输出三个参数。在 printf 函数中,由于打印项" *++argv"是先加 1 再打印,故第一次打印的是 argv[1]所指的字符串 BASIC。第二、三次循环分别打印后两个字符串。而参数 test.exe 是文件名,不必输出。

课后习题

一、选择题

1. 若有说明:long ＊p,a;,则不能通过 scanf 语句正确给输入项读入数据的程序段是（　　）

　　A. ＊p =&a;scanf("%ld",p);

　　B. p =(long ＊)malloc(8);scanf("%ld,p);

　　C. scanf("%ld",p =&a);

　　D. scanf("%ld",&a);

2. 若要用下面的程序片段使指针变量 p 指向一个存储整型变量的动态存储单元

```
int  ＊p;
p = _____ malloc(sizeof(int) );
```

　　则横线处应填入　　　　　　　　　　　　　　　　　　（　　）

　　A. int　　　　　　　B. int ＊　　　　　　C. (＊int)　　　　　　D. (int ＊)

3. 若有以下说明和语句,请选出哪个是对 c 数组元素正确引用　　　　（　　）

```
int c[4][5],(＊cp)[5];
cp =c;
```

　　A. cp + 1　　　　　　　　　　　　　　B. ＊(cp + 3)

　　C. ＊(cp + 1)+ 3　　　　　　　　　　　D. ＊(＊cp + 2)

4. 设有以下语句,其中不是对 a 数组元素正确引用的是:_____（其中 0≤i<10）（　　）

```
int a[10]={0,1,2,3,4,5,6,7,8,9,},＊p =a;
```

　　A. a[p − a]　　　　　　　　　　　　　B. ＊(&a[i])

　　C. p[i]　　　　　　　　　　　　　　　D. ＊(＊(a + i))

5. 不合法的 main 函数命令行参数表示形式是　　　　　　　　　　（　　）

　　A. main(int a,char ＊c[])　　　　　　　B. main(int arc,char ＊＊arv)

　　C. main(int argc,char ＊argv)　　　　　D. main(int argv,char ＊arge[])

6. 若有以下定义

```
int  x[10],  ＊pt =x;
```

　　则对 x 数组元素的正确引用是　　　　　　　　　　　　　　　　（　　）

　　A. pt + 3　　　　B. ＊&x[10]　　　　C. ＊(pt + 10)　　　　D. ＊(x + 3)

7. 已知有声明 int a[3][3]={0},＊p1 =a[1],(＊p2)[3]=a;,以下表达式中与 a[1][1]=1 不等价的表达式是　　　　　　　　　　　　　　　　　　　　（　　）

　　A. ＊(p1 + 1)=1　　　　　　　　　　　B. p1[1][1]=1

　　C. ＊(＊(p2 + 1)+1)=1　　　　　　　　D. p2[1][1]=1

8. 设有声明 int P[10]={1,2},i =0;,以下语句中与 P[i]= P[i + 1],i++;等价的是（　　）

　　A. P[i]= P[i++];　　　　　　　　　　　B. P[++i]= P[i];

　　C. P[++i]= P[i + 1];　　　　　　　　　D. i++,P[i − 1]= P[i];

9. 有以下程序

```
1   #include<stdio.h>
2   int main()
3   {
4       int c[6]={10,20,30,40,50,60}, *p,*s;
5       p = c;    s = &c[5];
6       printf("%d\n", s-p );
7       return 0;
8   }
```

程序运行后的输出结果是 ( )

A. 5   B. 50   C. 6   D. 60

10. 有以下程序

```
1   #include<stdio.h>
2   int main()
3   {
4       int  a[ ] = { 2,4,6,8 }, *p =a,  i;
5       for( i =0; i < 4; i++)
6              a[i]=*p++;
7       printf( "%d\n" ,a[2] );
8       return 0;
9   }
```

程序运行后的输出结果是 ( )

A. 2   B. 8   C. 4   D. 6

二、阅读程序

1. 分析下列程序,写出程序运行结果_____。

```
1   #include<stdio.h>
2   void t(int x,int y,int *cp,int *dp)
3   {
4       *cp =x*x + y*y;
5       *dp =x*x - y*y;
6   }
7   int main()
8   {
9       int a =4,b =3,c =5,d =6;
10      t(a,b,&c,&d);
11      printf("%d,%d\n",c,d);
12      return 0;
13  }
```

2. 分析下列程序,写出程序运行结果_____。

```
1  #include<stdio.h>
2  void f(int *p,int *q);
3  int main()
4  {
5      int m=1,n=2,*r=&m;
6      f(r,&n);
7      printf("%d,%d",m,n);
8      return 0;
9  }
10 void f(int *p,int *q)
11 {
12     p=p+1;
13     *q=*q+1;
14 }
```

3. 分析下列程序,写出程序运行结果_____。

```
1  #include<stdio.h>
2  int fun(int *s, int t, int *k)
3  {
4      int i;
5      *k=0;
6      for(i=0;i<t;i++)
7          if(s[*k]<s[i]) *k=i;
8      return s[*k];
9  }
10 int main()
11 {
12     int a[10]={ 876,675,896,101,301,401,980,431,451,777},k;
13     fun(a, 10, &k);
14     printf("%d,%d\n",k,a[k]);
15     return 0;
16 }
```

三、程序设计

1. 编写程序实现如下功能:从键盘输入一个大于1的正整数,当 n 为奇数时,计算奇数之和,当 n 为偶数时,计算偶数之和。要求编写 odd、even 两个函数,分别来计算 n 为奇数和偶数时的和,并通过指向函数的指针进行调用。

2. 编写一个程序,按照从小到大的顺序输出一维数组 b 中各元素值。要求不改变 b 数组的原有顺序,使用指针数组处理。

3. 请编一个函数 void fun(int tt[M][N], int pp[N]), tt 指向一个 M 行 N 列的二维数组,求出二维数组每列中最大元素,并依次放入 pp 所指的一维数组中。

第10章

字符串

字符串由字符组成,可以用数组来存储,计算机处理的数据大都是非数值型数据,因此掌握字符串的处理尤其重要。本章主要介绍:

1. 字符串的存储;
2. 字符串的输出;
3. 字符串处理函数;
4. 字符串应用;

10.1 字符串常量

字符串常量是由一对双引号括起来的一个字符序列。例如"hello",字符串中的字符依次存储在内存中一块连续的区域内,并且把空字符'\0'自动附加到字符串的尾部作为字符串的结束标志。字符常量是由一对单引号括起来的单个字符。

字符串常量在内存中都占用一串连续的存储空间,而且这段连续的存储空间有唯一确定的首地址,字符串常量本身代表的就是该字符串在内存中所占连续存储单元的首地址。例如 printf("%d\n","china");屏幕中显示的就是"china"在内存中的首地址。

'a'和"a"的区别:C 语言中规定,每个字符串常量的结尾加上一个字符串结束标志'\0',以便系统判断字符串是否结束。'a'代表一个字符,而"a"代表一个字符串,'\0'是一个 ASCII 值为 0 的字符,从 ASCII 代码表中可以查到 ASCII 值为 0 的字符是空操作,它不引起任何控制动作,也不是一个可显示字符。

'a'和"a"在内存中的表示如图 10‐1 所示。

图 10‐1 字符和字符串的内存表示

不能将一个字符串常量赋值给一个字符变量。

一个空串和只含有一个空格的字符串不同,前者不包含有效字符,后者包含一个空格。

""和""在内存中的表示如图 10-2 所示。

图 10-2 空串和空格串的内存表示

10.2 字符串的存储

10.2.1 字符数组

C语言没有提供专门的处理字符串的数据类型,可以用字符数组来存放一个字符串,数组中每一个元素存放一个字符,字符串的存储依赖于字符数组,在存储字符串时,字符串结束标志 '\0' 也占用一个字节的存储空间,但是它不计入字符串的实际长度,所以在描述字符串常量时也不用显示写出,但 '\0' 计入数组的长度。

字符数组的初始化可以使用以下三种等价的方式:

```
char str[] = {'C','h','i','n','a','\0'};
char str[] = {"China"};
char str[] = "China";
```

它们在内存中的表示如图 10-3 所示。

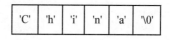

图 10-3 字符串的内存表示

以上三句都是向内存申请了 6 个空间来存放字符,'\0' 占有一个位置。

char str[] = {'C','h','i','n','a'};此句赋值和上面三种情况不同,此语句只向内存申请了 5 个空间,没有 '\0' 的位置,只能说明是字符数组,而不是字符串。

char str[10] ="China";,当申请的空间比字符串本身的长度长时,后面自动补 '\0'。

'C'	'h'	'i'	'n'	'a'	'\0'	'\0'	'\0'	'\0'	'\0'

图 10-4 字符串的内存表示

以上对字符串的赋值不能分成两句写 char str[10];str ="China",必须在定义的同时赋值。

在 C 语言中,有关字符串的大量操作都与字符串标志 '\0' 有关,因此,在字符数组中的有效字符后面加上 '\0' 把字符数组当作字符串处理。

无论哪种方式初始化字符数组,都要留有足够的空间以便存储字符串的结束标志 '\0'。因此字符数组的大小至少要比字符串的实际字符数多 1。

10.2.2　字符指针

　　字符指针是用来定义指向字符型数据的。每个字符串在内存中都占有一段连续的存储空间,并有唯一确定的首地址,将字符串的首地址赋值给字符指针变量,可以通过字符指针访问字符串的任何一个字符。

　　【例 10-1】　字符串中输出%s 和%p 的含义。

```
1  #include<stdio.h>
2  int main()
3  {
4      printf("%s\n","china");
5      printf("%p\n","china");
6      return 0;
7  }
```

程序运行结果如图 10-5 所示。

图 10-5　程序运行结果

　　例 10-1 的运行结果说明% p 输出的是"china"的首地址(此地址在不同电脑不同时刻取得的地址值不同),字符串本身代表地址,指针是存放地址的,可以把字符串直接赋值给指针变量。即可以用以下方法定义字符指针:

```
方法一:char *pstr = "china";
方法二:char *pstr;
        pstr = "china";
方法三:char *ps1,s[]="china";
        ps1 = s;
```

　　对于语句 char * pstr = "china";的正确理解是声明了一个字符指针类型的变量 pstr后,将字符串常量的地址赋值给指针变量 pstr。

　　即正确顺序是:

　　1.给字符指针分配内存;

　　2.给字符串分配内存;

　　3.将字符串首地址赋值给字符指针。

用地址空间描述 char * pstr = "china";,如图 10-6 所示。

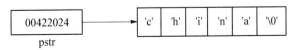

图 10-6　指针指向字符串的内存表示

10.2.3　对使用字符数组和字符指针变量的讨论

字符数组和字符指针变量的区别：

1. 字符数组由若干个空间组成，每个空间放一个字符，而字符指针变量存放的是字符串首地址，不是将字符串存放到字符指针变量中。

2. 赋值方式不同

只能对字符数组的元素赋值，对字符指针变量赋初值方式如下：

```
char *a ="I love China!";
```

等价于：

```
char  *a;
a ="I love China!";
```

3. 字符数组在编译时分配内存单元，因此有确定的地址。而指针变量则是在程序执行过程中分配内存单元，指向字符串首地址，如果未初始化，则它未具体指向一个确定的字符串地址。如

```
char str[10];
scanf("%s",str);
```

是可以的。而

```
char *a;
scanf("%s",a);
```

是危险的，当程序规模较大时，会出现冲突。应当改成如下形式：

```
char *a,str[10];
a =str;
scanf("%s",a);
```

4. 指针变量的值可以改变。

【例 10-2】　％s 输出字符串举例。

```
1  #include<stdio.h>
2  int main( )
3  {
4      char *a ="I love China!";
5      a =a + 7;
6      printf("%s\n",a);
7      return 0;
8  }
```

程序运行结果如图 10-7 所示。

数组名代表地址，是常量，其值不能改变。

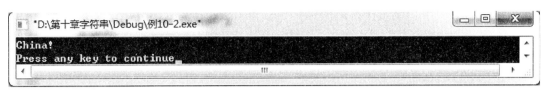

图 10-7 程序运行结果

5. 用指针变量指向一个格式字符串，可以用它代替 printf 函数中的格式字符串。如

```
char *format; format ="a =%d,b =%f\n";
printf(format,a,b);
```

相当于 printf("a =%d,b =%f\n",a,b);。

改变指针变量 format 所指向的字符串，可以改变输入输出的格式。这种 printf 函数称为可变格式输出函数。

也可以用字符数组实现。如

```
char  format[ ]="a =%d,b =%f\n";
printf(format,a,b);
```

用指针变量指向字符串的方式更为方便。

10.2.4 二维数组用于表示多个字符串

通常，一个一维数组只能存储一个字符串，要存储多个字符串，可以用二维数组。当二维数组存储多个字符串时，数组的第一个维度代表要存储的字符串的个数，其数字可以省略，第二个维度代表每个字符串的长度，且第二维度不可省略。

例如：

```
char city[][10] = { "BeiJing", "ShangHai", "TianJin", "GuangZhou", "WuHan" };
```

其中 10 代表每行可以最多存放 10 个字符(包含'\0')的字符串，当字符串的长度小于 10 时，系统将自动用'\0'填补剩余元素。

上例中的字符串在内存中的存储如图 10-8 所示。

city[0]	'B'	'e'	'i'	'J'	'i'	'n'	'g'	'\0'	'\0'	'\0'
city[1]	'S'	'h'	'a'	'n'	'g'	'H'	'a'	'i'	'\0'	'\0'
city[2]	'T'	'i'	'a'	'n'	'J'	'i'	'n'	'\0'	'\0'	'\0'
city[3]	'G'	'u'	'a'	'n'	'g'	'Z'	'h'	'o'	'u'	'\0'
city[4]	'W'	'u'	'H'	'a'	'n'	'\0'	'\0'	'\0'	'\0'	'\0'

图 10-8 二维数组存储指针的内存表示

city[0]代表字符串"Beijing"的首地址。

下面二维数组的定义：

```
char diamond[5][5]={{' ',' ','*'},{' ','*',' ','*'},{'*',' ',' ',' ','*'},{' ','*',' ','*'},{' ',' ','*'}};
```

描述的是如图 10-9 所示的内容。

```
      *
    *   *
  *       *
    *   *
      *
```

图 10-9　二维数组存储数据

10.3　字符串的输入输出

10.3.1　单个字符输入输出

字符串在内存中以数组的形式存放,和其他类型的数组一样,可以使用下标方式访问字符数组中的每个字符。例如 char str[10]="hello";,str[0]表示第 1 个字符 'h',str[1]表示第 2 个字符 'e',以此类推,可以通过下标 i 访问第 i+1 个字符。

1. 用 scanf 和 printf 输入输出单个字符

【例 10-3】　字符的输入和输出。

```
1   #include<stdio.h>
2   int main()
3   {
4       char str[10];
5       int i;
6       printf("Please input a string:");
7       for (i=0; i<10;i++)
8           scanf("%c",&str[i]);              //也可以写成 scanf("%c", str+i);
9       printf("Please output a string:");
10      for (i=0; i<10;i++)
11          printf("%c",str[i]);              //也可以写成 printf("%c", *(str+i));
12      printf("\n");
13      return 0;
14  }
```

程序运行结果如图 10-10 所示。

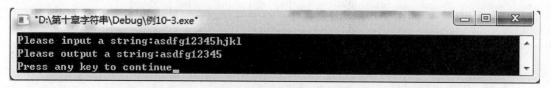

```
"D:\第十章字符串\Debug\例10-3.exe"
Please input a string:asdfg12345hjkl
Please output a string:asdfg12345
Press any key to continue
```

图 10-10　程序运行结果

此外,还可以通过字符指针间接访问存放在数组中的每个字符。

【例 10-4】　用指针输入变量输出字符。

```
1  #include<stdio.h>
2  int main()
3  {
4      char str[10],*p;
5      int i;
6      p =str;
7      printf("Please input a string:");
8      for (i =0; i<10;i++,p++)
9          scanf("%c",p);
10     printf("Please output a string:");
11     p =str;
12     for (i =0; i<10;i++,p++)
13         printf("%c",*p);
14     printf("\n");
15     return 0;
16 }
```

程序运行结果如图 10 - 10 所示。

2. 用 getchar 和 putchar 函数输入单个字符

【例 10 - 5】 用数组输入输出单个字符。

```
1  #include<stdio.h>
2  int main()
3  {
4      char str[10];
5      int i;
6      printf("Please input a string:");
7      for (i =0; i<10;i++)
8          str[i]= getchar();
9      printf("Please output a string:");
10     for (i =0; i<10;i++)
11         putchar(str[i]);
12     return 0;
13 }
```

用指针变量输入输出单个字符。

```
1  #include<stdio.h>
2  int main()
3  {
4      char str[10],*p;
5      int i;
6      p =str;
7      printf("Please input a string:");
```

```
8        for (i = 0; i < 10; i++,p++)
9            *p = getchar();
10       p = str;
11       printf("Please output a string:");
12       for (p = str;p < str + 10;p++)
13           putchar(*p);
14       return 0;
15   }
```

程序运行结果如图 10 - 10 所示。

10.3.2 字符串整体输入输出

1. 用 scanf 和 printf 输入输出整个字符串

【例 10 - 6】 用数组输出整个字符串。

```
1   #include < stdio.h >
2   int main()
3   {
4       char str[10];
5       printf("Please input a string:");
6       scanf("%s",str);/*表示读入一个字符串,直到遇到空白字符(空格、回车或者 TAB 制表
        符)为止。数组名 str 代表该字符串的首地址,所以 str 前不能再加取地址符*/
7       printf("Please output a string:");
8       printf("%s\n",str);//表示输出一个字符串,直到遇到字符串结束标志'\0'为止。
9       return 0;
10  }
```

程序运行结果如图 10 - 11 所示。

图 10 - 11 程序运行结果

程序运行结果显示遇到空格后,scanf 函数只截取空格之前的字符。

输出语句写成 printf("% s",str + 2);,则代表输出 str[2]位置到'\0'之间的所有字符,在字符串的处理中,所给的字符数组或者指针变量代表的都是字符串的地址。

scanf 函数中数组名代表该数组的起始地址,只需写字符数组名,不再加地址符&。

2. 用 puts 和 gets 函数输入输出整个字符串

(1) 字符串输出函数

【格式】 int puts(const char * s);

【功能】 向显示器输出字符串(输出完自动换行)

说明:字符数组中必须包含'\0'结束字符。

【例 10-7】 输出字符串。

```
1  #include<stdio.h>
2  int main()
3  {
4      char c[]="BASIC\ndBASE";
5      puts(c);
6      return 0;
7  }
```

程序运行结果如图 10-12 所示。

```
"D:\第十章字符串\Debug\例10-7.exe"
BASIC
dBASE
Press any key to continue
```

图 10-12 程序运行结果

从程序中可以看出 puts 函数中可以使用转义字符,因此输出结果为两行。puts 函数可以用 printf 函数取代。当需要按一定格式输出时,通常使用 printf 函数。

(2) 字符串输入函数

【格式】 int gets(const char * str);

【功能】 从键盘输入一个以回车符结束的字符串放入字符数组中,并自动加'\0',函数返回值为该字符数组的首地址。

说明:输入串长度应小于字符数组长度,字符串中可以包含空格。

【例 10-8】 字符串的输入输出函数使用。

```
1  #include<stdio.h>
2  int main()
3  {
4      char str[15];
5      printf("Please input a string:");
6      gets(str);
7      printf("Please output a string:");
8      puts(str);
9      return 0;
10 }
```

程序运行结果如图 10-13 所示。

```
"D:\第十章字符串\Debug\例10-8.exe"
Please input a string:asdfg 12345 hjkl
Please output a string:asdfg 12345 hjkl
Press any key to continue
```

图 10-13 程序运行结果

可以看出当输入的字符串中含有空格时,输出仍为全部字符串。

说明:gets 函数以回车符作为输入结束。

在字符串的输入过程中,gets 和 scanf 的区别如表 10-1 所示。

表 10-1 函数比较

gets	scanf
输入的字符串中可包含空格字符	输入的字符串中不可包含空格字符
只能输入一个字符串	可连续输入多个字符串(使用%s%s…)
不可限定字符串的长度	可限定字符串的长度(使用%ns)
遇到回车符结束	遇到空格符、回车符或者制表符结束

10.4 字符串函数

C语言提供了丰富的字符串函数,大致可分为字符串的输入、输出、合并、修改、比较、转换、复制、搜索几类。使用这些函数可大大减轻编程的负担。使用输入输出字符串函数前应包含头文件<stdio.h>,使用其他字符串函数应包含头文件<string.h>。

10.4.1 字符串长度函数 strlen

【格式】 unsigned int strlen(const char * c);

【功能】 计算字符串的实际长度(不含字符串结束标志'\0')并作为函数返回值。

有效字符(不包含'\0')的个数称为字符串的长度,简称串长。"China"的串长是 5,"Basic\ a"的串长是 6,其中转义字符'\a'只按一个有效字符计算。

【例 10-9】 求字符串长度函数举例。

```
1  #include<stdio.h>
2  #include<string.h>
3  int main()
4  {
5      int k;
6      char st[20]="C language";
7      k=strlen(st);
8      printf("The lengh of the string is:%d\n",k);
9      printf("The array size is:%d\n",sizeof(st));
10     return 0;
11 }
```

程序运行结果如图 10-14 所示。

图 10 - 14 程序运行结果

sizeof(st)是求数组 st 向内存申请的空间的字节数,不是有效字符的个数,它和 strlen(st)结果不同。

思考:对于以下字符串,strlen(s)的值分别为多少?

(1) char s[10] = { 'A' , '\0', 'B', 'C', '\0', 'D' };

(2) char s[] = "\t\v\\\0will\n";

(3) char s[] = "\x69 \082\n";

10.4.2 字符串复制函数 strcpy

【格式】 char * strcpy (char * str1,char * str2);

【功能】 把 str2 中的字符串(包括串结束标志 '\0')拷贝到 str1 中。

【例 10 - 10】 字符串复制函数举例。

```
1  #include<stdio.h>
2  #include<string.h>
3  int main()
4  {
5      char st1[80]="China",st2[]="C Language";
6      strcpy(st1,st2);
7      puts(st1);
8      return 0;
9  }
```

程序运行结果如图 10 - 15 所示。

图 10 - 15 程序运行结果

本函数要求字符数组 st1 应有足够的长度,否则不能全部装入所拷贝的字符串。

strcpy(st1,st2);换成 strcpy(st1 + 3,st2);后,输出的结果是不同的,请读者自行完成。

10.4.3 字符串连接函数 strcat

【格式】 char * strcat (char * str1,char * str2);

【功能】 把 str2 中的字符串连接到 str1 字符串的后面,并删去 str1 后的串标志 '\0'。本函数返回值是 str1 的首地址。

【例 10-11】 字符串连接函数举例。

```
1  #include<stdio.h>
2  #include<string.h>
3  int main()
4  {
5      char st1[30]="My name is";
6      char st2[10];
7      printf("Input your name:\n");
8      gets(st2);
9      strcat(st1,st2);
10     puts(st1);
11     return 0;
12  }
```

程序运行结果如图 10-16 所示。

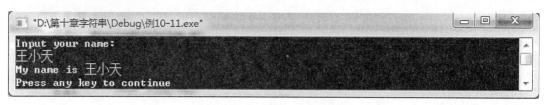

图 10-16   程序运行结果

本程序把初始化赋值的字符数组 st1 与动态赋值的字符串 st2 连接起来。要注意的是，st1 应定义足够的长度，以容纳被连接的字符串。

10.4.4   字符串比较函数 strcmp

【格式】 int strcmp(const char * str1,const char * str2);

【功能】 按照 ASCII 码顺序比较两个数组中的字符串,并由函数返回值返回比较结果。

字符串 str1 和字符串 str2 逐个字符比较,若完全相等,则返回值是 0,如果遇到对应的字符不等就停止比较,如果第一个不等位置 str1 中的字符大于 str2 时,返回值为 1,否则返回值为-1。

【例 10-12】 字符串比较函数举例。

```
1  #include<stdio.h>
2  #include<string.h>
3  int main()
4  {
5      int k;
6      char st1[10] = {"China"},st2[10]="Chone";
7      k=strcmp(st1,st2);
8      printf("比较的两个字符串是:\nst1:%s\nst2:%s\n",st1,st2);
9      if(k==0)
```

```
10          printf("st1 和 st2 相等!\n");
11      else if(k>0)
12          printf("st1 大于 st2!\n");
13      else
14          printf("st1 小于 st2!\n");
15      return 0;
16  }
```

程序运行结果如图 10 - 17 所示。

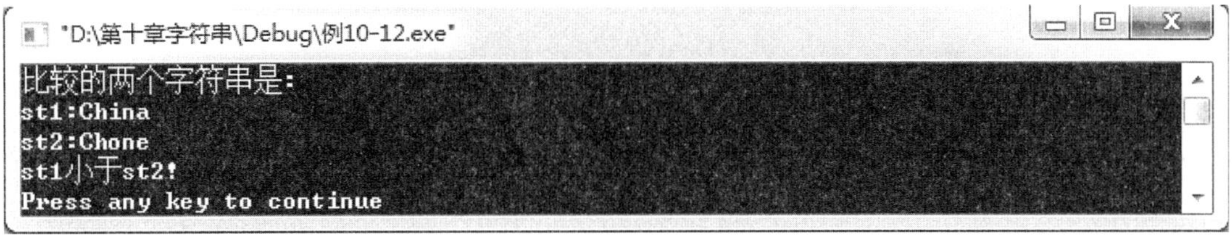

图 10 - 17 程序运行结果

本程序中把 st1 和 st2 中的串从头开始逐个字母比较,两个字符相同时,比较下一个字符,比较到第 3 个字符"i"和"o"时,由于在 ASCII 表中,"i"的 ASCII 值小于"o"的 ASCII 值,函数返回值为 - 1,k 的值为 - 1,当 k<0 时,输出"st1 小于 st2!"。

注意:对两个字符串比较,不能用以下形式:

```
if(str1>str2)
    printf("yes");
```

而只能用

```
if(strcmp(str1,str2)>0)
    printf("yes");
```

10.5 字符串应用

10.5.1 字符串基本操作函数实现

自己编写字符串基本操作函数是提高编程能力的有效手段,本节主要介绍实现六个字符串基本操作函数的方法。

1. 求字符串长度

（1）用字符数组实现

```
1  int  MyStrlen(char str[])
2  {
3      int  i,len = 0;
4      for (i =0; str[i]!='\0'; i++)
5      {
```

```
6          len++;
7      }
8      return (len);
9 }
```

（2）用字符指针实现

```
1  int  MyStrlen(const char *pStr)
2  {
3      int  len = 0;
4      for (; *pStr!='\0'; pStr++)
5          len++;
6      return (len);
7  }
```

2. 字符串复制

（1）用字符数组实现

```
1  void  MyStrcpy(char dstStr[], char srcStr[])
2  {
3      int  i = 0;
4      while (srcStr[i] != '\0')
5      {
6          dstStr[i] = srcStr[i];
7          i++; //i=i+1,字符位置不断改变
8      }
9      dstStr[i] = '\0';//字符串的结束标志
10 }
```

（2）用字符指针实现

```
1  void  MyStrcpy(char *dstStr, char *srcStr)
2  {
3      while (*srcStr !='\0')
4      {
5          *dstStr = *srcStr;//将源字符串位置上的字符赋值给目标字符串
6          srcStr++;    dstStr++; //两个指针同时移动,指向下一个元素位置
7      }
8      *dstStr ='\0'; //字符串的结束标志
9  }
```

3. 字符串连接

（1）用字符数组实现

```
1  void  MyStrcat(char dstStr[], char srcStr[])
2  {
3      int  i ,j;
```

```
4        for (i =0; dstStr[i]!='\0'; i++);//注意此处有个";"
5        for (j=0; srcStr[j]!='\0'; j++)
6              dstStr[i + j]=srcStr[j]
7        dstStr[i + j] ='\0';//字符串的结束标志
8   }
```

（2）用字符指针实现

```
1   char *MyStrcat(char *dstStr, char *srcStr)
2   {
3        char *pStr = dstStr;    //保存字符串 dstStr 的首地址
4        //将指针移到字符串 dstStr 的末尾
5        while (*dstStr !='\0')
6        {
7            dstStr++;
8        }
9        // 将字符串 srcStr 复制到字符串 dstStr 的后面
10        for(; *srcStr!='\0'; dstStr++, srcStr++)
11        {
12            *dstStr = *srcStr;
13        }
14        *dstStr = '\0';         //字符串结束标志
15        return pStr;            // 返回连接后的字符串 dstStr 的首地址
16  }
```

4. 字符串比较

（1）用字符数组实现

```
1   int My_Strcmp(char str1[], char str2[])
2   {
3        int i;
4        for(i =0; str1[i]==str2[i];i++)
5            if(str1[i] =='\0')
6            {
7                  retrun 0;
8            }
9        if(str1[i]>str2[i])
10            return 1;
11        else
12            return - 1;
13  }
```

（2）用字符指针实现

```
1   int My_Strcmp(char *str1, char *str2)
2   {
```

```
3              for(; *str1 ==*str2; ++str1,++str2)
4                  if(*str1 =='\0')
5                  {
6                      retrun 0;
7                  }
8              return ((*str1<*str2)? -1:1);
9          }
```

5. 查找一个字符在字符串中的位置

```
1    int locate(char s[],char c)
2    {
3        int i,j =0;
4        for(i =0;s[i]! ='\0';i++)
5            if(s[i]==c)
6                break;
7        if(s[i]!='\0')
8            return i
9        else
10           return -1;
11   }
```

6. 删除指定字符

```
1    void dele(char s[],char c)
2    {
3        int i,j =0;
4        for(i =0;s[i]! ='\0';i++)
5            if(s[i]!=c)
6                s[j++]=s[i];
7        s[j]='\0';
8    }
```

以上所写的都是函数,需要读者完成 main 函数的编写,以便实现各函数的功能。

10.5.2 典型题目举例

【例 10-13】 从键盘输入一行只有字母和空格字符构成的字符串(长度小于 80 个字符),统计其中单词的个数,且空格的个数可以为多个。

问题分析:连续的一段不含空格的字符串是单词。将连续的若干个空格算作一次空格,单词的个数可以由空格出现的次数(一行开头的空格不统计)决定。如果当前字符是非空格类字符,而它的前一个字符是空格,则可看作是"新单词"开始,累计单词个数的变量加 1;如果当前字符是非空格字符,而前一个字符也是非空格字符,则可看作是"旧单词"的继续,累计单词个数的变量的值保持不变。

```
1   #include<stdio.h>
2   int main()
3   {
4       char string[80];              //string 数组存储字符串
5       int i,num=0,word=0;        //num 存储单词的个数
6       char c;
7       printf("Please input a string:");
8       gets(string);                  //输入的字符串包含空格,所以使用 gets 函数
9       for(i=0;(c=string[i])!='\0';i++)
10          if(c==' ')
11              word=0;
12          else if(word==0)
13          {
14              word=1;
15              num++;
16          }
17      printf("There are %d words in the line\n",num);
18      return 0;
19  }
```

程序说明:程序中的

```
if(c==' ')
  word=0;
```

所表示的含义是:word 为 0 时代表一个单词的开始,word 为 1 时代表此单词还没有结束,c 存储的是当前字符,如果 c 中存储的是空格字符,则下一个非空字符就是一个新单词的开始,此时 word 的值为 0。

```
else if(word==0)
{  word=1;  num++;  }
```

上述程序代码的含义是:如果 word 为 0 且当前字符不是空格时,代表此字符是新单词的第一个字母,所以 num++,同时 word=1,代表新的单词开始,后面出现的连续的非空字符都不是一个新单词的开始,只有当遇到空格时,才修改 word 的标志值。

程序运行结果如图 10-18 所示。

图 10-18 程序运行结果

【例 10-14】 找出 3 个字符串的最大值。

问题分析:字符串比较大小和数字比较大小类似,先求出两个数的最大值,再用这个值和第三个数比较即可。用以下程序进行类比。

```
1  #include<stdio.h>
2  int main()
3  {
4      int a[3],i,max;
5      for(i=0;i<3;i++)
6      scanf("%d",&a[i]),
7      if(a[0]>a[1])
8          max=a[0];
9      else
10         max=a[1];
11     if(a[2]>max)
12         max=a[2];
13     printf("the largest is:%d\n",max);
14     return 0;
15 }
```

对于字符串大小的比较不能使用">""<"或者"==",要使用 strcmp 函数。

```
1  #include<stdio.h>
2  #include<string.h>
3  int main()
4  {
5      char string[20],str[3][20];int i;
6      printf("Please input three strings:\n");
7      for(i=0;i<3;i++)                //输入 3 个长度不超过 20 个字符的字符串
8          gets(str[i]);
9      if(strcmp(str[0],str[1])>0)     //存储在第 0 行的字符串和第 1 行的字符串比较
10         strcpy(string,str[0]);
11     else
12         strcpy(string,str[1]);      //string 数组存储前两个字符串中较大的字符串
13     if(strcmp(str[2],string)>0)     //最后一个字符串和 string 比较
14         strcpy(string,str[2]);      //string 数组存储三个中最大的字符串
15     printf("The largest string is:%s\n",string);
16     return 0;
17 }
```

程序运行结果如图 10 - 19 所示。

图 10 - 19   程序运行结果

【例 10-15】 按奥运会参赛国国名在字典中的顺序对其入场次序进行排序。

```
1  #include<stdio.h>
2  #include<string.h>
3  #define  MAX_LEN  10                    // 字符串最大长度
4  #define  N        150                   //字符串个数
5  void SortString(char str[][MAX_LEN], int n);
6  int main()
7  {
8      int i, n;
9      char name[N][MAX_LEN];              // 定义二维字符数组
10     printf("How many countries:");
11     scanf("%d",&n);
12     getchar();                          //读走输入缓冲区中的回车符
13     printf("Input their names:\n");
14     for (i=0; i<n; i++)
15     {
16         gets(name[i]);                  // 输入 n 个字符串
17     }
18     SortString(name, n);                //字符串按字典顺序排序
19     printf("Sorted results:\n");
20     for (i=0; i<n; i++)
21     {
22         puts(name[i]);                  // 输出排序后的 n 个字符串
23     }
24     return 0;
25 }
26 /*函数功能:交换法实现字符串按字典顺序排序 */
27 void SortString(char str[][MAX_LEN], int n)
28 {
29     int i, j;
30     char temp[MAX_LEN];
31     for (i=0; i<n-1; i++)
32     {
33         for (j=i+1; j<n; j++)
34         {
35             if (strcmp(str[j], str[i]) < 0)   //以下三句实现的是数组中两个字符
                                                   串的交换
36             {
37                 strcpy(temp,str[i]);
38                 strcpy(str[i],str[j]);
39                 strcpy(str[j],temp);
40             }
```

```
41            }
42        }
43  }
```

程序运行结果如图 10-20 所示。

图 10-20　程序运行结果

说明：

实参数组名	形参数组名	字符串排序前									
name[0]	str[0]	C	h	i	n	a	\0	\0	\0	\0	\0
name[1]	str[1]	A	m	e	r	i	c	a	\0	\0	\0
name[2]	str[2]	E	n	g	l	a	n	d	\0	\0	\0
name[3]	str[3]	S	w	e	d	e	n	\0	\0	\0	\0
name[4]	str[4]	A	u	s	t	r	a	l	i	a	\0

实参数组名	形参数组名	字符串排序后									
name[0]	str[0]	A	m	e	r	i	c	a	\0	\0	\0
name[1]	str[1]	A	u	s	t	r	a	l	i	a	\0
name[2]	str[2]	C	h	i	n	a	\0	\0	\0	\0	\0
name[3]	str[3]	E	n	g	l	a	n	d	\0	\0	\0
name[4]	str[4]	S	w	e	d	e	n	\0	\0	\0	\0

在例 10-15 中采用交换排序方法，通过字符串复制函数，交换字符串的物理位置实现排序功能。字符串反复交换使程序执行的速度变慢，由于各字符串（国名）长度不同，增加了存储管理的负担，用指针数组能解决这些问题。把字符串首地址存放在指针数组中，当需要交换两个字符串时，只需交换指针数组相应两元素的内容（地址），不必交换字符串本身。

【例 10-16】　用指针数组实现按奥运会参赛国国名在字典中的顺序进行排序。

```
1   #include<stdio.h>
2   void  sort(char *str[],int n);
3   void  print(char *str[],int n);
4   int  main()
5   {
6       char *name[]={"China","America","England","Sweden","Australia"};
7       int n=5;
8       printf("排序之前的:\n");
9       print(name,n);
10      sort(name,n);
11      printf("排序之后的:\n");
12      print(name,n);
13  }
14  void  sort(char *str[ ],int n)
15  {
16      char  *temp;
17      int i,j;
18      for (i=0; i<n-1; i++)
19      {
20          for (j=i+1; j<n; j++)
21          {
22              if(strcmp(str[j],str[i])<0)   //比较两个指针所指向字符串的大小
23              {
24                  temp = str[i];
25                  str[i] = str[j];
26                  str[j] = temp;
27              }
28          }
29      }
30  }
31  void  print(char *str[ ],int n)
32  {
33      int i;
34      for(i=0;i<n;i++)
35      printf("%s\n",str[i]);
36  }
```

程序运行结果如图 10-21 所示。

本程序定义了两个函数,一个是 sort 函数,用于完成排序,其形参为指针数组 str,形参 n 为字符串的个数。另一个函数 print,用于排序后字符串的输出,其形参与 sort 的形参相同。主函数 main 中,定义了指针数组 name 并作了初始化赋值。然后分别调用 sort 函数和 print 函数完成排序和输出。值得说明的是在 sort 函数中,对两个字符串比较,使用了 strcmp 函数,strcmp 函数允许参与比较的字符串以指针方式出现。str[k]和 str[j]均为指

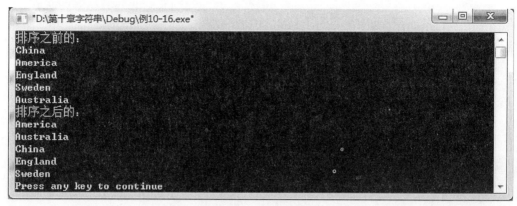

图 10-21 程序运行结果

针,因此是合法的。

排序之前,指针数组存储的数据表示如图 10-22 所示。

图 10-22 排序前指针数组的存储

排序之后,指针数组存储的数据表示如图 10-23 所示。

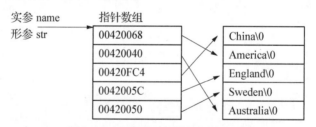

图 10-23 排序后指针数组的存储

字符串需要交换时,只交换指针数组元素的值,不交换具体的字符串,这样将大大减少时间开销,提高了运行效率。

说明:指针数组里存储的是字符串在内存中的地址,是十六进制形式,在不同的环境中,其中的值有所不同。

课后习题

一、选择题

1. 有以下程序

```
1  #include<stdio.h>
```

```
2  int main()
3  {
4      char *a[]={"abcd","ef","gh","ijk"};int i;
5      for(i =0;i < 4;i++)
6          printf("%c",*a[i]);
7      return 0;
8  }
```

程序运行后的输出结果是　　　　　　　　　　　　　　　　　　　　　　（　　）

A. aegi　　　　　　　　B. dfhk　　　　　　C. abcd　　　　　　　D. abcdefghijk

2. 以下选项中正确的语句组是　　　　　　　　　　　　　　　　　　　　　（　　）

A. char　s[ ];s ="BOOK!";　　　　　　B. char　* s;s ={"BOOK!"};

C. char　s[10];s ="BOOK!";　　　　　　D. char　* s;s ="BOOK!";

3. 有以下程序

```
1  #include< stdio.h>
2  void fun(char *s)
3  {
4      while(*s)
5      {
6          if(*s%2 ==0)
7          printf("%c",*s);
8          s++;
9      }
10 }
11 int main()
12 {
13     char a[]={"good"};
14     fun(a);
15     printf("\n");
16     return 0;
17 }
```

字母 a 的 ASCII 码值为 97,程序运行后的输出结果是　　　　　　　　　（　　）

A. d　　　　　　　　B. go　　　　　　C. god　　　　　　　D. good

4. 已知有声明 char a[]="It is mine", * p ="It is mine";,下列叙述中错误的是　（　　）

A. strcpy(a, "yes")和 strcpy(p, "yes")都是正确的

B. a ="yes"和 p ="yes"都是正确的

C. * a 等于 * p

D. sizeof(a)不等于 sizeof(p)

5. 若准备将字符串"This　is　a　string."记录下来,错误的输入语句为　　　（　　）

A. gets(stz)　　　　　　　　　　　　B. scanf("%20s",s);

C. for(k =0;k<17;k++)　　　　　　　　D. while((c = getchar())!=‘\n’)

　　 s[k]= getchar();　　　　　　　　　　　　 s[k++]=c;

6. 以下选项中，合法的是　　　　　　　　　　　　　　　　　　　　　（　　）

A. char str3[]={ 'd', 'e', 'b', 'u', 'g', '\0'};

B. char str4;str4 ="helloworld";

C. char name[10];name ="china";

D. char str1[5]="pass",str2[6];str2 =str1;

7. 以下选项中有语法错误的是　　　　　　　　　　　　　　　　　　　（　　）

A. char * str[]={ "guest"};　　　　　　B. char str[][10]={ "guest"};

C. char * str[3];str[1]="guest";　　　　D. char str[3][10];str[1]="guest";

8. 有以下程序（strcpy 为字符串复制函数，strcat 为字符串连接函数）

```
1  #include< stdio.h>
2  #include< string.h>
3  int main()
4  {
5      char a[10]="abc";
6      char b[10]="012 ";
7      char c[10]="xyz";
8      strcpy(a + 1,b + 2);
9      puts(strcat(a,c + 1));
10     return 0;
11 }
```

程序运行后的输出结果是　　　　　　　　　　　　　　　　　　　　（　　）

A. a12xyz　　　　　B. 12yz　　　　　C. a2yz　　　　　D. bc2yz

二、阅读程序

1. 分析下列程序，写出程序的运行结果_____。

```
1  #include< stdio.h>
2  int main()
3  {
4      char a[5][10]={"one","two","three","four","five"};
5      int i,j;   char t;
6      for(i =0;i < 4;i++)
7      for(j =i + 1;j < 5;j++)
8      if(a[i][0]>a[j][0])
9      {
10         t =a[i][0];
11         a[i][0]=a[j][0];
12         a[j][0]=t;
13     }
14     puts(a[1]);
```

```
15      return 0;
16 }
```

2. 分析下列程序,写出程序的运行结果_____。

```
1  #include<stdio.h>
2  void abc(char*str)
3  {
4      int a,b;
5      for(a=b=0;str[a]!='\0';a++)
6          if(str[a]!='c')
7              str[b++]=str[a];
8      str[b]='\0';
9  }
10 int main()
11 {
12     char str[]="abcdef";
13     abc(str);
14     printf("str[]=%s",str);
15     return 0;
16 }
```

3. 分析下列程序,写出程序的运行结果_____。

```
1  #include<stdio.h>
2  #include<string.h>
3  int main( )
4  {
5      char  a[5][10]={"china", "beijing", "you", "tiananmen", "welcome"};
6      int  i,j;  char t[10];
7      for ( i=0; i<4; i++)
8          for (j=i+1; j<5; j++)
9              if( strcmp(a[i], a[j])>0)
10             {
11                 strcpy(t,a[i]);  strcpy(a[i],a[j]);  strcpy(a[j],t);
12             }
13     puts(a[3]);
14     return 0;
15 }
```

三、程序设计

1. 输出字符串中 n 个字符后的所有字符。

2. 在输入的字符串中查找有无字符'k'。

3. 从键盘任意输入一个字符串(长度小于 80 字符),统计各字符出现的次数。

4. 从键盘任意输入 3 个字符串(每个字符串中的字符个数小于 80 个),找出并输出其中长度最大的字符串。

5. 从键盘任意输入一个字符串(长度小于 80 字符),将该字符串中所有的数字字符依次取出,形成一个新的字符串,然后存放到另一个字符数组中并输出。

6. 对一个长度为 x 的字符串,从第 m 个字符起(包括第 m 个字符),删除 n 个字符,组成长度为(x−n)的新字符串。要求 x、m、n 的值以及字符串都从键盘输入。

7. 输入一个完全由数字字符组成的字符串(长度不超过 6 个字符),将其转换为十进制的整型数字并输出。例如输入的字符串是"12345",转换后的整数为 12345。

8. 编写自定义函数,实现字符串的复制、连接、比较以及求字符串长度。

9. 输入一个字符串,然后将其倒序输出。

10. 删除字符串中的空格字符。

【微信扫码】
本章参考答案

第11章

结构体与共用体

到目前为止,已介绍了 C 语言中的基本类型(如整型、字符型、实型、双精度型等)以及派生类型(指针和数组)。但只有这些数据类型是不够的,当表示复杂数据对象时,用户可以根据实际需要利用已有的基本数据类型来构造自己所需的数据类型。例如,在学生登记表中,登记一个学生的学号、姓名、年龄、性别、成绩、家庭住址等。显然不能用一个数组来存放这一组数据,因为数组中要求各元素的类型和长度都必须一致。为了解决这类问题,C 语言中给出了另一种构造数据类型——"结构体"。它相当于其他高级语言中的记录。"结构体"是一种构造类型,它由若干"成员"组成。每一个成员可以是一个基本数据类型或者又是一个构造类型。结构体是一种"构造"而成的数据类型,在使用之前必须先定义它,也就是构造它,如同在调用函数之前要先定义函数一样。

11.1 结构体

11.1.1 结构体类型的定义

结构体类型定义的一般形式为:

```
struct [结构体类型名]
{
    数据类型   成员 1 的名;
    数据类型   成员 2 的名;
    ……………
    数据类型   成员 n 的名;
};
```

struct 是声明结构体类型时必须使用的关键字,不能省略。"结构体类型名"用作结构体类型的标志,是用户定义的标示符。大括号内是该结构体中的各个成员,成员列表由若干个成员组成,每个成员都是该结构体的一个组成部分。对每个成员也必须作类型说明,成员名的命名应符合标识符的书写规定。

注意:定义结构体类型,只是声明一种数据类型并没有定义变量,定义时不要忽略最后的分号。

例如:

```
struct   student
{    int num;
     char name[16];
     char sex;
     float score;
};
```

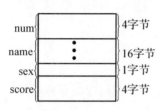

结构体类型定义仅描述结构体的组成,不分配内存空间。在这个结构体类型定义中,结构体类型名为 student,该结构体由 4 个成员组成。第一个成员为 num,整型变量;第二个成员为 name,字符数组;第三个成员为 sex,字符变量;第四个成员为 score,实型变量。括号后的分号不可少。结构体类型定义之后,即可进行变量说明。凡声明为结构体类型 student 的变量都由上述 4 个成员组成。结构体是一种复杂的数据类型,是数目固定、类型不同的若干有序变量的集合。

11.1.2   结构体类型的变量定义方法

1. 先声明结构体类型,再定义结构体变量的一般形式为:

```
struct  [结构体类型名]
{    数据类型     成员 1 的名;
     数据类型     成员 2 的名;
     ……………
     数据类型     成员 n 的名;
};
struct   结构体名   变量名表列;
```

例如:

本例先声明结构体类型 struct student,再由一条单独的语句定义了两个结构体变量 stu1 和 stu2。在声明了结构体类型后,使用该类型声明结构体变量时,系统会为两个结构体变量 stu1 和 stu2 分配内存单元。

也可以用宏定义一个符号常量来表示一个结构体类型。

例如:

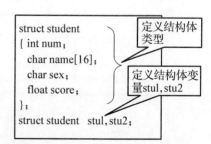

```
#define  STU  struct  student
STU
{     int num;
      char name[16];
```

```
        char sex;
        float score;
};
STU   stu1, stu2;
```

2. 声明结构体类型的同时定义结构体变量形式为：

```
struct         结构体名
{ 数据类型    成员 1 的名;
    数据类型    成员 2 的名;
        ..............
    数据类型    成员 n 的名;
}变量名列表;
```

例如：

```
struct   student
{   int num;
    char   name[16];
    char sex;
    float score;
} stu1, stu2;
```

本例在声明结构体类型 struct student 的同时,定义了两个结构体变量 stu1 和 stu2。

3. 直接定义结构体类型变量形式为：

```
struct
{ 数据类型     成员 1 的名;
    数据类型     成员 2 的名;
        ..............
    数据类型     成员 n 的名;
}变量名列表;
```

例如：

```
struct
{   int num;
    char   name[16];
    char sex;
    float score;
 } stu1, stu2;
```

第三种方法与第二种方法的区别在于第三种方法中省去了结构体名,而直接定义结构体变量。三种方法中定义的 stu1,stu2 变量都具有相同的结构。

4. 结构体的嵌套定义

在上述 student 结构体类型定义中,所有的成员都是基本数据类型或数组类型。成员也可以是一个结构体类型,即构成了嵌套定义。

例如：

```
struct  date
{    int month;
    int day;
    int year;
};
struct  student
{    int  num;
    char name[16];
    struct  date  birthday;
} std1, std2;
```

首先定义一个结构体类型 struct date，由 month、day、year 三个成员组成。在定义结构体变量 std1 和 std2 时，其中的成员 birthday 被声明为 struct date 的结构体类型。

另一种定义的形式如下：

```
struct  student
  { int  num;
    char name[16];
    struct  date
    {    int month;
          int day;
          int year;
    }birthday;
  } std1, std2;
```

| num | name | birthday | | |
| | | month | day | year |

结构体成员名与程序中变量名可相同，但两者不代表同一个对象。

例如：

```
struct  student
{    int  num;
    char name[16];
    float score;
}  stu;
int  num;
```

变量名 num 和结构体成员名 stu.num 同名，但是不同的对象。

11.1.3 结构体变量的引用

在定义了结构体变量后，即可向这个变量中的各个成员赋值。在程序中使用结构体变量时，往往不把它作为一个整体来使用。一般对结构体变量的使用，包括赋值、输入、输出、运算等都是通过结构体变量的成员来实现的。

引用结构体变量成员的一般形式是：

结构体变量名.成员名

结构体变量不能整体引用，只能引用变量成员，"."是成员运算符，在所有的运算符中优先级最高，其结合方向为自左向右。

例如，定义结构体变量 stu1 和 stu2，引用变量成员

```
struct   student
{  int   num;
   char   name[16];
   char sex;
   int age;
   float score;
} stu1, stu2;
stu1.num =1001;      /*将整数 1001 赋给 stu1 变量中的成员 num*/
stu1.age =18;        /*将整数 18 赋给 stu1 变量中的成员 age*/
stu1.score =78.5;    /*将实数 78.5 赋给 stu1 变量中的成员 score*/
```

结构体变量的成员可以像普通变量一样进行各种运算，把"结构体变量名.成员名"作为一个整体看待。如：

```
stu1.score +=stu2.score;
stu1.age++;
```

如果成员本身是一个结构体类型，则必须逐级找到最低级的成员才能使用。

例如：

```
struct   student
{    int   num;
     char name[16];
     struct   date
     {  int month;
        int day;
        int year;
      } birthday;
}stu1,stu2;
stu1.birthday.month =12;
```

每个成员可以在程序中单独使用，与普通变量完全相同，但只能对最低级的成员进行赋值或存取以及运算。

11.1.4　结构体变量的初始化和赋值

1. 结构体变量的初始化和其他类型变量一样，可以在结构变量定义时进行初始化赋值。

形式一：

```
struct      结构体类型名
{   数据类型    成员名 1;
```

```
        数据类型     成员名 2;
              ..............
        数据类型     成员名 n;
   };
   struct   结构体类型名   结构体变量={初始数据};
```

如：

```
struct   student
{  int   num;
    char   name[16];
    int   age;
};
struct   student   a={10001,"Li Ming", 18};
```

形式二：

```
struct      结构体类型名
{     数据类型     成员名 1;
      数据类型     成员名 2;
            ..............
      数据类型     成员名 n;
} 结构体变量={初始数据};
```

如：

```
struct   student
{  int  num;
    char  name[16];
    int  age;
} a={10001,"Li Ming", 18};
```

形式三：

```
struct
{     数据类型     成员名 1;
      数据类型     成员名 2;
            ..............
      数据类型     成员名 n;
} 结构体变量={初始数据};
```

如：

```
struct
{  int   num;
    char  name[16];
    int  age;
} a={10001, "Li Ming", 18};
```

【例 11 - 1】 结构体变量初始化。

```
1   #include<stdio.h>
2   int main()
3   {
4       struct   student
5       {   long int num;
6           char   name[10];
7           char sex;
8           char addr[20];
9       } a={60031,"Gao Lin",'M', "Shang Hai Road"} , b;
10      b=a;
11      printf("No :%ld\nname:%s\nsex:%c\naddress:%s\n", b.num, b.name, b.sex, b.addr);
12      return 0;
13  }
```

程序的运行结果如图 11 - 1 所示：

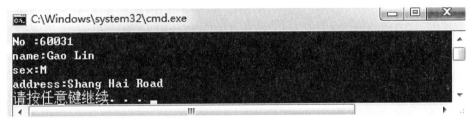

图 11 - 1　程序运行结果

本例中 a 和 b 被定义为结构体变量，并对 a 作了初始化赋值，然后用 printf 语句输出 b
的各成员值。

2. 结构体变量的赋值，可用输入语句或赋值语句来完成。给结构体变量赋值，其实就是
给变量中的各个成员赋值。

【例 11 - 2】 给结构体变量赋值并输出其值。

```
1   #include<stdio.h>
2   int main()
3   {   struct student
4       {
5           int num;
6           char *name;
7           char sex;
8           float score;
9       } std1, std2;
10      std1.num=102;
11      std1.name="wang pin";
12      printf("input sex and score\n");
13      scanf("%c%f",&std1.sex,&std1.score);
```

```
14    std2 = std1;
15    printf("Number =%d\nName =%s\n", std2.num, std2.name);
16    printf("Sex =%c\nScore =%f\n", std2.sex, std2.score);
17    return 0;
18  }
```

程序的运行结果如图 11 - 2 所示。

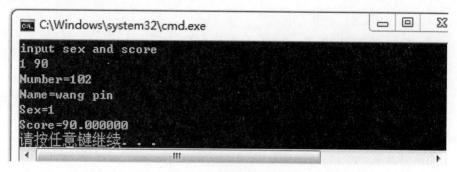

图 11 - 2   程序运行结果

本程序中用赋值语句给 num 和 name 两个成员赋值,name 是一个字符串指针变量。用 scanf 函数输入 sex 和 score 成员值,然后把 std1 的所有成员的值整体赋予 std2。最后分别输出 std2 的各个成员值。本例表示了结构体变量的赋值、输入和输出的方法。

11.2   类型定义符 typedef

C语言不仅提供了丰富的数据类型,而且还允许用户自己定义类型说明符,也就是说允许用户为数据类型取"别名"。类型定义符 typedef 可用来完成此功能。例如,有整型变量 a,b,其声明如下:

```
int a,b;
```

其中 int 是整型变量的类型标识符。int 的完整写法为 integer,为了增加程序的可读性,可把整型说明符用 typedef 定义为:

```
typedef int INTEGER
```

这样以后就可用 INTEGER 来代替 int 作整型变量的类型声明。
例如:

```
INTEGER a,b;
```

等效于:

```
int a,b;
```

用 typedef 定义数组、指针、结构等类型将带来很大的方便,不仅使程序书写简单而且意义更为明确,因而增强了可读性。
例如:

typedef char NAME[20];　表示 NAME 是字符数组类型,数组长度为 20。然后可用 NAME 声明变量,如

```
NAME a1,a2,s1,s2;
```

完全等效于

```
char a1[20],a2[20],s1[20],s2[20]
```

又如

```
typedef  struct  student
{ char name[20];
  int age;
  char sex;
  } STU;
```

定义 STU 表示 student 的结构体类型,然后可用 STU 来声明结构变量:

```
STU boy1,boy2;
```

typedef 定义的一般形式为:

```
typedef 原类型名　新类型名
```

其中原类型名是已定义部分,新类型名一般用大写表示,以便于区别。

有时也可用宏定义来代替 typedef 的功能,但是宏定义由预处理完成,而 typedef 则在编译时完成,后者更为灵活方便。

11.3　结构体类型的数组

11.3.1　结构体类型数组的定义

数组的元素也可以是结构体类型。因此可以构成结构体类型数组。结构体类型数组的每一个元素都是一个结构体类型的数据。在实际应用中,经常用结构体数组来表示具有相同数据结构的一个群体。如一个班的学生档案,一个车间职工的工资表等。

定义方法和结构体变量相似,只需声明它为结构体类型数组即可,它的一般形式为:

```
struct 结构体类型名 数组名[数组长度]
```

如

```
struct  student
  {   int  num;
      char name[16];
      char sex;
      int age;
  };
  struct  student  stu[2];
```

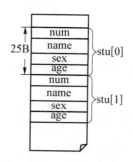

定义了一个结构体类型数组 stu[2]，共有 2 个元素，stu[0]和 stu[1]。每个数组元素都是 struct student 的结构体类型。

另一种直接定义形式如下：

```
struct    student
{    int   num;
     char name[16];
     char sex;
     int age;
} stu[2];
```

11.3.2 结构体类型数组的初始化

与其他类型的数组一样，结构体数组初始化赋值的一般形式为：

struct 结构体类型名 数组名[数组长度]={初始数据};

例如，定义数组时初始化

```
struct    student
{    int   num;
     char name[16];
     char sex;
     int age;
};
struct    student    stu[2]={{10001, "gao xi",'M',18},{10002, "Li min",'M',19}};
```

当对全部元素作初始化赋值时，也可不给出数组长度。按顺序定义时，内层括号可以省略。

11.3.3 结构体数组应用举例

【例 11-3】 计算学生的平均成绩和不及格的人数。

```
1  #include<stdio.h>
2  struct student
3  {    int num;
4       char *name;
5       char sex;
```

```
6        float score;
7     } d[5]={ {101,"Li ping",'M',55}, {102,"Zhang ping",'M',60}, {103,"He fang",'F',95},
8              {104,"Cheng ling",'F',85}, {105,"Wang ming",'M',45}};
9     int main()
10    {   int i,c =0;
11        float ave,s =0;
12        for(i =0; i < 5; i++)
13        {   s +=d[i].score;
14            if(d[i].score < 60) c +=1;
15        }
16        printf("s =%f\n",s);
17        ave =s/5;
18        printf("average =%f\ncount =%d\n",ave,c);
19        return 0;
20    }
```

程序的运行结果如图 11-3 所示。

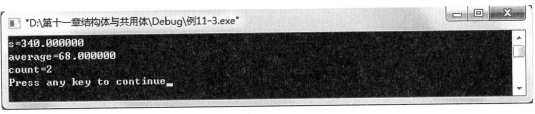

```
■ "D:\第十一章结构体与共用体\Debug\例11-3.exe"
s=340.000000
average=68.000000
count=2
Press any key to continue_
```

图 11-3　程序运行结果

　　程序定义了一个结构体数组 d[5],共 5 个元素,并作了初始化赋值。在 main 函数中用 for 语句逐个累加各元素的 score 成员值存于 s 之中,如 score 的值小于 60(不及格),即计数器 c 加 1,循环完毕后计算平均成绩,并输出平均分及不及格人数。

　　【例 11-4】　建立同学通讯录。

```
1    #include < stdio.h >
2    #define NUM 3
3    struct  person
4    {   char name[10];
5        char phone[11];
6    };
7    int main()
8    {   struct  person  man[NUM];
9        int i;
10       for(i =0; i < NUM; i++)
11       {   printf("input name:\n");
12           gets(man[i].name);
13           printf("input phone:\n");
```

```
14        gets(man[i].phone);
15   }
16   printf("name\t\t\tphone\n\n");
17   for(i = 0; i < NUM; i++)
18   printf("%s\t\t\t%s\n", man[i].name, man[i].phone);
19   return 0;
20 }
```

程序的运行结果如图 11-4 所示。

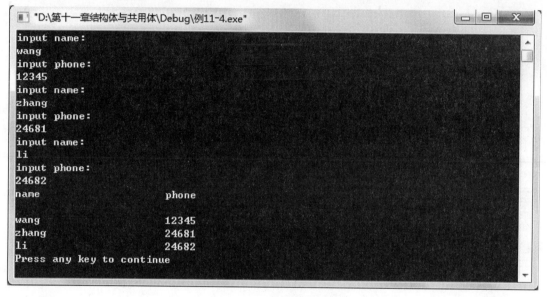

图 11-4　程序运行结果

　　程序定义了一个结构体类型名 person，两个成员 name[10]和 phone[11]用来存放姓名和电话号码。在主函数中定义 man[NUM]为 person 结构体类型的结构体数组。在 for 语句中，用 gets 函数分别输入各个元素中两个成员的值，然后又在 for 语句中用 printf 语句输出各元素中两个成员的值。

11.4　结构体类型的指针

11.4.1　定义结构体类型的指针变量

　　当一个指针变量用来指向一个结构体变量时，称为结构体类型的指针变量。结构体类型的指针变量中的值是所指向的结构体变量的首地址。通过结构体指针即可访问该结构体变量，这与数组指针和函数指针的情况相同。

　　结构体类型的指针变量定义的一般形式为：

　　struct 结构体类型名 *指针变量名

　　例如：

```
struct   student
  { int   num;
    char name[20];
    char sex;
    int age;
  } stu;
struct   student   *p;
p =&stu
```

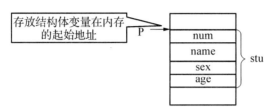

声明了 struct student 结构体类型,定义一个 student 类型的指针变量 p。与前面讨论的各类指针变量相同,结构体类型的指针变量也必须先声明后使用。把结构体变量的首地址赋值给结构体类型的指针变量,不能把结构体变量名赋给该指针变量。

stu 被声明为 student 类型的结构体变量,则 p = &stu。

结构体类型名和结构体变量名是两个不同的概念,不能混淆。结构体类型名只能表示一个结构体形式,编译系统并不对它分配内存空间。只有当某变量被声明为这种类型的结构体时,才对该变量分配存储空间。有了结构体类型的指针变量,才能更方便地访问结构体变量的各个成员。

结构体指针变量引用成员形式如下:

(*结构体指针变量).成员名

或为:

结构体指针变量->成员名

例如:

```
struct     student       stu;
struct     student       *p =&stu;
stu.num =101;   ⇔   (*p).num =101
```

应该注意(* p)两侧的括号不可少,因为成员符"."的优先级高于" * "。如果去掉括号写作 * p.num,则等效于 * (p.num),这样意义就完全不对了。

下面通过例子来说明结构体指针变量的具体说明和使用方法。

【例 11 - 5】　结构体指针变量的使用。

```
1  #include<stdio.h>
2  struct student
3  {  int num;
4     char *name;
```

```c
5      char sex;
6      float score;
7  } stu ={602,"zhang xiao",'M',85},*ps;
8  int main()
9  {   ps =&stu;
10     printf("Number =%d\nName =%s\n", stu.num, stu.name);
11     printf("Sex =%c\nScore =%f\n\n", stu.sex, stu.score);
12     printf("Number =%d\nName =%s\n",(*ps).num,(*ps).name);
13     printf("Sex =%c\nScore =%f\n\n",(*ps).sex,(*ps).score);
14     printf("Number =%d\nName =%s\n",ps ->num,ps ->name);
15     printf("Sex =%c\nScore =%f\n\n",ps ->sex,ps ->score);
16     return 0;
17 }
```

程序的运行结果如图 11-5 所示。

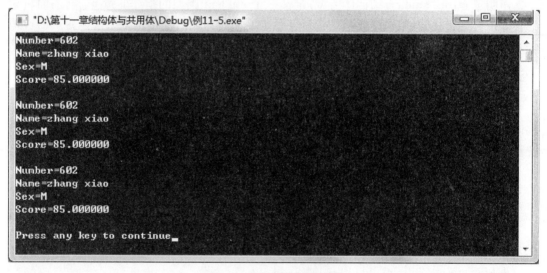

图 11-5   程序运行结果

程序定义一个结构体类型名 student,定义 student 类型的结构体变量 stu 并作初始化赋值,还定义一个指向 student 类型的结构体指针变量 ps。在 main 函数中,ps 被赋予 stu 的地址,因此 ps 指向结构体变量 stu。然后在 printf 语句内用三种形式输出结构体变量 stu 的各个成员值。从运行结果可以看出,这三种形式完全等效。三种形式如下:

```
结构体变量.成员名
(*结构指针变量).成员名
(结构指针变量->成员名
```

11.4.2   指向结构体数组的指针

当指针变量指向一个结构体数组时,结构体指针变量的值是这个结构体数组的首地址。结构体指针变量也可指向结构体数组的一个元素的地址。

设 p 为指向结构体数组的指针变量,当 p 指向该结构体数组下标为 0 的元素时,p + 1 就指向该结构体数组下标为 1 的元素,p + i 则指向该结构体数组下标为 i 的元素。这与普通数组的情况一致。

【例 11 - 6】 指向结构体数组的指针的应用。

```
1   #include < stdio.h >
2   struct student
3    {   int num;
4        char name[16];
5        char sex;
6        int age;
7    } stu[3]={{1001,"wu Lin",' M ',19},{1002,"He Hao",' M ',19},{1003,"Gu Xin",' F ',18}};
8   int main()
9   {
10      struct student *p;
11      for(p =stu;p< stu + 3;p++)
12      printf("%d%s%c%d\n", p ->num, p ->name, p ->sex, p ->age);
13      return 0;
14   }
```

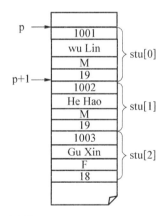

程序的运行结果如图 11 - 6 所示。

图 11 - 6 程序运行结果

程序定义了 student 结构体类型的数组 stu,并作了初始化赋值。在 main 函数内定义 p 为指向 stu 结构体数组的指针。在循环语句 for 的表达式中,p 被赋予 stu 的首地址,然后循环 3 次,输出 stu 数组中各成员值。

应该注意的是,一个结构体指针变量虽然可以用来访问结构体变量或结构体数组元素的成员,但是,不能使它指向一个成员。即不允许取一个成员的地址来赋予它。因此,下面的赋值是错误的。

```
p =&stu[1].sex;
```

而只能是

```
p =stu;(赋予数组首地址)
```

或者是

```
p =&stu[0];(赋予 0 号元素首地址)
```

【例 11 - 7】 用指针变量输出结构体数组。

```
1   #include < stdio.h >
2   struct  dat
3   { int x;
4     int y;
5   } s[4]={10,100,20,200,30,300,40,400};
6   int main( )
7   { struct  dat  *pointer =s;
8     printf("%d\n",++pointer ->x);      /*取 x 值加 1 后输出*/
9     printf("%d\n",(++pointer) ->y);    /*地址加 1 后再取 y 值输出*/
10    printf("%d\n", (pointer++) ->x);   /*先取 x 值输出,地址再加 1 */
11    printf("%d\n", (pointer) ->y++);   /*取 y 值输出后再加 1*/
12    return 0;
13  }
```

程序的运行结果如图 11 - 7 所示。

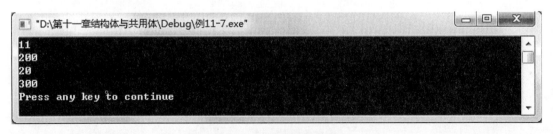

图 11 - 7 程序运行结果

区分以下三种运算

```
① p →n          ② p →n++          ③ ++p →n
```

11.4.3 用结构体变量和指向结构体的指针作函数参数

用指针变量作函数参数进行传送。这时由实参传向形参的只是地址。将一个结构体的值传递给另一个函数的三种方法如下:

1. 用结构体变量的成员作实参,属于"值传递"方式,注意形参、实参的类型要一致。

2. 用指向结构体变量(或数组)的指针作实参,属于"地址传递"方式,传递的是结构体变量的地址。

3. 用结构体变量作参数,属于"多值传递"方式,效率低,将结构体变量所占的内存单元的内容全部顺序传递给形参,要求形参与实参同类型。在函数调用期间,形参也要占用内存单元,若形参的值被改变,该值不能返回主调函数。

【例 11-8】 计算一组学生的平均成绩和不及格人数(用结构体指针变量作函数参数编程)。

```
1   #include<stdio.h>
2   struct  person
3   {     int num;
4         char *name;
5         char sex;
6         float score;
7   } st[3]={{101,"Li ping",'M',50},{102,"Zhang ping",'M',60},{103,"He fang",'F',70}};
8   int main()
9   {  struct  person  *ps;
10     void aver(struct  person  *ps);
11     ps=st;
12     aver(ps);
13     return 0;
14  }
15  void aver(struct  person  *ps)
16  {     int c=0,i;
17        float ave,s=0;
18        for(i=0;i<3;i++,ps++)
19          {    s+=ps->score;
20              if(ps->score<60) c+=1;
21          }
22        printf("s=%f\n",s);
23        ave=s/3;
24     printf("average=%f\ncount=%d\n",ave,c);
25  }
```

程序的运行结果如图 11-8 所示。

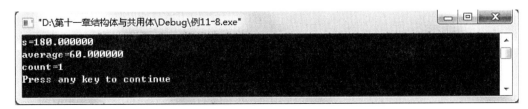

图 11-8 程序运行结果

程序定义了函数 aver,其形参为结构体指针变量 ps。st 定义为结构体类型的数组,在整个程序中有效。在 main 函数中定义结构体指针变量 ps,并把 st 的首地址赋予它,使 ps 指向 st 数组,然后以 ps 作实参调用函数 aver。在函数 aver 中完成计算平均成绩和统计不及格人数的工作并输出结果。

11.5 利用结构体变量构成链表

11.5.1 链表的概念

采用动态分配的办法为结构体分配内存空间。例如,每一次分配一块空间用来存放一个学生的数据,我们称之为一个结点。有多少个学生就应该申请分配多少块内存空间,也就是说要建立多少个结点。当然用结构体数组也可以完成上述工作,但如果预先不能准确把握学生人数,也就无法确定数组大小。而且当学生留级、退学之后也不能把该元素占用的空间从数组中释放出来。用动态存储的方法可以很好地解决这些问题。有一个学生就分配一个结点,无须预先确定学生的准确人数,某学生退学,可删去该结点,并释放该结点占用的存储空间,从而节约了内存资源。

另一方面,用数组的方法必须占用一块连续的内存区域。而使用动态分配时,每个结点之间可以是不连续的(结点内是连续的)。结点之间的联系可以用指针实现,即在结点结构体中定义一个成员项用来存放下一结点的首地址,这个用于存放地址的成员,常把它称为指针域。可在第一个结点的指针域内存入第二个结点的首地址,在第二个结点的指针域内存放第三个结点的首地址,如此串联下去直到最后一个结点。最后一个结点因无后续结点连接,其指针域可赋为 NULL。这种连接方式,在数据结构中称为"链表"。

单链表的示意图如下:

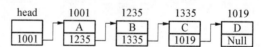

图中,head 指针指向的结点称为头结点,它存放有 A 结点的首地址,但头结点没有存放数据,只有一个指针变量。以下的每个结点都分为两个域,一个是数据域,存放各种实际的数据,如学号 num、姓名 name、性别 sex、成绩 score 等。另一个域为指针域,存放下一结点的首地址。链表中的每一个结点都是同一种结构体类型。

建立链表可以带头结点,也可以不带头结点。

例如,一个存放学生学号和成绩的结点,结构体如下:

```
struct student
    {    int num;
        float score;
        struct student *next;
    };
```

每个结点前两个成员项组成数据域,后一个成员项 next 是指针类型,它是指向 struct student 结构体类型的指针变量。

链表各结点的特点：

在内存中可以不连续，访问某结点应找上一结点提供的地址，每一结点有一指针变量存放下一结点的地址。

链表的每个结点实际上是一个结构体变量，它由若干成员组成，包括内容：

1. 数据域：整型、实型、字符型、结构体等类型数据。

2. 指针域：通常具有指向自身结构体类型的指针变量，此指针变量用来存放下一结点的地址，以便一环扣一环而形成链表。

【例 11 - 9】 建立静态简单链表，并输出各结点中的数据。

```
1  #include < stdio.h >
2  #define    NULL    0
3  struct   student
4  {    long   num;
5       float   score;
6       struct   student *next;
7  };
8  int main()
9  {
10    struct   student   a,b,c,*head,*p;
11    a.num = 60101;   a.score = 85; b.num = 60102;   b.score = 90;
12    c.num = 60103;   c.score = 95; head = &a;   a.next = &b;   b.next = &c;
13    c.next = NULL; p = head;
14    do {
15      printf("%ld %5.1f\n",p ->num,p ->score);
16      p = p ->next;
17      }while(p!=NULL);
18    return 0;
19 }
```

程序的运行结果如图 11 - 9 所示。

图 11 - 9　程序运行结果

每个结点都属于 struct   student 类型，它的 next 成员存放下一个结点的地址，p = p→next 是将下个结点的地址赋给 p，然后将结点的 num、score 输出，最后将 c 结点的 next 内容（即 NULL）赋给 p 再进行判断，p!= NULL 条件不成立，循环结束。

本例所有结点在程序中定义，不是临时开辟，用完也不能释放，这种链表称**"静态链表"**。

11.5.2 建立动态链表

在程序执行过程中从无到有地建立起一个链表,即一个一个地开辟结点和输入各结点数据,并建立起前后相连的关系。

【例 11－10】 编写函数建立一个有 3 名学生数据的单向动态链表。

思路:

1. 设置 3 个指针变量 head、p1、p2。

head:指向链表头的指针变量,初始化 head = NULL。

p1:指向后继结点的首地址的指针变量。

p2:指向结点成员 next 的指针变量。next 的值是下一个结点的首地址。

2. 循环方式用 malloc 函数开辟第 1 个结点。n = 1 时,p1、p2 指向第 1 个结点首地址(如下插图),输入数据,如果 p1→num != 0,则 head = p1 结点链入链表,反之不链入。

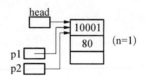

3. 开辟第 2 个结点:n = 2。

p1 指向第 2 个结点首地址(如图 a)。输入数据。如果 p1→num != 0(如图 b),链入第 2 个结点,方法:p2→next = p1(如图 c)。

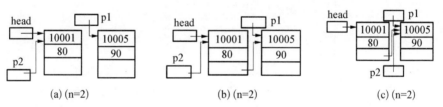

(a) (n=2)　　　　　　(b) (n=2)　　　　　　(c) (n=2)

4. 为建立第 3 个结点做准备:p2 = p1,腾出 p1 。

5. 重复 3、4 两步开辟第 3 个结点 n = 3,并链入链表(如下插图)。

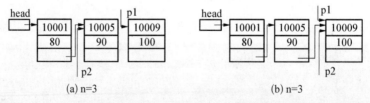

(a) n=3　　　　　　　　　　(b) n=3

6. 再开辟新结点,由于 num 数据为 0,退出循环。并使 p2→next = NULL,虽然 p1 指向新结点但没有链入链表(如下插图)。

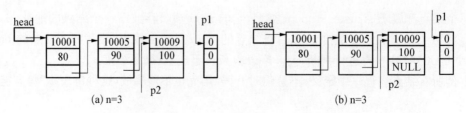

(a) n=3　　　　　　　　　　(b) n=3

```
1  #include<stdio.h>
2  #include<malloc.h>
3  #define    NULL  0
4  #define    LEN  sizeof (struct  student)
5  struct      student
6  {
7      long  num;
8      float  score;
9      struct  student  *next;
10  };
11 int  n;
12 struct student *creat(void)
13 {      struct student  *head;
14        struct student  *p1, *p2;
15        n =0;
16        p1 =p2 =(struct student *) malloc(LEN);
17        scanf("%ld,%f",&p1 ->num, &p1 ->score);
18        head =NULL;
19        while(p1 ->num !=0)
20        {
21            n =n + 1;
22            if (n ==1)    head =p1;
23            else        p2 ->next =p1;
24            p2 =p1;
25            p1 =(struct  student  *)malloc (LEN);
26            scanf("%ld,%f",&p1 ->num, &p1 ->score);
27        }
28        p2 ->next =NULL;
29        return(head);
30 }
```

11.5.3　输出链表

将链表中各结点的数据依次输出。

思路:设一个指针变量 p,找到链表头结点的地址(head 的值),p 再后移指向下一结点,输出结点各成员的数据,p 再后移指向下一结点,如下所示。

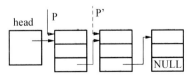

【例 11‐11】 写一个输出链表的函数。

```
1  void  print( struct  student  *head)
```

```
2  {
3     struct  student *p;
4     printf("\n Now, these  %d  records  are :\n", n);
5     p =head;
6     if(head!=NULL)
7     do
8     { printf("%ld,%5.2f\n", p ->num, p ->score);
9        p =p ->next;
10    }while(p!=NULL);
11 }
```

11.5.4　链表的删除操作

已有一个链表,删除其中某个结点,并不真正从内存中把它抹掉,只是把它从链表中分离开来,只要撤销原来的链接关系,再前后结点相链接即可。

【例 11－12】　写一函数删除动态链表中指定的结点。

思路:以指定的学号作为删除结点的标志(查找对象)。

1. 设两个指针变量 p1 和 p2。从 head 开始(如图(a)),p1 依次指向各结点查找 num 值是否等于要删除结点的学号。每次下移前使 p2 = p1,学号相等删除该结点,直至查到表尾(如图 b)。

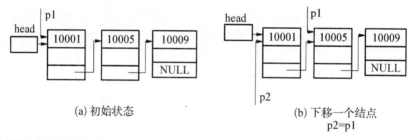

(a) 初始状态　　　　　　　　　(b) 下移一个结点
　　　　　　　　　　　　　　　　　p2=p1

2. 找到要删除的结点后:

如果要删除的是第 1 结点,则 head = p1→next,head 指向第 2 结点,第 1 结点脱离(如图(c))。

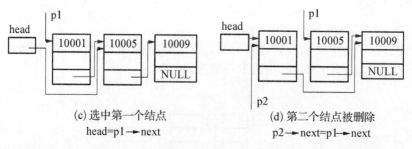

(c) 选中第一个结点　　　　　　(d) 第二个结点被删除
head=p1→next　　　　　　　p2→next=p1→next

如果要删除的不是第 1 结点,则 p2→next =p1→next,p1 指向的结点脱离(如图(d))。

要考虑链表为空和链表中没有要删除的结点的情况。

```
1  struct  student  *del(struct student *head,long num)
2  {
3      struct  student  *p1,*p2;
4      if (head==NULL)   printf("\n  list  null !\n");
5      p1 =head;
6      while (num!=p1 ->num &&p1 ->next!=NULL)
7      {
8          p2 =p1;
9          p1 =p1 ->next;
10     }
11     if (num ==p1 ->num)
12     {
13         if(p1 ==head)    head =p1 ->next;
14         else             p2 ->next = p1 ->next;
15         printf("delete:%d\n",num);
16         n =n - 1;
17     }
18     else
19         printf("%ld  not  been  found !\n",num);
20     return(head);
21 }
```

11.5.5　链表的插入操作

【例 11 - 13】　假设结点按成员的学号从小到大排列,按排序顺序插入结点。

思路:找到插入点后,将该点的 next 值指向新结点,并使新结点的 next 值等于断点后面结点的首地址。

1. 设置 p0、p1、p2 三个指针变量。创建一个新结点,p0 指向其起始位置地址,p1 指向第 1 个结点(如图(a))。

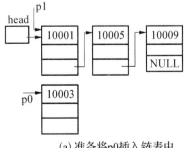

(a) 准备将p0插入链表中

2. 如果 p0→num 大于 p1→num,则 p2 = p1,然后 p1 后移一个结点,p1 = p1→next(如图(b))。直至 p0→num 小于或等于 p1→num,这时 p0 所指结点插在 p1 所指结点之前(如图(c))。

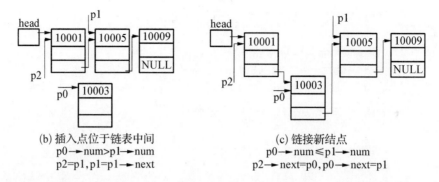

(b) 插入点位于链表中间
p0→num>p1→num
p2=p1,p1=p1→next

(c) 链接新结点
p0→num≤p1→num
p2→next=p0,p0→next=p1

3. 如果插入点在链表中间,则 p2→next =p0,p0→next =p1,新结点插入了链表(如图(c))。

4. 如果插入点位于最前面,则 head =p0,p0 →next =p1(如图(d))。

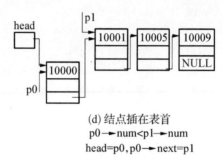

(d) 结点插在表首
p0→num<p1→num
head=p0,p0→next=p1

5. 如果插入点位于最后面,则 p1 不再后移,p1→next =p0, p0→next =NULL(如图(e))。

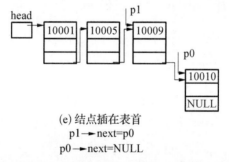

(e) 结点插在表首
p1→next=p0
p0→next=NULL

```
1   struct  student  *insert(struct student *head, struct student *stud)
2   { struct  student  *p0, *p1, *p2;
3     p1 =head;                          /* 使 p1 指向第一个结点 */
4     p0 =stud;                          /* p0 指向要插入的结点 */
5     if (head ==NULL)                   /* 原来的链表是空表 */
6       {
7         head =p0;
8         p0 ->next =NULL;
9       }                                /* 使 p0 指向的结点作为头结点 */
10    else
11      {
```

```
12      while((p0 ->num >p1 ->num) && (p1 ->next!=NULL))
13        {   p2 =p1;                        /*使 p2 指向刚才 p1 指向的结点 */
14           p1 =p1 ->next;
15        }                                  /*p1 后移一个结点 */
16      if (p0 ->num <= p1 ->num)
17        {
18           if (head ==p1)    head =p0;      /*插到原来第一个结点之前 */
19           else              p2 ->next =p0;  /*插到 p2 指向的结点之后*/
20           p0 ->next = p1;
21        }
22      else
23        {   p1 ->next =p0;
24           p0 ->next =NULL;
25        }                                  /*插到最后的结点之后*/
26    }
27  n =n + 1;                                /*结点数加 1*/
28  return(head);
29 }
```

11.5.6 链表的综合操作

【例 11 - 14】 用 main 函数作主调函数,调用前述建立、输出、删除、插入结点的函数。程序的运行结果如图 11 - 15 所示。

```
1  #include< stdio.h >
2  #include< stdlib.h >                       /*也可以用 malloc.h */
3  #define  NULL  0
4  #define  LEN  sizeof (struct  student)
5  struct     student
6  {   long  num;
7      float  score;
8      struct  student  *next;
9  };
10 int  n;
11 struct student *creat(void)
12 {
13    struct student  *head;
14    struct student  *p1, *p2;
15    n =0;
16    p1 =p2 =(struct student *) malloc(LEN);
17    scanf("%ld,%f",&p1 ->num, &p1 ->score); /*输入要建立的结点数据,输入 0 时结束*/
18    head =NULL;
19    while(p1 ->num !=0)
```

```
20    {  n = n + 1;
21      if(n ==1)   head =p1;
22         else    p2 ->next =p1;
23      p2 =p1;
24      p1 =(struct   student   *)malloc (LEN);
25      scanf("%ld,%f",&p1 ->num, &p1 ->score);
26    }
27    p2 ->next =NULL;
28    return(head);
29  }
30
31  void  print( struct   student   *head)
32  { struct   student  *p;
33    printf("Now, these  %d   records  are :\n", n);
34    p =head;
35    if(head!=NULL)
36    do
37    { printf("%ld,%5.2f\n", p ->num, p ->score);
38      p =p ->next;
39      }while(p!=NULL);
40  }
41
42  struct  student  *del(struct student *head,long num)
43  {
44      struct   student   *p1,*p2;
45      if(head ==NULL)
46      { printf("list   null !\n");  }
47      p1 =head;
48      while(num!=p1 ->num &&p1 ->next!=NULL)
49      {  p2 =p1;  p1 =p1 ->next;  }
50      if(num ==p1 ->num)
51        { if(p1 ==head)    head =p1 ->next;
52          else            p2 ->next = p1 ->next;
53          printf("delete:%d\n",num);
54          n =n - 1;
55        }
56      else
57        printf("%ld  not  been  found !\n",num);
58      return(head);
59  }
60  struct  student  *insert(struct student *head, struct student *stud)
61  {
```

```
62      struct  student  *p0, *p1, *p2;
63      p1 =head;                                    /* 使 p1 指向第一个结点 */
64      p0 =stud;                                    /*p0 指向要插入的结点 */
65      if(head ==NULL)                              /* 原来的链表是空表 */
66      { head =p0; p0 ->next =NULL; }               /* 使 p0 指向的结点作为头结点 */
67      else
68      {
69       while((p0 ->num >p1 ->num) && (p1 ->next!=NULL))
70        { p2 =p1;                                   /* 使 p2 指向刚才 p1 指向的结点 */
71          p1 =p1 ->next;                            /*p1 后移一个结点 */
72        }
73       if(p0 ->num <= p1 ->num)
74        { if(head ==p1)   head =p0;                 /* 插到原来第一个结点之前 */
75            else         p2 ->next =p0;             /* 插到 p2 指向的结点之后 */
76            p0 ->next = p1;
77        }
78       else
79        { p1 ->next =p0;
80          p0 ->next =NULL;
81        }                                           /* 插到最后的结点之后 */
82      }
83  n =n + 1;                                         /* 结点数加 1 */
84  return(head);
85 }
86
87 void main( )
88 { struct  student  *head, *stu;
89    long  del_num;
90    printf("input  records:\n");
91    head =creat();                                  /* 建立链表,返回头指针 */
92    print(head);                                    /* 输出全部结点 */
93    printf("input  delete  number:");
94    scanf("%ld", &del_num);                         /* 输入要删除的学号,输入 0 时结束 */
95    while(del_num !=0)
96    { head =del(head,del_num);                      /* 删除后链表的头地址 */
97      print(head);                                  /* 输出全部结点 */
98      printf("input  the  delete  number:");
99      scanf("%ld", &del_num);                       /* 输入要删除的学号 */
100   }
101  printf("input  the  inserted  record:");
102  stu =(struct  student *) malloc(LEN);
103  scanf("%ld,%f",&stu ->num, &stu ->score);  /* 输入要插入的结点数据,输入 0 时结束 */
```

```
104   while(stu ->num !=0)
105   {  head =insert(head,stu);                    /*插入新结点,返回地址*/
106      print(head);                               /*输出全部结点*/
107      printf("input  the  inserted  record:");
108      stu =(struct  student *) malloc(LEN);
109      scanf("%ld,%f", &stu ->num, &stu ->score);
110   }
111 }
```

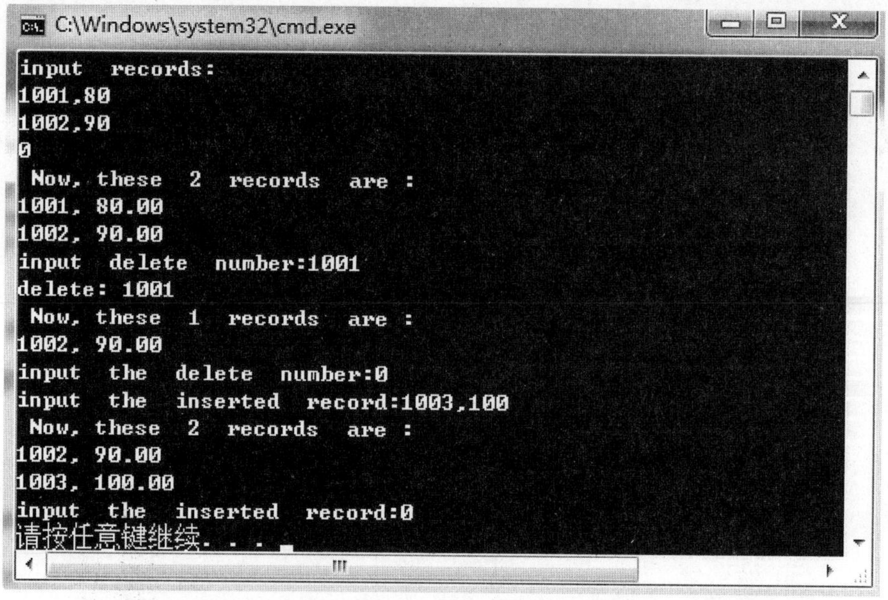

图 11 - 15　程序运行结果

11.6　共用体

在程序设计中,采用共用体比使用结构体节省空间,但是访问速度慢。

11.6.1　共用体变量的定义

定义共用体类型名的一般形式为:

```
union 共用体类型名
{   数据类型   成员1的名;
    数据类型   成员2的名;
        …
    数据类型   成员n的名;
};
```

例如,定义一个共用体,其中包括整型、字符型、实型三种数据类型的成员共享同一块内存空间。

```
union   number
    {    int  i;
         char  ch;
         double  f;
      };
```

定义共用体变量的一般形式为：

```
union 共用体类型名
    {   数据类型   成员1的名;
        数据类型   成员2的名;
              …
        数据类型   成员n的名;
    } 变量表列;
```

例如：

```
union  number
    {    int  i;
         char  ch;
         double  f;
    } a , b;
```

a、b 为共用体变量。由于在该共用体类型中 double 类型变量 f 占有内存单元 8 个字节，是最长的成员，所以共用体变量 a、b 都分配 8 个字节的内存单元。存储示意图如下：

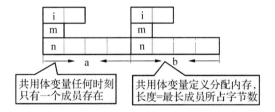

共用体类型声明与变量的定义可以分开，如：

```
union  number
    {    int  i;
         char  ch;
         double  f;
    };
    union  number  a , b;
```

也可以省略共用体类型名，直接定义共用体变量，如：

```
union
    {   int  i;
        char  ch;
        double  f;
    } a , b;
```

"共用体"与"结构体"的定义形式相似,但它们的含义不同。

11.6.2 共用体变量的引用

1. 共用体变量中每个成员的引用方式与结构体完全相同,有以下三种形式:

```
共用体变量名.成员名
共用体指针名->成员名
(*共用体指针名).成员名
```

在使用共用体变量时要注意在程序执行的某一时刻,只有一个共用体成员起作用,而其他的成员不起作用。两个具有相同共用体类型的变量可以互相赋值。可以对共用体变量进行取地址运算。共用体变量所占内存的长度是成员中最长的,在这样一个空间中可以存放不同类型和不同长度的数据,而这些数据都是以同一地址开始存放的。

例如,共用体变量的定义和引用:

```
union  number
{    int  i;
     char  ch;
     double  f;
};
union number a, b, c, *p, d[3];
 a.i=1;  b.ch='n';  c.f=1.5;      /*共用体变量中的成员赋值*/
 (*p).ch='m'; p->f=8.5;       /*共用体指针变量中的成员赋值*/
 d[0].i=10;  d[1].ch='f';        /*共用体数组元素中的成员赋值*/
```

2. 共用体类型数据的特点。

(1) 同一个内存段可以用来存放几种不同类型的成员,但在每一瞬时只能存放其中一种,而不是同时存放几种。

(2) 共用体变量中起作用的成员是最后一次存放的成员。

例如:

```
     a.i=1;
     a.ch='a';
     a.f=1.5;
     printf("%d",a.i);         ( × 编译通过,运行结果不对)
     printf("%f",a.f);         (√)
```

(3) 共用体变量和它的各成员的地址都是同一地址。

(4) 不能对共用体变量名赋值,也不能在定义共用体变量时初始化。但可以用一个共用体变量为另一个变量赋值。

例如:

```
  union
  { int i;
      char ch;
      float f;
  }a={1, 'a' ,1.5};        (×)
```

```
        a = 1;              (×)
        m = a;              (×)
```

例如:

```
    float  x;
    union
      { int i;  char ch;  float f;
      }a,b;
     a.i = 1;  a.ch = 'a';  a.f = 1.5;
     b = a;          (√)
     x = a.f;        (√)
```

(5) 不能把共用体变量作为函数参数,也不能使用函数带回共用体变量,但可以使用指向共用体变量的指针(与结构体变量的这种用法相仿)。

(6) 共用体类型可出现在结构体类型定义中,也可以定义共用体数组。反之,结构体也可出现在共用体类型定义中,数组也可作为共用体的成员。

【例 11 - 15】 设有若干个人员的数据,其中有学生和教师。学生的数据中包括号码、姓名、性别、职业、班级。教师的数据包括号码、姓名、性别、职业、职务。如表 11 - 1 所示。

表 11 - 1 学生和教师的数据结构

num	name	sex	job	class / position	
601	wang	f	s	61	
602	zhang	m	t	professor	

程序的运行结果如图 11 - 16 所示。

```
1  #include < stdio.h >
2  struct
3  { int num;
4    char name[6];
5    char sex;
6    char job;
7    union
8    { int  class;
9      char  position[10];
10   } ct;
11 } pn[2];      /*先设人数为 2*/
12 int main( )
13 {
14   int i;
15   for(i = 0;i < 2;i++)
16   { printf("输入:No Name sex job\n");
17     scanf("%d%s%c%c", &pn[i].num, pn[i].name, &pn[i].sex, &pn[i].job);
```

```
18      printf("class/position\n");
19      if ( pn[i].job == 's')
20          scanf("%d",&pn[i].ct. class);
21      else if (pn[i].job == 't')
22          scanf("%s",&pn[i].ct.position);
23      else  printf("input error");
24 }
25   printf("\n");
26   printf("No.    Name     sex job class/position\n");
27   for(i = 0;i < 2;i++)
28 {
29     if(pn[i].job == 's')
30       printf("% 6d% 10s% 3c% 3c% 6d\n",pn[i].num,pn[i].name,pn[i].sex,
31        pn[i].job, pn[i].ct.class);
32     else
33
34      printf("% 6d% 10s% 3c% 3c% 6s\n",pn[i].num,pn[i].name,pn[i].sex,
35        pn[i].job, pn[i].ct.position);
36 }
37   return 0;
38 }
```

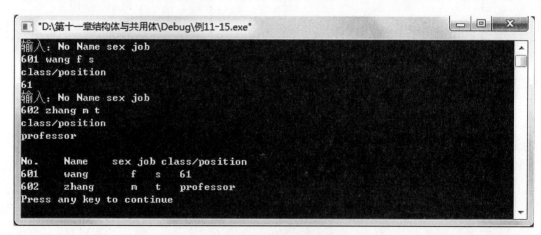

图 11‐16　程序运行结果

11.7　枚举类型

在实际问题中,有些变量的取值被限定在一个有限的范围内。例如,一个星期内只有七天,一年只有十二个月等。如果把这些变量声明为整型、字符型或其他类型显然是不妥当的。为此,C语言提供了一种称为"枚举"的类型。在"枚举"类型的定义中列举出所有可能的取值,被说明为该"枚举"类型的变量取值不能超过定义的范围。

11.7.1　枚举类型的定义和枚举变量的说明

枚举类型定义的一般形式为：

enum 枚举类型名 { 枚举值表 };

在枚举值表中应罗列出所有可用值，这些值被称为枚举元素。

例如，enum weekday {sun,mon,tue,wed,thu,fri,sat};

该枚举类型名为 weekday，枚举值共有 7 个，即一周中的七天。凡被声明为 weekday 类型变量的取值只能是七天中的某一天。

枚举变量的声明：

如同结构体和共用体一样，枚举变量也可用三种不同的方式来定义。

设有变量 a,b,c，要定义为上述的 weekday 枚举类型，可采用下述任一种形式：

形式 1:enum weekday{ sun,mou,tue,wed,thu,fri,sat };
　　　 enum weekday a,b,c;
形式 2:enum weekday{ sun,mou,tue,wed,thu,fri,sat }a,b,c;
形式 3:enum { sun,mou,tue,wed,thu,fri,sat }a,b,c;

11.7.2　枚举类型变量的赋值和使用

枚举类型在使用中有以下规定：

1. 枚举值是常量，不是变量。不能在程序中用赋值语句再对它赋值。

例如，对枚举类型 weekday 的元素做以下赋值都是错误的。

sun =5;　(×)
mon =2;　(×)
sun =mon;(×)

2. 枚举元素本身由系统定义了一个表示序号的数值，从 0 开始顺序定义为 0,1,2…。如在 weekday 中，sun 值为 0，mon 值为 1，…，sat 值为 6。

【例 11－16】　枚举类型变量定义、赋值、输出。

```
1   #include<stdio.h>
2   int main()
3   {
4       enum  weekday  { sun,mon,tue,wed,thu,fri,sat } a, b, c;
5       a =sun;
6       b =mon;
7       c =tue;
8       printf("%d,%d,%d\n",a,b,c);
9       return 0;
10  }
```

程序的运行结果如图 11－17 所示。

图 11-17　程序运行结果

说明：

只能把枚举元素赋予枚举变量，不能把枚举元素表示的序号数值直接赋予枚举变量。

```
a=sum; b=mon;    (√)
a=0;   b=1;      (×)
```

如果一定要把枚举元素表示的序号数值赋予枚举变量，则必须用强制类型转换。

```
a=(enum weekday)2;
```

其意义是将顺序号为2的枚举元素赋予枚举变量a，相当于a=tue；。

还应该说明的是枚举元素不是字符常量，也不是字符串常量，使用时不加单、双引号。

3. 枚举类型定义时可以明确设置枚举元素的值，枚举类型变量存放的是一个整数。

【例 11-17】　输出枚举元素的值，用 sizeof 求枚举类型、枚举类型变量、枚举元素的长度。

```
1  #include<stdio.h>
2  int main()
3  {
4      enum  weekday { mon=1,tue,wed,thu,fri,sat, sun} a, b, c;
5      a=sun;
6      b=mon;
7      c=tue;
8      printf("%d,%d,%d\n",a,b,c);
9      printf("%d,%d\n", sizeof(enum weekday), sizeof(a));
10     printf("%d,%d,%d\n", sizeof(mon), sizeof(sun), sizeof(int) );
11     return 0;
12 }
```

程序的运行结果如图 11-18 所示。

图 11-18　程序运行结果

【例 11-18】　在枚举类型定义中给枚举元素增加一种可能的取值，输出枚举元素的值。

```
1  #include<stdio.h>
2  int main()
3  {
4      enum color {red,yellow,blue=4,green,white} c1,c2;
5      c1=yellow;
6      c2=white;
7      printf("%d,%d\n",c1,c2);
8      return 0;
9  }
```

本程序中系统给枚举类型定义了一个表示序号的值,使得 red 的值为 0,yellow 值为 1,blue 在枚举类型定义中赋值为 4,后面元素的值依次递增 1,使得 green 的值为 5,white 的值为 6。

程序的运行结果如图 11 - 19 所示。

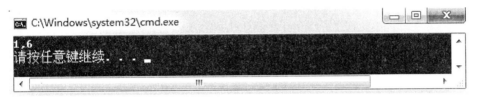

图 11 - 19　程序运行结果

枚举和宏相似,宏在预处理阶段将名字替换成对应的值,枚举在编译阶段将名字替换成对应的值,可以将枚举理解为编译阶段的宏。

课后习题

一、选择题

1. 当定义一个结构体变量时,系统分配给它的内存是　　　　　　　　　　　　　(　　)
   A. 结构中最后一个成员所需内存量　　　B. 结构中第一个成员所需内存量
   C. 成员中占内存量最大者所需的容量　　D. 各成员所需内存量的总和

2. static struct {int a1;float a2;char a3;}a[10]={1,3.5,'A'};,说明数组 a 是地址常量,它有 10 个结构体型的下标变量,采用静态存储方式,其中被初始化的下标变量是　(　　)
   A. a[10]　　　　　　B. a[0]　　　　　　C. a[1]　　　　　　D. a[-1]

3. 在定义构造数据类型时,不能　　　　　　　　　　　　　　　　　　　　　　(　　)
   A. 说明变量　　　　　　　　　　　　　B. 说明存储类型
   C. 末尾不写分号　　　　　　　　　　　D. 初始化

4. 定义共用体的关键字是　　　　　　　　　　　　　　　　　　　　　　　　　(　　)
   A. union　　　　　　B. typedef　　　　　C. enum　　　　　　D. struct

5. C 语言结构体类型变量在程序执行期间　　　　　　　　　　　　　　　　　　(　　)
   A. 部分成员驻留在内存中　　　　　　　B. 只有一个成员驻留在内存中
   C. 所有成员一直驻留在内存中　　　　　D. 没有成员驻留在内存中

6. 若要说明一个类型名 STP,使得定义语句 STP s 等价于 char * s,以下选项中正确的是 （   ）

A. typedef char * STP;

B. typedef stp * char;

C. typedef STP char * s;

D. typedef * char STP;

7. 以下程序运行后的输出结果是 （   ）

```
1  #include<stdlib.h>
2  #include<stdio.h>
3  struct  NODE
4  {
5      int  num;
6      struct  NODE  *next;
7  };
8  int  main()
9  {
10     struct  NODE  *p, *q, *r;
11     int  sum = 0;
12     p = (struct NODE *)malloc(sizeof(struct NODE));
13     q = (struct NODE *)malloc(sizeof(struct NODE));
14     r = (struct NODE *)malloc(sizeof(struct NODE));
15     p ->num = 1; q ->num = 2; r ->num = 3;
16     p ->next = q; q ->next = r; r ->next = NULL;
17     sum += q ->next ->num;  sum += p ->num;
18     printf("%d\n", sum);
19     return 0;
20 }
```

A. 4   B. 3   C. 5   D. 6

8. 相同结构体类型的变量之间,可以 （   ）

A. 比较大小   B. 地址相同   C. 赋值   D. 相加

二、阅读程序

1. 程序通过定义学生结构体变量,存储了学生的学号、姓名和3门课程的成绩。fun 函数的功能是:将 a 中的数据进行修改,把修改后的数据作为函数值返回主函数进行输出。程序运行后的输出结果为_____。

```
1  #include<stdio.h>
2  #include<string.h>
3  struct student
4  {
5      long  sno;
6      char  name[10];
7      float  score[3];
8  };
```

```
9  struct student fun(struct  student  a)
10 {
11     int  i;
12     a.sno = 10002;
13     strcpy(a.name, "LiSi");
14     for (i = 0; i < 3; i++) a.score[i]+= 1;
15     return  a;
16 }
17 int main()
18 {
19     struct student  s = {10001,"ZhangSan", 95, 80, 88}, t;
20     int  i;
21     printf("\n\nThe original data \n");
22     printf("\nNo %ld  Name %s\nScores:  ",s.sno, s.name);
23     for (i = 0; i < 3; i++)  printf("%6.2f ", s.score[i]);
24     printf("\n");
25     t = fun(s);
26     printf("\nThe data after modified \n");
27     printf("\nNo:%ld  Name:%s\nScores:  ",t.sno, t.name);
28     for (i = 0; i < 3; i++)  printf("%6.2f ", t.score[i]);
29     printf("\n");
30     return 0;
31 }
```

三、程序设计

1. 输入 4 名学生的基本信息,每名学生的基本信息包括学号、姓名、性别、年龄、语文成绩、数学成绩、物理成绩、总分、平均分等数据项。根据各科成绩计算总分和平均分,并输出这 4 名学生的信息。

2. 编写一个程序,已知 head 指向一个带头结点的单向链表,链表每个结点包含整型数据域 (data) 和指针域(next),请编写函数 max,在链表中查找数据域值最大的结点,由函数值返回找到的最大值。

第12章

文　件

在此之前,所有输入输出只涉及键盘和显示器。在运行 C 程序时我们通过键盘输入数据,并借助显示器把程序的运行结果显示出来。但是计算机作为一种数据处理工具,所面对的数据信息量十分庞大,仅依赖于键盘输入和显示输出等方式完全不够,通常解决的办法是将这些数据记录在某些介质上,利用这些介质的存储特性,携带数据或长久地保存,这种记录在外部介质上的数据集合称为"文件"。

本章仅讨论通过 C 程序的输入、输出操作所涉及的存储在外部介质上的文件,这类文件通常称为"数据文件",并以磁盘作为文件的存储介质。在程序中,调用输入函数把外部文件中数据赋给程序中的变量,这种操作称为"输入"或"读";调用输出函数把程序中变量的值输出到外部文件中,这种操作称为"输出"或"写"。对文件输入输出的方式也称"存取方式",C语言中有两种对文件的存取方式:顺序存取和直接存取。

顺序存取文件的特点:每当"打开"这类文件,进行读或写操作时总是从文件的开头开始,从头到尾顺序地读写。

直接存取文件(又称随机存取文件),其特点是:可以通过调用 C 语言的库函数去指定开始读(写)的字节号,然后直接对此位置上的数据进行读(写)操作。

从文件编码的方式来看,文件可分为文本文件和二进制文件两种。这两种文件都可以用顺序方式或直接(随机)方式进行存取。

文本文件在磁盘中存放时每个字符对应一个字节,用于存放对应的 ASCII 码。存储形式如下:

ASCII 码(二进制)	00100000	00110000	01000001	01100001
	↓	↓	↓	↓
字符	'空格'	'0'	'A'	'a'
十进制	32	48	65	97
十六进制	20H	30H	41H	61H

当输出时,磁盘中每个字节存放的 ASCII 码对应的字符,可以在屏幕上按字符显示。

二进制文件是把内存中的数据按其在内存中的存储形式原样输出到磁盘上存放,用二进制形式输出数值,可以节省外存空间和转换时间,但一个字节并不对应一个字符,不能直接输出字符形式,虽然也可在屏幕上显示,但其内容无法读懂。

C 系统在处理这些文件时,并不区分类型,都看成是字符流,按字节进行处理。输入输出字符流的开始和结束只由程序控制而不受物理符号(如回车符)控制,因此也把这种文件称作"流式文件"。

12.1　文件指针

文件指针,实际上是指向一个结构体类型的指针变量,在 C 语言中用一个指针变量指向一个文件,通过文件指针就可对它所指的文件进行各种操作。FILE 是由系统定义的一个结构体类型名,用户不必去了解其中的细节,所有的一切都在 stdio.h 头文件中进行定义。可以用此类型名来定义文件指针。定义文件类型指针变量的一般形式为:

```
FILE *指针变量名;
```

例如:

```
FILE *fp;
```

fp 被定义为指向文件类型的指针变量,称为文件指针。

12.2　文件的打开与关闭

文件在进行读写操作之前要先打开,使用完毕要关闭。所谓打开文件,实际上是使文件指针指向该文件,以便进行其他操作。关闭文件则断开指针与文件之间的联系,禁止再对该文件进行操作。

12.2.1　打开文件

在对文件进行读、写操作之前,要用 fopen( )函数来打开文件,其调用的一般形式为:

```
fopen( "文件名", "使用文件方式");
```

fopen 函数调用中要求两个字符串作为参数,第一个字符串中包含了要进行读、写操作的文件名及路径,用来指定所要打开的文件。第二个字符串中指定了文件的使用方式,用户可通过这个参数来指定对文件的使用方式。

例如:

```
FILE *fp;
fp = fopen ("file1","r");
```

其意义是在当前目录下打开文件 file1,只允许进行"读"操作。若函数调用成功,函数返回一个 FILE 类型的指针,赋给文件指针变量 fp,从而使指针 fp 与 file1 文件联系起来,也就是说在此调用之后,指针 fp 就指向了文件 file1。

又如

```
FILE *fp
fp = fopen ("D:\\ file2 ","rb")
```

其意义是打开D驱动器磁盘的根目录下的文件file2,这是一个二进制文件,只允许按二进制方式进行读操作。

使用文件的方式共有12种,如表12-1所示。

表 12-1　fopen 函数"使用文件方式"参数取值

文件使用方式	意义
"r"	只读方式打开一个文本文件,只允许读数据
"w"	只写方式打开或建立一个文本文件,只允许写数据
"a"	追加方式打开一个文本文件,并在文件末尾写数据
"rb"	只读方式打开一个二进制文件,只允许读数据
"wb"	只写方式打开或建立一个二进制文件,只允许写数据
"ab"	追加方式打开一个二进制文件,并在文件末尾写数据
"r +"	读写方式打开一个文本文件,允许读和写
"w +"	读写方式打开或建立一个文本文件,允许读写
"a +"	读写方式打开一个文本文件,允许读,或在文件末追加数据
"rb +"	读写方式打开一个二进制文件,允许读和写
"wb +"	读写方式打开或建立一个二进制文件,允许读和写
"ab +"	读写方式打开一个二进制文件,允许读,或在文件末追加数据

对于文件使用方式的说明:

1. 文件使用方式的各字符含义如表12-2所示。

表 12-2　文件使用方式的各字符含义

r(read)	读
w(write)	写
a(append)	追加
t(text)	文本文件,可省略不写
b(banary)	二进制文件
+	读和写

2. 凡用"r"打开一个文件时,该文件必须已经存在,且只能从该文件读出。

3. 用"w"打开的文件只能向该文件写入。若打开的文件不存在,则以指定的文件名建立该文件,若打开的文件已经存在,则将该文件删去,重建一个新文件。

4. 若要向一个已存在的文件追加新的信息,只能用"a"方式打开文件。但此时该文件必须是存在的,否则将会出错。

5. 在打开一个文件时,如果出错,fopen 将返回一个空指针值 NULL。在程序中可以用这一信息来判别是否完成打开文件的工作,并作相应的处理。

12.2.2　关闭文件

当文件的操作完成之后,必须将它关闭,关闭文件可调用 fclose( )函数来实现。
fclose 函数调用的一般形式是:

```
fclose(文件指针);
```

例如:

```
fclose(fp);
```

函数调用之后,如果 fclose 函数返回值为 0,文件指针 fp 与文件脱离联系,文件关闭正常。若返回非零值则表示有错误发生。

12.3　文件的读写

成功打开文件后,接下来就是对文件进行输入或输出操作,最常用的文件读和写的操作如表 12 - 3 所示。

表 12 - 3　文件读写函数

字符读写函数	fgetc 和 fputc
字符串读写函数	fgets 和 fputs
数据块读写函数	fread 和 fwrite
格式化读写函数	fscanf 和 fprinf

以上函数都包含在 stdio.h 头文件中。

12.3.1　字符读写函数 fgetc 和 fputc

字符读写函数是以字符(字节)为单位的读写函数。每次可从文件读出或向文件写入一个字符。

1. 读字符函数 fgetc

fgetc 函数的功能是从指定的文件中读一个字符,函数调用的形式为:

```
字符变量=fgetc(文件指针);
```

例如:

```
ch=fgetc(fp);
```

其意义是从文件指针 fp 指定的文件中读取一个字符赋值给 ch 变量。

对于 fgetc 函数的使用有以下几点说明:

(1) 在 fgetc 函数调用中,读取的文件必须以读或读写方式打开。

(2) 读取字符的结果也可以不向字符变量赋值。

例如:

```
fgetc(fp);
```

但是读出的字符不能保存。

（3）在文件内部有一个位置指针。用来指向文件的当前读写字节。在文件打开时,该指针总是指向文件的第一个字节。使用 fgetc 函数后,该位置指针将向后移动一个字节。因此可连续多次使用 fgetc 函数,读取多个字符。应注意文件指针和文件内部的位置指针是不相同的。文件指针是指向整个文件的,须在程序中定义说明,只要不重新赋值,文件指针的值不变。文件内部的位置指针用以指示文件内部的当前读写位置,每读写一次,该指针均向后移动,它不需在程序中定义说明,而由系统自动设置。

【例 12-1】 读入文件,在屏幕上输出如图 12-1 所示结果。

```
1  #include<stdio.h>
2  #include<stdlib.h>
3  #include<conio.h>
4  int main()
5  {  FILE *fp;
6     char ch;
7     if((fp=fopen("file1.txt","r"))==NULL)
8     { printf("\nCannot open file strike any key exit!");
9        getch(); /*控制台读取一个字符,不显示在屏幕上,getch 是 conio.h 中的函数 */
10       exit(1);  /*退出程序,返回 1 给系统*/
11    }
12    ch=fgetc(fp);
13    while(ch!=EOF)
14    {  putchar(ch);
15       ch=fgetc(fp);
16    }
17    putchar( '\n' );
18    fclose(fp);
19    return 0;
20 }
```

图 12-1　程序运行结果

本例程序的功能是从文件中逐个读取字符,在屏幕上显示。程序定义了文件指针 fp,以读文本文件方式打开文件 file1.txt,并使 fp 指向该文件。如果打开文件出错,将给出提示并退出程序。程序第 12 行先读出一个字符,然后进入循环,只要读出的字符不是文件结束标志 EOF 就把该字符显示在屏幕上,再读入下一字符。每读一次,文件内部的位置指针向后移动一个字符,文件结束时,该指针指向 EOF,每个文件末有一结束标志 EOF。执行本程序将显示整个文件内容。

2. 写字符函数 fputc

fputc 函数的功能是把一个字符写入指定的文件中,函数调用的形式为:

```
fputc(字符量,文件指针);
```

其中,待写入的字符量可以是字符常量或变量。

```
例如:fputc('a',fp);
```

其意义是把字符 a 写入 fp 所指向的文件中。

对于 fputc 函数的使用说明:

(1)被写入的文件可以用写、读写、追加方式打开,用写或读写方式打开一个已存在的文件时将清除原有的文件内容,写入字符从文件首开始。如需保留原有文件内容,希望写入的字符以文件末开始存放,必须以追加方式打开文件。被写入的文件若不存在,则创建该文件。

(2)每写入一个字符,文件内部位置指针向后移动一个字节。

(3)fputc 函数有一个返回值,如写入成功则返回写入的字符,否则返回一个 EOF。可用此来判断写入是否成功。

【例 12-2】　从键盘输入一行字符,写入一个文件,再把该文件内容读出显示在屏幕上。

```
1   #include<stdio.h>
2   #include<string.h>
3   int main()
4   {
5     FILE *fp;
6     char ch;
7     if((fp=fopen("file2 ","w +"))==NULL)
8     {
9         printf("Cannot open file strike any key exit! ");
10        getchar();
11    }
12    printf("input a string\n");
13    ch = getchar();
14    while (ch!='\n')
15    {
16       fputc(ch,fp);
17       ch = getchar();
18    }
19    rewind(fp);             /*使文件的位置指针重新返回文件的开头*/
```

```
20    ch = fgetc(fp);
21    while(ch!=EOF)
22    {
23        putchar(ch);
24        ch = fgetc(fp);
25    }
26    printf("\n");
27    fclose(fp);
28    return 0;
29 }
```

程序的运行结果如图 12-2 所示。

图 12-2　程序运行结果

程序中第 7 行以读写文本文件方式打开文件 file2。程序第 13 行从键盘读入一个字符后进入循环，当读入字符不为回车符时，则把该字符写入文件之中，然后继续从键盘读入下一字符。每输入一个字符，文件内部位置指针向后移动一个字节。写入完毕，该指针指向文件末。如要把文件从头读出，须把指针移向文件头，程序第 19 行 rewind 函数用于把 fp 所指文件的内部位置指针移到文件头。第 20 至 25 行用于读出文件中的内容。

12.3.2　字符串读写函数 fgets 和 fputs

1. 读字符串函数 fgets

函数的功能是从指定的文件中读一个字符串到字符数组中，函数调用的形式为：

```
fgets(字符数组名, n, 文件指针);
```

其中的 n 是一个正整数。表示从文件中读出的字符串不超过 n-1 个字符。在读入的最后一个字符后加上串结束标志 '\0'。

例如：

```
fgets(str, n, fp);
```

从 fp 所指的文件中读出 n-1 个字符存入字符数组 str 中。

【例 12-3】　从 file3.txt 文件中读取字符串。

```
1  #include < stdio.h >
2  int main()
3  {  FILE *fp;
4     char str[11];
```

```
5    if ((fp = fopen("file3.txt","r"))==NULL)
6    {   printf("\nCannot open file strike any key exit! ");
7        getchar();
8        exit(1);        /*退出程序,返回 1 给系统*/
9    }
10   fgets(str, 6, fp);
11   printf("\n %s\n",str);
12   fclose(fp);
13   return 0;
14 }
```

程序的运行结果如图 12 - 3 所示。

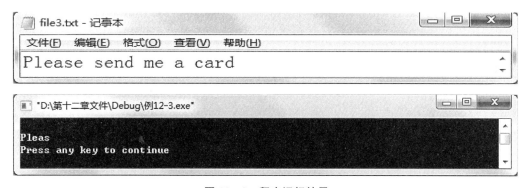

图 12 - 3　程序运行结果

本例定义了一个字符数组 str,在以读文本文件方式打开文件 file3.txt 后,从中读出字符存入 str 数组,在存入数组的字符串最后加上 '\0',然后在屏幕上显示输出 str 数组。

fgets 函数的使用说明:

(1) 在读出 n - 1 个字符之前,如果遇到了换行符或 EOF,则读出结束。

(2) fgets 函数也有返回值,其返回值是字符数组的首地址。

2. 写字符串函数 fputs

fputs 函数的功能是向指定的文件写入一个字符串,其调用形式为:

```
fputs(字符串,文件指针);
```

其中字符串可以是字符串常量,也可以是字符数组名,或指针变量。

例如:

```
fputs("good",fp);
```

把字符串"good"写入 fp 所指的文件之中。

【例 12 - 4】 在文件 file4.txt 中追加一个字符串。

```
1  #include< stdio.h>
2  int main()
3  {
4      FILE *fp;
```

```
5      char ch,st[20];
6      if((fp=fopen("file4.txt","a+"))==NULL)
7      {  printf("Cannot open file strike any key exit!");
8         getchar();
9       }
10     printf("input a string:\n");
11     scanf("%s",st);
12     fputs(st, fp);
13     rewind(fp);      /*使文件的位置指针重新返回文件的开头*/
14     ch=fgetc(fp);
15     while(ch!=EOF)
16     {  putchar(ch);
17        ch=fgetc(fp);
18     }
19     printf("\n");
20     fclose(fp);
21     return 0;
22 }
```

程序的运行结果如图 12-4 所示。

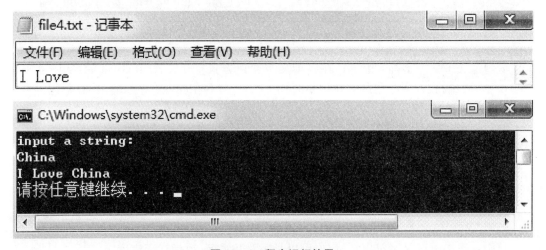

图 12-4　程序运行结果

本例要求在"file4.txt"文件末加写字符串,因此,在程序第 6 行以追加读写文本文件的方式打开文件"file4.txt"。然后输入字符串,并用 fputs 函数把该串写入文件"file4.txt"。在程序 13 行用 rewind 函数把文件内部位置指针移到文件首,再进入循环逐个显示当前文件中的全部内容。

12.3.3　数据块读写函数 fread 和 fwtrite

C语言还提供了用于整块数据的读写函数。可用来读写一组数据,如一个数组的元素,一个结构体变量的值等。

读数据块函数调用的一般形式为：

```
fread(buffer, size, count, fp);
```

写数据块函数调用的一般形式为：

```
fwrite(buffer, size, count, fp);
```

其中 buffer 是一个指针，在 fread 函数中，它表示存放输入数据的首地址。在 fwrite 函数中，它表示存放输出数据的首地址。

size：   表示数据块的字节数。

count：   表示要读写的数据块块数。

fp：   表示文件指针。

例如：

```
fread(fa, 4, 3, fp);
```

其意义是从 fp 所指的文件中，每次读 4 个字节(一个实数)存入数组 fp 中，连续读 3 次，即读 3 个实数存到 fp 数组中。

【例 12 - 5】 从键盘输入两个学生数据，写入一个文件中，再读出这两个学生的数据显示在屏幕上。

```
1   #include<stdio.h>
2   struct  student
3   {  char name[10];
4      int num;
5      int age;
6      char addr[15];
7   }boy[2], girl[2], *p, *q;
8   int main()
9   {  FILE *fp;
10     int i;
11     p =boy;
12     q = girl;
13     if((fp =fopen("file5.txt","w +"))==NULL)
14     {  printf("Cannot open file strike any key exit!");
15        getchar();
16     }
17     printf("\ninput data\n");
18     for(i =0; i<2; i++,p++)
19     scanf("%s%d%d%s", p ->name, &p ->num, &p ->age, p ->addr);
20     p =boy;
21     fwrite(p, sizeof(struct student), 2, fp);
22     rewind(fp);          /*使文件的位置指针重新返回文件的开头*/
23     fread(q, sizeof(struct student), 2, fp);
24     printf("\n\nname\tnumber    age       addr\n");
```

```
25   q = girl;
26   for(i =0; i < 2; i++, q++)
27   printf("%s\t%5d%7d        %s\n",q ->name,q ->num,q ->age,q ->addr);
28   fclose(fp);
29   return 0;
30 }
```

程序的运行结果如图 12 - 5 所示。

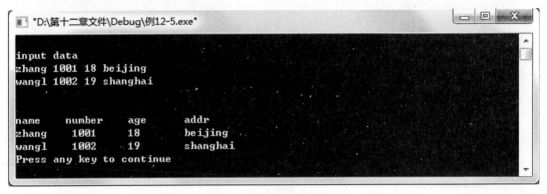

图 12 - 5   程序运行结果

本例程序定义了一个结构体类型 student,声明了两个结构体数组 boy 和 girl 以及两个结构指针变量 p 和 q。p 指向 boy,q 指向 girl。程序第 13 行以读写方式打开文件"file5.txt",输入两个学生数据之后,写入该文件中,然后把文件内部位置指针移到文件首,读出两个学生数据后,在屏幕上显示。

12.3.4 格式化读写函数 fscanf 和 fprintf

fscanf 函数、fprintf 函数与前面使用的 scanf 和 printf 函数的功能相似,都是格式化读写函数。两者的区别在于 fscanf 函数和 fprintf 函数的读写对象不是键盘和显示器,而是磁盘文件。这两个函数的调用格式为:

```
fscanf(文件指针,格式字符串,输入表列);
fprintf(文件指针,格式字符串,输出表列);
```

例如:

```
fscanf(fp,"%d%s",&i,s);
fprintf(fp,"%d%c",j,ch);
```

【例 12 - 6】 用 fscanf 和 fprintf 函数完成例 12 - 5 的问题。

```
1  #include< stdio.h>
2  struct student
3  {  char name[10];
4     int num;
```

```
5      int age;
6      char addr[15];
7  }boy[2], girl [2],*p,*q;
8  int main()
9  {   FILE *fp;
10     char ch;
11     int i;
12     p =boy;
13     q = girl;
14     if((fp =fopen("file6 ","wb +"))==NULL)
15     {   printf("Cannot open file strike any key exit!");
16         getchar();
17     }
18     printf("\ninput data\n");
19     for(i =0;i <2;i++,p++)
20      scanf("%s%d%d%s",p ->name,&p ->num,&p ->age,p ->addr);
21     p =boy;
22     for(i =0;i <2;i++,p++)
23      fprintf(fp, "%s%d%d%s\n", p ->name, p ->num, p ->age, p ->addr);
24     rewind(fp);           /*使文件的位置指针重新返回文件的开头*/
25     for(i =0;i <2;i++,q++)
26      fscanf(fp,"%s%d%d%s\n",q ->name,&q ->num,&q ->age,q ->addr);
27     printf("\n\nname \ tnumber       age        addr\n");
28     q = girl;
29     for(i =0;i <2;i++,q++)
30       printf("%s\t%5d%7d        %s\n",q ->name,q ->num, q ->age, q ->addr);
31     fclose(fp);
32     return 0;
33 }
```

程序的运行结果如图 12 - 6 所示。

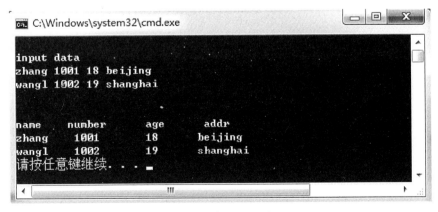

图 12 - 6　程序运行结果

与例 12-5 相比,本程序中 fscanf 和 fprintf 函数每次只能读写一个结构体数组元素,因此采用了循环语句来读写全部数组元素。还要注意指针变量 p、q,由于循环改变了它们的值,因此在程序的 21 和 28 行分别对它们重新赋予了数组的首地址。

12.4 文件的定位

前面介绍的对文件的读写方式都是顺序读写,即读写文件只能从头开始,顺序读写各个数据,但在实际问题中常要求只读写文件中某一指定的部分。为了解决这个问题,可移动文件内部的位置指针到需要读写的位置,再进行随机读写。实现随机读写的关键是要按要求移动位置指针,这称为文件的定位。

文件中用位置指针指向当前读写的位置。如果顺序读写一个文件,每次读写完一个字符后,该位置指针自动移动指向下一个字符位置。如果想改变这样的规律,强制使位置指针指向其他指定的位置,可以用有关函数 rewind()、fseek()、ftell 等。

12.4.1 rewind 函数

rewind 函数的作用是使位置指针重新返回文件的开头,此函数没有返回值。
其调用形式为:

```
rewind(文件指针);
```

例如:

```
rewind(fp);
```

其意义是使文件指针 fp 指向的文件的位置指针返回文件的开头。

【例 12-7】 用 rewind 函数移动文件的位置指针,然后输出数据。

```
1   #include <stdio.h>
2   int main()
3   {   FILE *fp;
4       int i, a[6] = {1,2,3,4,5,6}, k;
5       fp = fopen("data.dat", "w+");
6       fprintf(fp, "%d\n", a[0]);
7       for (i =1; i< 6; i++)
8       {   rewind(fp);
9           fprintf(fp, "%d\n", a[i]);
10      }
11      rewind(fp);
12      fscanf(fp, "%d", &k);
13      fclose(fp);
14      printf("%d\n", k);
15      return 0;
16  }
```

程序运行结果如图 12-7 所示。

图 12 - 7 程序运行结果

本程序首先定义文件指针变量 fp 和一个数组 a,再打开一个文件"data.dat",随后把 a[0]数据写入文件,由于 rewind 函数是将文件指针从当前位置重新指向文件开始位置,所以 for 循环依次将数组 a 中的数据写入文件开始位置,退出循环后,文件中的数据顺序为 654321,重新使指针指向文件开始位置,将此时 fp 指向的数据(即文件中第一个数据 6)写入变量 k 中,关闭文件,输出 k 值。

12.4.2 fseek 函数

fseek 函数用来移动文件内部位置指针,其调用形式为:

```
fseek(文件指针,位移量,起始点);
```

文件指针:表示指向被移动文件内部位置指针的文件。

位移量:表示移动的字节数,要求位移量是 long 型数据,以便在文件长度大于 64 KB 时不会出错。当用常量表示位移量时,要求加后缀 L。

起始点:表示从何处开始计算位移量。规定的起始点有三种,文件首,当前位置和文件尾。其表示方法如表 12 - 4 所示。

表 12 - 4 fseek 函数起始点参数取值

起始点	表示符号	数字表示
文件首	SEEK_SET	0
当前位置	SEEK_CUR	1
文件末尾	SEEK_END	2

例如:

```
fseek(fp,100L,0);
```

其意义是把位置指针移到离文件首 100 个字节处。fseek 函数一般用于二进制文件。在文本文件中由于要进行转换,计算的位置容易出现错误。

【例 12 - 8】 修改文件 file7.txt 中的数据。

```
1  #include<stdio.h>
2  #include<stdlib.h>
3  int main()
4  {
5      FILE *fp = fopen("file7.txt", "r+");   /*开始文件中的内容为 I Like China!*/
6      if (fp ==NULL)
```

```
7      {
8          printf("file error\n");
9          exit(1);
10     }
11     fseek(fp, 2, SEEK_SET);    /*光标移到文件开始起第二个字节处*/
12     fwrite("Love", 1, 3, fp); //文件内写入 Love
13     fclose(fp);               /*文件中的内容为 I Love China!*/
14     return 0;
15 }
```

程序的运行结果如图 12-8 所示：

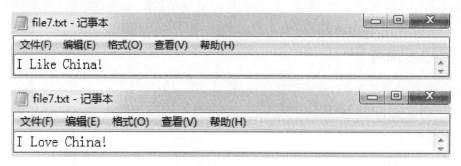

图 12-8　程序运行前、后 file7.txt 的文件内容

12.4.3　ftell 函数

ftell 函数用以获得文件当前位置指针的位置,函数给出当前位置指针相对于文件开头的字节数。若 fp 已指向一正确打开的文件,函数调用形式如下：

```
long  t;
t =ftell(fp);
```

当函数调用出错时,函数返回 –1L。

当打开一个文件时,通常并不知道该文件的长度,通过以下函数调用可以求出文件的字节数。

```
fseek(fp, 0L, 2);     /*把位置指针移到文件末尾*/
t = ftell(fp);        /*求出文件中的字节数*/
```

12.5　文件检测函数

C 语言中常用的文件检测函数有以下几个。

1. 文件结束检测函数 feof 函数

调用格式：

```
feof(文件指针);
```

功能:判断文件是否处于文件结束位置,如果文件结束,则返回值为 1,否则为 0。

2. 读写文件出错检测函数

ferror 函数调用格式:

```
ferror(文件指针);
```

功能:检查文件在使用各种输入输出函数进行读写时是否出错。如果 ferror 返回值为 0,表示未出错,否则表示有错。

课后习题

一、选择题

1. fgetc 函数的作用是从指定文件读入一个字符,该文件的打开方式必须是　　　　(　　)

　　A. 答案 B 和 C 都正确　　　　　　　　B. 只写

　　C. 追加　　　　　　　　　　　　　　　D. 只读或读写

2. 若执行 fopen 函数时发生错误,则函数的返回值是　　　　　　　　　　　　(　　)

　　A. 地址值　　　　　B. 1　　　　　　　C. EOF　　　　　　D. 0

3. 库函数 fgets(p1,1,p2)的功能是　　　　　　　　　　　　　　　　　　　(　　)

　　A. 从 p1 指向的文件中读一个字符串,存入 p2 指向的内存

　　B. 从 p1 指向的内存中读一个字符串,存入 p2 指向的文件

　　C. 从 p2 指向的内存中读一个字符串,存入 p1 指向的文件

　　D. 从 p2 指向的文件中读一个字符串,存入 p1 指向的内存

4. 以下叙述中不正确的是　　　　　　　　　　　　　　　　　　　　　　　(　　)

　　A. C 语言中,随机读写方式不适用于文本文件

　　B. C 语言中对二进制文件的访问速度比文本文件快

　　C. C 语言中,顺序读写方式不适用于二进制文件

　　D. C 语言中的文本文件以 ASCII 码形式存储数据

5. 不仅可将 C 源程序存在磁盘上,还可将数据按数据类型分别以什么的形式存在磁盘上

　　　　　　　　　　　　　　　　　　　　　　　　　　　　　　　　　　　(　　)

　　A. 内存　　　　　　B. 寄存器　　　　　C. 缓冲区　　　　　D. 文件

6. 若 fp 已正确定义并指向某个文件,当未遇到该文件结束标志时,函数 feof(fp)的值为

　　　　　　　　　　　　　　　　　　　　　　　　　　　　　　　　　　　(　　)

　　A. 一个非 0 值　　　B. -1　　　　　　　C. 1　　　　　　　D. 0

7. 若以"a +"方式打开一个已存在的文件,则以下叙述正确的是　　　　　　　(　　)

　　A. 文件打开时,原有文件内容不被删除,位置指针移到文件开头,可作重写和读操作

　　B. 其他各种说法皆不正确

　　C. 文件打开时,原有文件内容被删除,只可作写操作

　　D. 文件打开时,原有文件内容不被删除,位置指针移到文件末尾,可作添加和读操作

8. 在执行 fopen 函数时,ferror 函数的初值是　　　　　　　　　　　　　　(　　)

　　A. TRUE　　　　　　B. 1　　　　　　　C. -1　　　　　　D. 0

9. 有以下程序(提示:程序中 fseek(fp,－2L ＊ sizeof(int)，SEEK_END);语句的作用是使位置指针从文件末尾向前移 2 ＊ sizeof(int)字节)

```
1  #include<stdio.h>
2  int main()
3  {
4      FILE  *fp;  int  i, a[4] = {1, 2, 3, 4}, b;
5      fp = fopen("data.dat", "wb");
6      for(i = 0; i < 4; i++)
7          fwrite(&a[i], sizeof(int), 1, fp);
8      fclose(fp);
9      fp = fopen("data.dat", "rb");
10     fseek(fp, -2L *sizeof(int), SEEK_END);
11     fread(&b, sizeof(int), 1, fp);    /*从文件中读取 sizeof(int)字节的数据到变量 b 中*/
12     fclose(fp);
13     return 0;
14 }
```

执行后的输出结果是　　　　　　　　　　　　　　　　　　　　　　　　　　　(　　)

A. 3 　　　　　　　　B. 4 　　　　　　　　C. 1 　　　　　　　　D. 2

10. 应用缓冲文件系统对文件进行读写操作,关闭文件的函数名为　　　　　　　(　　)

A. fwrite 　　　　　　B. close() 　　　　　　C. fread() 　　　　　　D. fclose()

二、阅读程序

1. 程序用参数形式将给定的字符串、整数、浮点数写到文本文件中,再以字符串方式从文本文件中逐一读出,并调用库函数 atio 和 atof 将字符串转换成相应的整数、浮点数,然后将其显示在屏幕上。

写出程序运行的结果:＿＿＿＿＿＿＿。

```
1  #include<stdio.h>
2  #include<stdlib.h>
3  void fun(char  *s, int  a, double  f)
4  {
5      FILE *fp;
6      char  str[100], str1[100], str2[100];
7      int  a1;    double  f1;
8      fp = fopen("file1.txt", "w");
9      fprintf(fp, "%s  %d  %f\n", s, a, f);
10     fclose(fp);
11     fp = fopen("file1.txt", "r");
12     fscanf(fp,"%s%s%s", str, str1, str2);
13     fclose(fp);
14     a1 = atoi(str1);
15     f1 = atof(str2);
16     printf("\nThe result :\n\n%s%d%f\n", str, a1, f1);
```

```
17  }
18  int main()
19  {
20      char  a[10]="Hello!";
21      int  b=12345;
22      double  c = 98.76;
23      fun(a,b,c);
24      return 0;
25  }
```

三、程序设计

1. 编写程序,将输入的 4 名学生的姓名、学号、年龄、住址信息存入"file.txt"文件中。

2. 编写程序,实现将文件"file.txt"的内容输出到屏幕上并复制到文件"file2.txt"中。

【微信扫码】
本章参考答案

附　　录

1. 数据类型关键字(8 个)

关键字	含义
char	单字节整型数据
float	定义单精度浮点型数据
double	定义双精度浮点型数据
int	基本整型数据
long	长整型数据
short	短整型数据
signed	有符号数
unsigned	定义无符号数据

2. 结构控制关键字(11 个)

关键字	含义
break	无条件退出程序最内层循环
case	switch 语句中选择项
continue	中断本次循环,并转向下一次循环
default	switch 语句中的默认选择项
do	用于构成 do-while 循环语句
else	构成 if...else 选择程序结构
for	构成 for 循环语句
goto	构成 goto 转移结构

续　表

关键字	含义
if	构成 if...else 选择结构
switch	构成 switch 选择结构
while	用于构成 do-while 或 while 循环结构

3. 存储类型(4 个)

关键字	含义
auto	局部变量(自动储存)
extern	在其他程序模块中说明了全局变量
register	CPU 内部寄存的变量
static	定义静态变量

4. 定义数据类型(4 个)

关键字	含义
enum	枚举
struct	定义结构类型数据
typedef	重新定义数据类型
union	联合类型数据

5. 其他(5 个)

关键字	含义
const	定义不可更改的常量值
return	用于返回函数的返回值
sizeof	计算表达式或数据类型的占用字节数
void	定义无类型数据和函数
volatile	该变量在程序执行中可被隐含地改变

附录 B　C 语言中的数据类型分类及其关键字

数据类型分类			类型关键字
基本类型	整型	字符型	char
		短整型	short
		基本整型	int
		长整型	long
		无符号字符型	unsigned char
		无符号短整型	unsigned short
		无符号整型	unsigned int
		无符号长整型	unsigned long
	实型（浮点型）	单精度实型	float
		双精度实型	double
		长双精度实型	long double
构造类型		数组	—
		枚举类型	enum
		结构体	struct
		共用体	union
指针类型			—
空类型			void

附录C　C关键字运算符的优先级和结合性

优先级别	运算符	含义	特殊的结合方向	运算结果
1 （最高）	( ) [ ] -> .	圆括号 下标运算符 指向结构体成员运算符 结构体成员运算符		
2	! ~ ++ -- + - （类型标识符） * & sizeof	逻辑非运算符 按位取反运算符 前缀增量运算符 前缀减量运算符 正号运算符 负号运算符 类型转换运算符 指针运算符 地址与运算符 长度运算符	自右向左	
3	* / %	乘法运算符 除法运算符 取余运算符		
4	+ -	加法运算符 减法运算符		
5	<< >>	左移运算符 右移运算符		
6	<、<=、>、>=	关系运算符		结果为1或者0
7	== !=	等于运算符 不等于运算符		结果为1或者0
8	&	按位与运算符		
9	^	按位异或运算符		
10	|	按位或运算符		
11	&&	逻辑与运算符		结果为1或者0
12	||	逻辑或运算符		结果为1或者0
13	? :	条件运算符	右结合	
14	= += -= *= /=%= & = ^= | = <<= >>=	赋值及复合赋值运算符	右结合	
15 （最低）	,	逗号运算符		

附录 D C 常用字符 ASCII 对照表

ASCII 值	控制字符	ASCII 值	控制字符	ASCII 值	控制字符	ASCII 值	控制字符
0	NUL	32	（space）	64	@	96	、
1	SOH	33	!	65	A	97	a
2	STX	34	"	66	B	98	b
3	ETX	35	♯	67	C	99	c
4	EOT	36	$	68	D	100	d
5	ENQ	37	%	69	E	101	e
6	ACK	38	&	70	F	102	f
7	BEL	39	'	71	G	103	g
8	BS	40	(	72	H	104	h
9	HT	41	)	73	I	105	i
10	LF	42	*	7	J	106	j
11	VT	43	+	75	K	107	k
12	FF	44	,	76	L	108	l
13	CR	45	-	77	M	109	m
14	SO	46	.	78	N	110	n
15	SI	47	/	79	O	111	o
16	DLE	48	0	80	P	112	p
17	DCI	49	1	81	Q	113	q
18	DC2	50	2	82	R	114	r
19	DC3	51	3	83	X	115	s
20	DC4	52	4	84	T	116	t
21	NAK	53	5	85	U	117	u
22	SYN	54	6	86	V	118	v
23	ETB	55	7	87	W	119	w
24	CAN	56	8	88	X	120	x
25	EM	57	9	89	Y	121	y
26	SUB	58	:	90	Z	122	z
27	ESC	59	;	91	[	123	{
28	FS	60	<	92	\	124		
29	GS	61	=	93	]	125	}
30	RS	62	>	94	ˆ	126	～
31	US	63	?	95	_	127	DEL

附录 E　C 常用标准库函数

1. 常用输入输出函数(使用以下函数时,应在源文件中包含 stdio.h,即 include<stdio.h>)

函数声明	函数功能
int getchar()	从控制台(键盘)读一个字符,显示在屏幕上
int putchar()	向控制台(键盘)写一个字符
int scanf(char * format[,argument...])	从控制台读入一个字符串,分别对各个参数进行赋值,使用 BIOS 进行输出
int printf(char * format[,argument,...])	发送格式化字符串输出给控制台(显示器),使用 BIOS 进行输出
int puts(char * string)	发送一个字符串 string 给控制台(显示器),使用 BIOS 进行输出
char * gets(char * string)	从控制台(键盘)读入字符串存于 string 中

2. 数学函数(使用数学函数时,应在源文件中包含 math.h,即 include<math.h>)

函数声明	函数功能
int abs(int i)	返回整型参数 i 的绝对值
double fabs(double x)	返回双精度参数 x 的绝对值
double exp(double x)	返回指数函数 e^x 的值
double log(double x)	返回 lnx 的值
double log10(double x)	返回 $\log_{10} x$ 的值
double pow(double x,double y)	返回 x^y 的值
double pow10(int p)	返回 10^p 的值
double sqrt(double x)	返回 x 的开方
double acos(double x)	返回 x 的反余弦 $\cos^{-1}(x)$ 值,x 为弧度
double asin(double x)	返回 x 的反正弦 $\sin^{-1}(x)$ 值,x 为弧度
double atan(double x)	返回 x 的反正切 $\tan^{-1}(x)$ 值,x 为弧度
double atan2(double y,double x)	返回 y/x 的反正切 $\tan^{-1}(x)$ 值,x 为弧度
double cos(double x)	返回 x 的余弦 $\cos(x)$ 值,x 为弧度
double sin(double x)	返回 x 的正弦 $\sin(x)$ 值,x 为弧度
double tan(double x)	返回 x 的正切 $\tan(x)$ 值,x 为弧度
double cosh(double x)	返回 x 的双曲余弦 $\cosh(x)$ 值,x 为弧度
double sinh(double x)	返回 x 的双曲正弦 $\sinh(x)$ 值,x 为弧度

函数声明	函数功能
double tanh(double x)	返回 x 的双曲正切 tanh(x)值,x 为弧度
double ceil(double x)	返回不小于 x 的最小整数
double floor(double x)	返回不大于 x 的最大整数
double fmod(double x,double y)	返回 x/y 的余数

3. 字符处理函数(使用字符处理函数时,应在源文件中包含 ctype.h,即 include<ctype.h>)

函数声明	函数功能
int isalnum(int ch)	若 ch 是字母('A'-'Z','a'-'z')或数字('0'-'9'),返回非 0 值,否则返回 0
int isalpha(int ch)	若 ch 是字母('A'-'Z','a'-'z'),返回非 0 值,否则返回 0
int isascii(int ch)	若 ch 是字符(ASCII 码中的 0 - 127),返回非 0 值,否则返回 0
int iscntrl(int ch)	若 ch 是作废字符(0x7F)或普通控制字符(0x00 - 0x1F),返回非 0 值,否则返回 0
int isdigit(int ch)	若 ch 是数字('0'-'9'),返回非 0 值,否则返回 0
int isgraph(int ch)	若 ch 是可打印字符(不含空格)(0x21 - 0x7E),返回非 0 值,否则返回 0
int islower(int ch)	若 ch 是小写字母('a'-'z'),返回非 0 值,否则返回 0
int isprint(int ch)	若 ch 是可打印字符(含空格)(0x20 - 0x7E),返回非 0 值,否则返回 0
int ispunct(int ch)	若 ch 是标点字符(0x00 - 0x1F),返回非 0 值,否则返回 0
int isspace(int ch)	若 ch 是空格(' '),水平制表符('\t'),回车符('\r'),换页符('\f'),垂直制表符('\v'),换行符('\n'),返回非 0 值,否则返回 0
int isupper(int ch)	若 ch 是大写字母('A'-'Z'),返回非 0 值,否则返回 0
int isxdigit(int ch)	若 ch 是 16 进制数('0'-'9','A'-'F','a'-'f'),返回非 0 值,否则返回 0
int tolower(int ch)	若 ch 是大写字母('A'-'Z'),返回相应的小写字母('a'-'z')
int toupper(int ch)	若 ch 是小写字母('a'-'z'),返回相应的大写字母('A'-'Z')

4. 字符串处理函数(使用字符串函数时,应在源文件中包含 string.h,即 include<string.h>)

函数声明	函数功能
char stpcpy(char * dest,const char * src)	将字符串 src 复制到 dest
char strcat(char * dest,const char * src)	将字符串 src 添加到 dest 末尾
char strchr(const char * s,int c)	检索并返回字符 c 在字符串 s 中第一次出现的位置
char strdup(const char * s)	将字符串 s 复制到最近建立的单元
char strlwr(char * s)	将字符串 s 中的大写字母全部转换成小写字母,并返回转换后的字符串

续　表

函数声明	函数功能
char strncat(char * dest,const char * src,size_t maxlen)	将字符串 src 中最多 maxlen 个字符复制到字符串 dest 中
char strncpy(char * dest,const char * src,size_t maxlen)	复制 src 中的前 maxlen 个字符到 dest 中
char strnset(char * s,int ch,size_t n)	将字符串 s 的前 n 个字符置于 ch 中
char strpbrk(const char * s1,const char * s2)	扫描字符串 s1,并返回在 s1 和 s2 中均有的字符个数
char strrchr(const char * s,int c)	扫描最后出现一个给定字符 c 的一个字符串 s
char strrev(char * s)	将字符串 s 中的字符全部颠倒顺序重新排列,并返回排列后的字符串
char strset(char * s,int ch)	将一个字符串 s 中的所有字符置于一个给定的字符 ch
char strstr(const char * s1,const char * s2)	扫描字符串 s2,并返回第一次出现 s1 的位置
char strtok(char * s1,const char * s2)	检索字符串 s1,该字符串 s1 是由字符串 s2 中定义的定界符所分隔
char strupr(char * s)	将字符串 s 中的小写字母全部转换成大写字母,并返回转换后的字符串
int　strcmp(const char * s1,const char * s2)	比较字符串 s1 与 s2 的大小,并返回 s1 – s2
int　stricmp(const char * s1,const char * s2)	比较字符串 s1 和 s2,并返回 s1 – s2
int strcspn(const char * s1,const char * s2)	扫描 s1,返回在 s1 中有,在 s2 中也有的字符个数
int strlen(const char * s)	返回字符串 s 的长度
int strncmp(const char * s1,const char * s2, size_t maxlen)	比较字符串 s1 与 s2 中的前 maxlen 个字符
int strnicmp(const char * s1,const char * s2, size_t maxlen)	不区分大小写,比较字符串 s1 与 s2 中的前 maxlen 个字符
int strspn(const char * s1,const char * s2)	扫描字符串 s1,并返回在 s1 和 s2 中均有的字符个数

5. 动态内存分配函数(使用动态分配函数时,应在源文件中包含 stdio.h,即 include<stdio.h>)

函数声明	函数功能
void　free(void * ptr)	释放先前所分配的内存,所要释放的内存的指针为 ptr
void * calloc (unsigned nelem, unsigned elsize)	分配 nelem 个长度为 elsize 的内存空间,并返回所分配内存的指针
void * malloc(unsigned size)	分配 size 个字节的内存空间,并返回所分配内存的指针
void * realloc(void * ptr,unsigned newsize)	改变已分配内存的大小,ptr 为已分配有内存区域的指针,newsize 为新的长度,返回分配好的内存指针

6. 文件系统函数(使用文件函数时,应在源文件中包含 stdio.h,即 include<stdio.h>)

函数声明	函数功能
int fgetc(FILE * fp)	从流 fp 处读一个字符,并返回这个字符
int fputc(int ch,FILE * fp)	将字符 ch 写入流 fp 中
char * fgets(char * string,int n,FILE * fp)	从流 fp 中读 n 个字符存入 string 中
int fputs(char * string,FILE * fp)	将字符串 string 写入流 fp 中
int fread(void * ptr,int size,int nitems,FILE * fp)	从流 fp 中读入 nitems 个长度为 size 的字符串存入 ptr 中
int fwrite (void * ptr, int size, int nitems,FILE * fp)	向流 fp 中写入 nitems 个长度为 size 的字符串,字符串在 ptr 中
int fscanf(FILE * fp,char * format[, argument,...])	以格式化形式从流 fp 中读入一个字符串
int fprintf(FILE * fp,char * format[, argument,...])	以格式化形式将一个字符串写给指定的流 fp
int fseek (FILE * fp, long offset, int fromwhere)	函数把文件指针移到 fromwhere 所指位置的向后 offset 个字节处,fromwhere 可以为以下值: SEEK_SET 文件开关 SEEK_CUR 当前位置 SEEK_END 文件尾
long ftell(FILE * fp)	函数返回定位在 fp 中的当前文件指针位置,以字节表示
int rewind(FILE * fp)	将当前文件指针 fp 移到文件开头
int feof(FILE * fp)	检测流 fp 上的文件指针是否在结束位置
int ferror(FILE * fp)	检测流 fp 上是否有读写错误,如有错误就返回 1
void clearerr(FILE * fp)	清除流 fp 上的读写错误
int fclose(FILE * fp)	关闭一个流,可以是文件或设备(例如 LPT1)
FILE * fopen(char * filename,char * type)	打开一个文件 filename,打开方式为 type,并返回这个文件指针,type 可为以下字符串加上后缀 <table><tr><td>type</td><td>读写性</td><td>文本/二进制文件</td><td>建新/打开旧文件</td></tr><tr><td>r</td><td>读</td><td>文本</td><td>打开旧的文件</td></tr><tr><td>w</td><td>写</td><td>文本</td><td>建新文件</td></tr><tr><td>a</td><td>添加</td><td>文本</td><td>有就打开无则建新</td></tr><tr><td>r +</td><td>读/写</td><td>不限制</td><td>打开</td></tr><tr><td>w +</td><td>读/写</td><td>不限制</td><td>建新文件</td></tr><tr><td>a +</td><td>读/添加</td><td>不限制</td><td>有就打开无则建新</td></tr></table> 可加的后缀为 b,加 b 表示文件以二进制形式进行操作。

7. 目录函数(使用目录函数时,应在源文件中包含 dir.h 和 dos.h,即 include<dir.h>和 include<dos.h>)

函数声明	函数功能
int chdir(char * path)	使指定的目录 path(如:"C:\\ WPS ")变成当前的工作目录,成功返回 0

int findfirst(char * pathname, struct ffblk * ffblk,int attrib)	查找指定的文件,成功返回 0
	pathname 为指定的目录名和文件名,如"C:\\ WPS \\ TXT "
	ffblk 为指定的保存文件信息的一个结构,定义如下:
	struct ffblk
	{
	char ff_reserved[21];/* DOS 保留字 */
	char ff_attrib;/* 文件属性 */
	int ff_ftime;/* 文件时间 */
	int ff_fdate;/* 文件日期 */
	long ff_fsize;/* 文件长度 */
	char ff_name[13];/* 文件名 */
	}
	attrib 为文件属性,由以下字符代表:
	FA_RDONLY 只读文件　FA_LABEL 卷标号
	FA_HIDDEN 隐藏文件　FA_DIREC 目录
	FA_SYSTEM 系统文件　FA_ARCH 档案
	例:
	struct ffblk ff;
	findfirst(" * .wps",&ff,FA_RDONLY);

int findnext(struct ffblk * ffblk)	取匹配 finddirst 的文件,成功返回 0
void fumerge (char * path, char * drive,char * dir,char * name,char * ext)	此函数通过盘符 drive(C:、A:等),路径 dir(\ TC、\ BC \ LIB 等),文件名 name(TC、WPS 等),扩展名 ext(.EXE、.COM 等)组成一个文件名存于 path 中
int fnsplit(char * path,char * drive, char * dir,char * name,char * ext)	此函数将文件名 path 分解成盘符 drive(C:、A:等),路径 dir(\ TC、\ BC \ LIB 等),文件名 name(TC、WPS 等),扩展名 ext(.EXE、.COM 等),并分别存入相应的变量中
int getcurdir(int drive,char * direc)	此函数返回指定驱动器的当前工作目录名称 drive 指定的驱动器(0 =当前,1 = A,2 = B,3 = C 等) direc 保存指定驱动器当前工作路径的变量 成功返回 0
char * getcwd(char * buf,iint n)	此函数取当前工作目录并存入 buf 中,直到 n 个字节长为止,错误返回 NULL
int getdisk()	取当前正在使用的驱动器,返回一个整数(0 = A,1 = B,2 = C 等)
int setdisk(int drive)	设置要使用的驱动器 drive(0 = A,1 = B,2 = C 等),返回可使用驱动器总数
int mkdir(char * pathname)	建立一个新的目录 pathname,成功返回 0
int rmdir(char * pathname)	删除一个目录 pathname,成功返回 0
char * mktemp(char * template)	构造一个当前目录上没有的文件名并存于 template 中
char * searchpath(char * pathname)	利用 MSDOS 找出文件 filename 所在的路径,此函数使用 DOS 的 PATH 变量,未找到文件返回 NULL

8. 其他常用函数(使用以下常用函数时,应在源文件中包含 stdlib.h,即 include<stdlib.h>)

函数声明	函数功能
void srand(unsigned seed)	初始化随机数发生器
int rand()	产生一个随机数并返回这个数
void exit(int status)	终止当前程序,关闭所有文件,写缓冲区的输出(等待输出),并调用任何寄存器的"出口函数",无返回值

附录 F　常见错误

对于刚学编程,刚接触 C 语言的新手来说,编译运行报错是最头疼的一件事,爆出一堆英文,英语差一点的又不知道什么意思,所以也不知道如何去改,在此,本书给大家提供一份常见错误中英文对照表及简单解释,希望可以帮到大家。

`fatal error C1003: error count exceeds number; stopping compilation`

中文对照:(编译错误)错误太多,停止编译。

分析:修改之前的错误,再次编译。

`fatal error C1004: unexpected end of file found`

中文对照:(编译错误)文件未结束。

分析:一个函数或者一个结构定义缺少"}",或者在一个函数调用或表达式中括号没有配对出现,或者注释符"/* … */"不完整等。

`fatal error C1083: Cannot open include file: 'xxx': No such file or directory`

中文对照:(编译错误)无法打开头文件 xxx:没有这个文件或路径。

分析:头文件不存在,或者头文件拼写错误,或者文件为只读。

`fatal error C1903: unable to recover from previous error(s); stopping compilation`

中文对照:(编译错误)无法从之前的错误中恢复,停止编译。

分析:引起错误的原因很多,建议先修改之前的错误。

`error C2001: newline in constant`

中文对照:(编译错误)常量中创建新行。

分析:字符串常量多行书写。

`error C2006: #include expected a filename, found 'identifier'`

中文对照:(编译错误)#include 命令中需要文件名。

分析:一般是头文件未用一对双引号或尖括号括起来,例如"#include stdio.h"。

`error C2007: #define syntax`

中文对照:(编译错误)#define 语法错误。

分析:例如"#define"后缺少宏名,如"#define"。

`error C2008: 'xxx' : unexpected in macro definition`

中文对照:(编译错误)宏定义时出现了意外的 xxx。

分析:宏定义时宏名与替换串之间应有空格,例如"#define TRUE "1""。

`error C2009: reuse of macro formal 'identifier'`

中文对照:(编译错误)带参宏的形式参数重复使用。

分析:宏定义中参数不能重名,例如"#define s(a,a) (a * a)"中参数 a 重复。

error C2010: 'character' : unexpected in macro formal parameter list

中文对照：(编译错误)带参宏的形式参数表中出现未知字符。

分析：例如"#define s(r|) r * r"中参数多了一个字符'|'。

error C2014: preprocessor command must start as first nonwhite space

中文对照：(编译错误)预处理命令前面只允许空格。

分析：每一条预处理命令都应独占一行，不应出现其他非空格字符。

error C2015: too many characters in constant

中文对照：(编译错误)常量中包含多个字符。

分析：字符型常量的单引号中只能有一个字符，或是以"\"开始的一个转义字符，例如"char error = 'error';"。

error C2017: illegal escape sequence

中文对照：(编译错误)转义字符非法。

分析：一般是转义字符位于 ' ' 或 " " 之外，例如"char error = ' '\n;"。

error C2018: unknown character ' 0xhh '

中文对照：(编译错误)未知的字符 0xhh。

分析：一般是输入了中文标点符号，例如"char error = 'E';"中";"为中文标点符号。

error C2019: expected preprocessor directive, found 'character'

中文对照：(编译错误)期待预处理命令，但有无效字符。

分析：一般是预处理命令的"#"号后误输入其他无效字符，例如"#! define TRUE 1"。

error C2021: expected exponent value, not 'character'

中文对照：(编译错误)期待指数值，不能是字符。

分析：一般是浮点数的指数表示形式有误，例如 123.456E。

error C2039: 'identifier1' : is not a member of 'identifier2'

中文对照：(编译错误)标识符 1 不是标识符 2 的成员。

分析：程序错误地调用或引用结构体、共用体、类的成员。

error C2041: illegal digit ' x ' for base ' n '

中文对照：(编译错误)对于 n 进制来说数字 x 非法。

分析：一般是八进制或十六进制数表示错误，例如"int i = 081;"语句中数字'8'不是八进制的基数。

error C2048: more than one default

中文对照：(编译错误)default 语句多于一个。

分析：switch 语句中只能有一个 default，删去多余的 default。

error C2050: switch expression not integral

中文对照：(编译错误)switch 表达式不是整型的。

分析：switch 表达式必须是整型（或字符型），例如"switch（"a"）"中表达式为字符串，这是非法的。

error C2051: case expression not constant

中文对照：（编译错误）case 表达式不是常量。

分析：case 表达式应为常量表达式，例如"case "a""中""a""为字符串，这是非法的。

error C2052: 'type' : illegal type for case expression

中文对照：（编译错误）case 表达式类型非法。

分析：case 表达式必须是一个整型常量（包括字符型）。

error C2057: expected constant expression

中文对照：（编译错误）期待常量表达式。

分析：一般是定义数组时数组长度为变量，例如"int n =10; int a[n];"中 n 为变量，这是非法的。

error C2058: constant expression is not integral

中文对照：（编译错误）常量表达式不是整数。

分析：一般是定义数组时数组长度不是整型常量。

error C2059: syntax error : 'xxx'

中文对照：（编译错误）'xxx'语法错误。

分析：引起错误的原因很多，可能多加或少加了符号 xxx。

error C2064: term does not evaluate to a function

中文对照：（编译错误）无法识别函数语言。

分析：1. 函数参数有误，表达式可能不正确，例如"sqrt(s(s－a)(s－b)(s－c));"中表达式不正确。

2. 变量与函数重名或该标识符不是函数，例如"int i,j; j =i();"中 i 不是函数。

error C2065: 'xxx' : undeclared identifier

中文对照：（编译错误）未定义的标识符 xxx。

分析：1. 如果 xxx 为 cout、cin、scanf、printf、sqrt 等，则程序中包含头文件有误。

2. 未定义变量、数组、函数原型等，注意拼写错误或区分大小写。

error C2078: too many initializers

中文对照：（编译错误）初始值过多。

分析：一般是数组初始化时初始值的个数大于数组长度，例如"int b[2]={1,2,3};"。

error C2082: redefinition of formal parameter 'xxx'

中文对照：（编译错误）重复定义形式参数 xxx。

分析：函数首部中的形式参数不能在函数体中再次被定义。

error C2084: function 'xxx' already has a body

中文对照:(编译错误)已定义函数 xxx。

分析:在 VC++早期版本中函数不能重名,6.0 版本中支持函数的重载,函数名可以相同,但参数不一样。

```
error C2086: 'xxx' : redefinition
```

中文对照:(编译错误)标识符 xxx 重定义。

分析:变量名、数组名重名。

```
error C2087: '<Unknown>' : missing subscript
```

中文对照:(编译错误)下标未知。

分析:一般是定义二维数组时未指定第二维的长度,例如"int a[3][];"。

```
error C2100: illegal indirection
```

中文对照:(编译错误)非法的间接访问运算符" * "。

分析:对非指针变量使用" * "运算。

```
error C2105: 'operator' needs l-value
```

中文对照:(编译错误)操作符需要左值。

分析:例如"(a + b)++;"语句,"++"运算符无效。

```
error C2106: 'operator': left operand must be l-value
```

中文对照:(编译错误)操作符的左操作数必须是左值。

分析:例如"a + b = 1;"语句,"="运算符左值必须为变量,不能是表达式。

```
error C2110: cannot add two pointers
```

中文对照:(编译错误)两个指针量不能相加。

分析:例如"int * pa, * pb, * a; a = pa + pb;"中两个指针变量不能进行"+"运算。

```
error C2117: 'xxx' : array bounds overflow
```

中文对照:(编译错误)数组 xxx 边界溢出。

分析:一般是字符数组初始化时字符串长度大于字符数组长度,例如"char str[4] = "abcd";"。

```
error C2118: negative subscript or subscript is too large
```

中文对照:(编译错误)下标为负或下标太大。

分析:一般是定义数组或引用数组元素时下标不正确。

```
error C2124: divide or mod by zero
```

中文对照:(编译错误)被零除或对 0 求余。

分析:例如"int i = 1 / 0;"除数为 0。

```
error C2133: 'xxx' : unknown size
```

中文对照:(编译错误)数组 xxx 长度未知。

分析:一般是定义数组时未初始化也未指定数组长度,例如"int a[];"。

error C2137: empty character constant。

中文对照:(编译错误)字符型常量为空。

分析:一对单引号"''"中不能没有任何字符。

error C2143: syntax error : missing 'token1' before 'token2'
error C2146: syntax error : missing 'token1' before identifier 'identifier'

中文对照:(编译错误)在标识符或语言符号 2 前漏写语言符号 1。

分析:可能缺少"{""}"或";"等语言符号。

error C2144: syntax error : missing ')' before type 'xxx'

中文对照:(编译错误)在 xxx 类型前缺少')'。

分析:一般是函数调用时定义了实参的类型。

error C2181: illegal else without matching if

中文对照:(编译错误)非法的没有与 if 相匹配的 else。

分析:可能多加了";"或复合语句没有使用"{}"。

error C2196: case value '0' already used

中文对照:(编译错误)case 值 0 已使用。

分析:case 后常量表达式的值不能重复出现。

error C2296: '%' : illegal, left operand has type 'float'
error C2297: '%' : illegal, right operand has type 'float'

中文对照:(编译错误)%运算的左(右)操作数类型为 float,这是非法的。

分析:求余运算的对象必须均为 int 类型,应正确定义变量类型或使用强制类型转换。

error C2371: 'xxx' : redefinition; different basic types

中文对照:(编译错误)标识符 xxx 重定义;基类型不同。

分析:定义变量、数组等时重名。

error C2440: '=' : cannot convert from 'char [2]' to 'char'

中文对照:(编译错误)赋值运算,无法从字符数组转换为字符。

分析:不能用字符串或字符数组对字符型数据赋值,更一般的情况,类型无法转换。

error C2447: missing function header (old - style formal list?)
error C2448: '<Unknown>' : function - style initializer appears to be a function definition

中文对照:(编译错误)缺少函数标题(是否为老式的形式表?)。

分析:函数定义不正确,函数首部的"( )"后多了分号或者采用了老式的 C 语言的形参表。

error C2450: switch expression of type 'xxx' is illegal

中文对照:(编译错误)switch 表达式为非法的 xxx 类型。

分析：switch 表达式类型应为 int 或 char。

error C2466: cannot allocate an array of constant size 0

中文对照：（编译错误）不能分配长度为 0 的数组。

分析：一般是定义数组时数组长度为 0。

error C2601: 'xxx' : local function definitions are illegal

中文对照：（编译错误）函数 xxx 定义非法。

分析：一般是在一个函数的函数体中定义另一个函数。

error C2632: 'type1' followed by 'type2' is illegal

中文对照：（编译错误）类型 1 后紧接着类型 2，这是非法的。

分析：例如"int float i;"语句。

error C2660: 'xxx' : function does not take n parameters

中文对照：（编译错误）函数 xxx 不能带 n 个参数。

分析：调用函数时实参个数不对，例如"sin(x,y);"。

error C2664: 'xxx' : cannot convert parameter n from 'type1' to 'type2'

中文对照：（编译错误）函数 xxx 不能将第 n 个参数从类型 1 转换为类型 2。

分析：一般是函数调用时实参与形参类型不一致。

error C2676: binary '<<' : 'class istream_withassign' does not define this operator or a conversion to a type acceptable to the predefined operator

error C2676: binary '>>' : 'class ostream_withassign' does not define this operator or a conversion to a type acceptable to the predefined operator

分析：">>"">>"运算符使用错误，例如"cin≪x；cout≫y；"。

error C4716: 'xxx' : must return a value

中文对照：（编译错误）函数 xxx 必须返回一个值。

分析：仅当函数类型为 void 时，才能使用没有返回值的返回命令。

fatal error LNK1104: cannot open file "Debug/Cpp1.exe"

中文对照：（链接错误）无法打开文件"Debug/Cpp1.exe"。

分析：重新编译链接。

fatal error LNK1168: cannot open Debug/Cpp1.exe for writing

中文对照：（链接错误）不能打开"Debug/Cpp1.exe"文件，以改写内容。

分析：一般是 Cpp1.exe 还在运行，未关闭。

fatal error LNK1169: one or more multiply defined symbols found

中文对照：（链接错误）出现一个或更多的多重定义符号。

分析：一般与 error LNK2005 一同出现。

error LNK2001: unresolved external symbol _main

中文对照:(链接错误)未处理的外部标识 main。

分析:一般是 main 拼写错误,例如"void mian()"。

```
error LNK2005: _main already defined in Cpp1.obj
```

中文对照:(链接错误)main 函数已经在"Cpp1.obj"文件中定义。

分析:未关闭上一程序的工作空间,导致出现多个 main 函数。

```
warning C4003: not enough actual parameters for macro 'xxx'
```

中文对照:(编译警告)宏 xxx 没有足够的实参。

分析:一般是带参宏展开时未传入参数。

参考文献

［1］［美］史蒂芬·普拉达(Stephen Prata). C Primer Plus(第 6 版)中文版[M].姜佑,译.北京:人民邮电出版社,2016.

［2］［美］布莱恩·克尼汉(Brian W.Kernighan),[美] Dennis M.Ritchie(丹尼斯·里奇). C 程序设计语言(第 2 版·新版)[M]. 徐宝文,李志,译.北京:机械工业出版社,2004.

［3］［美］霍尔顿(Ivor Horton). C 语言入门经典(第 5 版)[M].杨浩,译.北京:清华大学出版社,2013.

［4］明日科技 .C 语言从入门到精通(第 2 版 附光盘)[M].北京:清华大学出版社,2012.

［5］明日科技 .C 语言常用算法分析[M].北京:清华大学出版社,2012.

［6］［美]K.N.King. C 语言程序设计:现代方法(第 2 版)[M].吕秀锋,黄倩,译.北京:人民邮电出版社,2010.

［7］［日]柴田望洋. 明解 C 语言(第 3 版 入门篇)[M].管杰,罗勇,杜晓静,译.北京:人民邮电出版社,2015.

［8］［美］Kyle Loudon. 算法精解:C 语言描述[M].肖翔,陈舸,译.北京:机械工业出版社,2012.

［9］刘振安,刘燕君.C 语言解惑 指针、数组、函数和多文件编程[M].北京:机械工业出版社,2016.

［10］［美］罗伯特·C.马丁(Robert C.Martin). 代码整洁之道 程序员的职业素养[M]. 余晟,章显洲,译.北京:人民邮电出版社,2016.

［11］吉星.C 高级编程:基于模块化设计思想的 C 语言开发[M].北京:机械工业出版社,2016.

［12］杨峰.妙趣横生的算法(C 语言实现 第 2 版)[M].北京:清华大学出版社,2015.

［13］谭浩强. C 程序设计(第 4 版)[M].北京:清华大学出版社,2010.

［14］苏小红,王宇颖,孙志岗.C 语言程序设计(第 4 版)[M].北京:高等教育出版社,2016.

［15］贾蓓,郭强,刘占敏等.C 语言趣味编程 100 例[M]. 北京:清华大学出版社,2014.

［16］全国计算机等级考试命题研究中心,未来教育教学与研究中心.2017 全国计算机等级考试教程:二级 C 语言程序设计[M].北京:电子科技大学出版社,2016.

［17］教育部考试中心.全国计算机等级考试二级教程——C 语言程序设计(2017 年版)[M].北京:高等教育出版社,2016.

［18］田丰春,杨种学.C 语言程序设计[M].南京:南京大学出版社,2016.

［19］韩立毛.C 语言程序设计教程[M].南京:南京大学出版社,2013.

［20］常子楠.C 语言程序设计学习指导(第二版)[M].南京:南京大学出版社,2015.